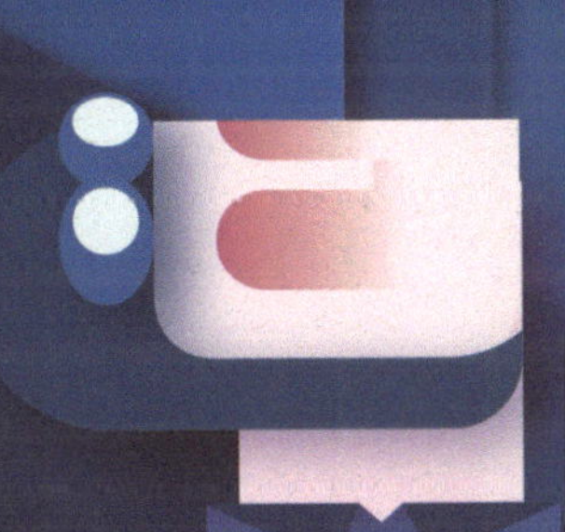

创客智能电子制作
21个超级 DIY 项目

——《无线电》编辑部 编

人民邮电出版社
北 京

图书在版编目（CIP）数据

创客智能电子制作 : 21个超级DIY项目 / 《无线电》编辑部编. -- 北京 : 人民邮电出版社, 2017.7
（i创客）
ISBN 978-7-115-46139-1

Ⅰ. ①创… Ⅱ. ①无… Ⅲ. ①电子器件－制作 Ⅳ. ①TN

中国版本图书馆CIP数据核字(2017)第132240号

内 容 提 要

“i 创客”谐音为“爱创客”，也可以解读为“我是创客”。创客的奇思妙想和丰富成果，充分展示了大众创业、万众创新的活力。这种活力和创造，将会成为中国经济未来增长的不熄引擎。本系列图书将为读者介绍创意作品、弘扬创客文化，帮助读者把心中的各种创意转变为现实。

本书汇集了多位创客在开源智能电子制作项目上的成果，从硬件到软件，内容丰富。书中不仅包括充满奇趣的创意小制作，如用胶卷相机改装的数码相机、电视游戏机、梦幻光立方、3D旋转显示装置、盗梦陀螺、体感遥控直升飞机等；也包含有一定实用性和技术含量的智能硬件和设备，如核辐射探测仪、蓝牙手表、激光投影键盘、微型激光雕刻机、并联臂3D打印机、微型四轴飞行器、平板电脑、可编程图形计算器、空气质量在线检测系统等。本书中创意制作的操作步骤清晰、图片简明、可操作性强，内容不仅适合创客空间作为举办工作坊活动的参考，也适合爱好者个人参照DIY。

◆ 编 《无线电》编辑部
责任编辑 周 明
责任印制 周昇亮

◆ 人民邮电出版社出版发行 北京市丰台区成寿寺路 11 号
邮编 100164 电子邮件 315@ptpress.com.cn
网址 http://www.ptpress.com.cn

◆ 开本：690×970 1/16
印张：14 2017 年 7 月第 1 版
字数：305 千字 2017 年 7 月北京第 1 次印刷

定价：65.00 元

读者服务热线：(010)81055339 印装质量热线：(010)81055316
反盗版热线：(010)81055315
广告经营许可证：京东工商广登字 20170147 号

序言 那些开源硬件引发的创意

◇潘昊

我自己从 2008 年接触开源硬件并创办工作室，如今，越来越多的人希望了解开源硬件，我非常荣幸能和大家一起讨论开源硬件和创客文化，今天跟大家分享 3 个方面的内容。

- 如何借助开源硬件高效地实现想法
- 如何借助社区的力量让原型迅速成熟
- 如何从小批量试产开始产品化，并开拓市场

首先介绍一下我的工作室——深圳矽递科技有限公司（Seeed Studio），它是开源硬件业内著名的促进者，提供快速开发工具和服务，帮助小型创新者将想法产品化。

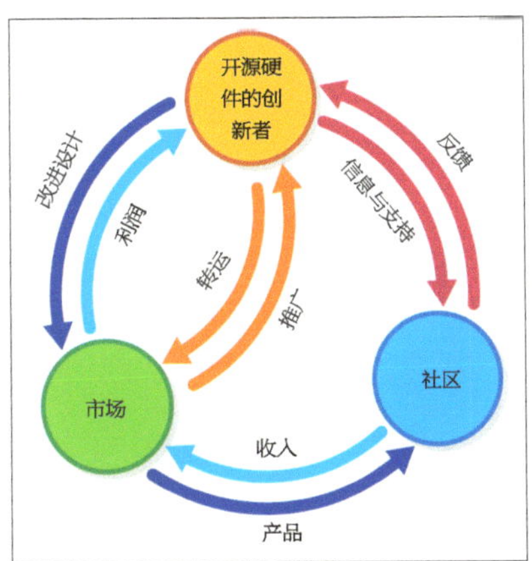

帮助小型创新者将想法产品化的过程

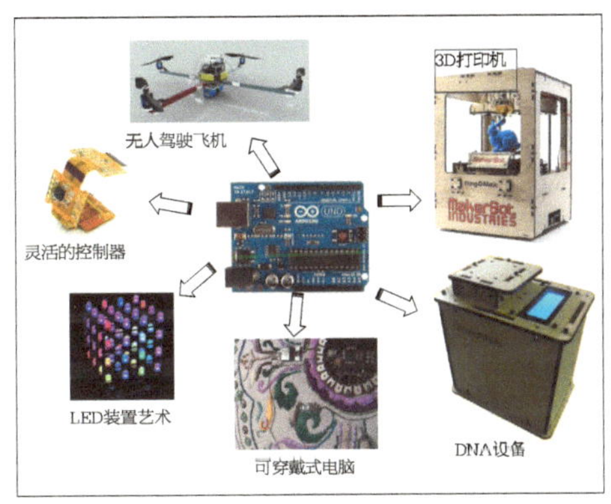

基于 Arduino 的一些周边产品

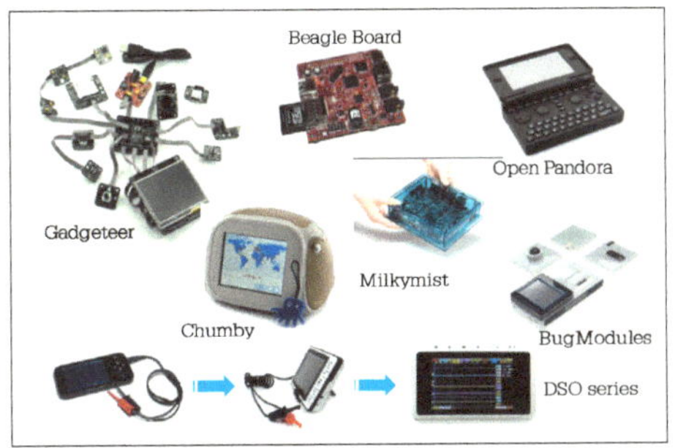

其他的一些开源硬件

■ 制作数据记录器所需模块

■ Upverter——开源硬件交流平台

我接触过一些开源硬件，首先就是Arduino，它不是最早的开源硬件产品，却是现在最流行的。围绕着它，产生了很多的创新，比如3D打印机、DNA设备、LED功能装置等。

除了Arduino，一些更多、更高级的产品也不断诞生，比如微软的Gadgeteer，它是利用模块化的方式来实现创新。BeagleBoard是TI的一款产品，存在有一段时间了，源代码等设置可以很方便地帮助大家实现创新。Open Pandora是一款性能不亚于PSP的，但是全开源的设备。Milkmist是一款用来做视频效果的VJ装备。Bug Modules是一款在艺术领域或者军工领域应用得比较多的嵌入式设备。Chumby是一款桌面形的显示设备，它能够连接到互联网，可以很方便地做一个整合的、方便的、小型的桌面设备，包括我们工作室推出的一个小的示波器系列，在开源的支持下也在不断演变。

有了一个创意，如何用开源的方式去实现呢？首先我们可以拿到相应的模块，就好像乐高的积木一样，搭建成一个可以用的原型，例如，做一个数据记录器，上边有控制器、RTC、电池、无线传输、存储卡等。

因为采用的模块都是开源硬件，可以很方便地将原理图进行摘录、合成，进行必要的增删调整。然后在这个已经证明可行的原理图上重新布板、打样，再进行验证，这样我们就有了一个新的开源硬件。根据开源版权的要求，我们需要将基于开源设计的原理图和源代码公布出去。

有了第一步，我们如何让原型在社区的帮助下迅速成熟呢？首先我们需要把它放到一个方便交流的地方，如Upverter、Github或者Thingiverse之类的地方。当我们把源代码发布之后，我们就可以和用户一起来开发，和用户一起去组装样品、验证功能，并且接受用户提出的一系列意见，用户的意见完全出于自身兴趣，不涉及费用问题。

开发到一定程度之后，我们就可以利用诸如Kickstarter这样的平台来募集资金。Kickstarter网站致力于支持和激励创新性、创造性、创意性的活动。通过网络平台面对

在 Kickstarter 上募集资金

参与竞赛是进行推广的好方法

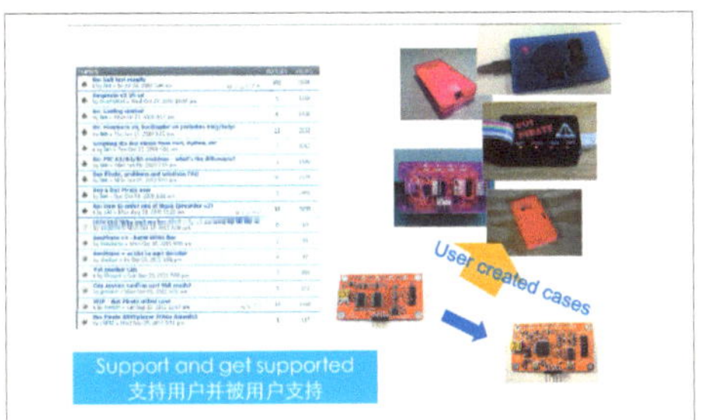

支持者为 Bus Pirate 设计的外壳

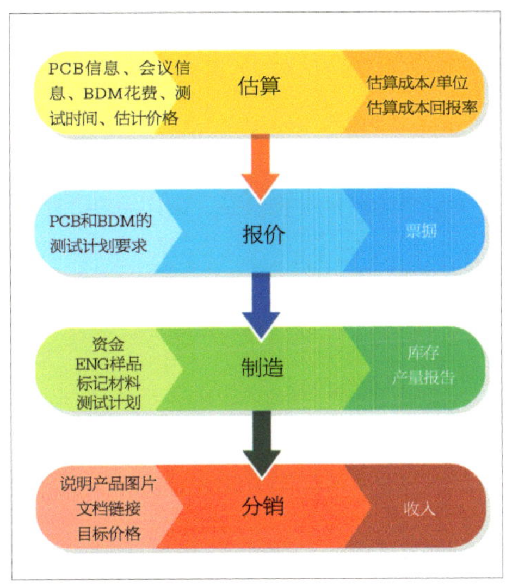

生产流程

公众集资，让有创造力的人获得他们所需要的资金，以使他们的梦想有可能实现。发布者在募集资金的过程中可以了解产品的市场接受情况和需求量，还可以根据自己的想法来设计一定的标准，例如，300 美元可以得到一个量产原型，500 美元得到定制版本之类。当开始生产之后，我们起初可以少量进行，例如，第一次只生产 100 个左右的试产产品。

我们需要让它继续成熟并产品化。当需要进一步产品化之后，就需要更严肃地对待这个产品，包括拥有完整的信息、 PCB 资料等。通过一个严谨的流程，做一下预算。也许这是一个很小的产品，但是放到全球化的市场上，就会有很多的需求者。到此程度，你就可以获得一些回报了。

关于推广，其实在开源硬件里，可能并不适合做一些大的广告投放。因为社区非常活跃，因此可以通过参与一些竞赛等方式进行推广。例如，某项竞赛将 Toy Hacking 的套件发布出去之后，得到了 20 多件回复，其中较为有意思的是一件类似皮克斯的跳跃台灯。总结起来，社区里群体的想象力会大大超过工具制造者的预期。目前有越来越多的人将自己的套件或者制作过程发布上去，期待中国也有越来越多的人参与。

当产品发布上去之后，可能会有越来越多的人接受并购买，这时发布者就需要很积极地去支持用户，同时你往往也会得到用户的支持。例如，有人将某个电路板发布上去之后积极地整理论坛，用户发现这个电路板没有外壳，于是很多人自发地为这个产品设计了外壳。希望有更多的人能加入创客阵营，利用开源硬件制作出更多有创意的项目。

CONTENTS

目录

从胶卷到数码，LOMO 相机华丽变身

◇糖果猫猫

机缘巧合，4 年前，我开始接触新媒体（New Media Art），因为我所接触的新朋友都是“玩”多媒体艺术的。当时我对新媒体并没有很清晰的概念，只是觉得很好玩，如果适当地运用和结合，可以把平面的东西变得更丰富，成为可以拉近彼此距离、可以接触的东西。于是我便开始尝试把新媒体融入到自己的艺术作品里。

单听起来，很多人可能觉得很难入门和接触，但其实只要稍微懂得基本的概念并有清晰的思路，知道自己想要做些什么，再加上一小份必要的工具，每个人都可以从零开始学习，动手做起来。我也是慢慢从好奇到认识，慢慢喜欢技术宅，渐渐参与了很多 workshop，到后来有机会认识更多的爱好者（极客），才发现单有创意是不够的，还需要动手做。这次刚好有一个 LOMO 罐头相机（全新 La Sardina DIY）的改造计划，并被邀请参与“Lomography DIY 相机艺术设计展”，我便选择“宅”在新车间三天，与朋友一起“玩”改造。除了改造外观外，我们还拆了废置的手机，把原本使用胶卷的 LOMO 相机改装成可以触屏使用的 LOMO 数码相机。

新车间其实是一个非营利的开放性 workshop，大家都形容那里是一个没组织、有纪律的自发性团体空间，以会员制度欢迎各位随时入会、随时离开。除了共享的位置外，里面有各种机器可以免费使用，无论你要制造的是木制品还是电子类作品，当你在制作过程中遇到任何困难时，都可以问你身边的其他会员。相信我，答案永不落空。高手就在民间。

1.1 从思考里得出灵感

其实一开始设计 La Sardina DIY 时，我的想法并没有那么复杂。但想起过去每次都是考虑把画结合在不同材质上，这次可不可以更好玩些呢？例如可不可以从本质上开始改变呢？ La Sardina DIY 是一款纯白色的罐头相机（见图 1.1），我很早之前就在香港的LOG-ON百货见过，当时觉得很有趣，想要属于自己的颜色的（哈，因为我不喜欢纯白的）。在设计之前，就已经可以想象到，如果上面有我的画以及按古怪的念头去改造，会是什么样的效果。

■ 图1.1　改装前的La Sardina DIY相机

现在胶卷渐渐退出市场，但LOMO相机还是坚持着使用胶卷捕捉“不完美”的生活片断，那么未来呢？假如胶卷真的在市场上消失，LOMO会在变成数码相机的同时，依然保留着它的玩味和可改造性吗？其实现在大家也渐渐远离了数码相机，更多使用每日带在身边的手机，所以我们选择利用废弃的手机进行改造，让La Sardina DIY成为一台数码相机。正因为胶卷“不完美”，所以我们多了很多想象空间，我希望我们所DIY出来的LOMO相机给别人的感觉也是这样的。赋予它新的生命，这就是我们从思考里得出灵感的过程。

1.2　改装过程

于是我把改装的想法告诉了我的技术宅朋友们。其实除了我之外，还有另外一个提供改造技术及意见的人——LIO 。他是一个很有趣、想法很多的荷兰人，常蜗居在新车间研究各种科技，此次帮我解决了很多技术难题。我们商量后，决定结合新媒体的做法来改装。我们实在太喜欢拆东西和改造了，而La Sardina DIY正好符合我们的“胃口”，于是我们把它先“分尸”了（见图1.2）再改造，哈。

在整个过程中，我负责想法、绘画及改变颜色（见图1.3和图1.4），这一切都是在改装前需要准备的；而LIO则负责核心技术（见图1.5）。我们大概分别拆了4台旧手机，有索尼的，也有诺基亚的。相信我，假如你肯动手拆一次，你就会明白手机的内部结构其实很简单、制作成本也很低，你会对你当时所付出的价格感到失望（哭）。

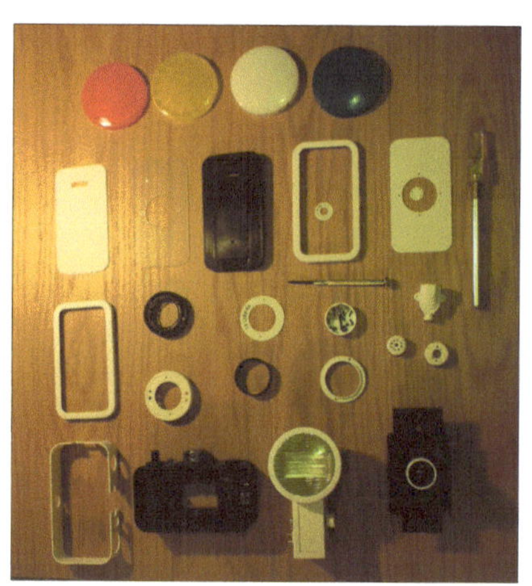

■ 图1.2　将La Sardina DIY相机拆散

■ 图1.3　用喷罐给相机外壳上色

■ 图 1.4　在外壳上绘制个性化图案

■ 图 1.5　LIO 在进行电路制作

因为手机摄像头必须安置在中间的位置，用于连接原来的 LOMO 镜头，才可以真正地捕捉影像，所以必须把原来的 La Sardina DIY 相机的内部切割一部分，才可以安放手机电路板。还要把手机摄像头从手机电路板上拆卸下来，再重新焊接手机扁平电缆。因此，看似简单的改造过程里，总是一波三折，而其中，焊接成了最大的难题。因为手机扁平电缆的连接位置实在太细小，我们必须用放大镜去焊接。在反复实验后，终于在第三次试验后才焊接成功，这真让我们兴奋了好一阵子。

1.3　参与和分享才是最重要的

由于我们最终使用的屏幕是 Nokia 的触控屏，用手指触碰就可以直接进行操作，解决了按钮问题（见图 1.6 ~ 图 1.9）。后来才发现如果把手机的摄像头拆下来再重新连接，经常会产生与电路板接触不良的问题，也容易短路。即使我们已经努力尝试焊接了 3 次，也无法完全确保在展览的过程里能正常使用。但想想，其实最重要的还是我们把创意实践了的这个过程，在此过程中所体验到的以及能分享给大家的乐趣大于其他所有。希望下次有机会，能和大家分享更多。

■ 图 1.6　电路试验成功，摄像头拍摄到的画面能显示在 Nokia 触控屏上

■ 图 1.7　拿起焊接好的模块模拟拍摄动作，感觉很像使用数码相机了

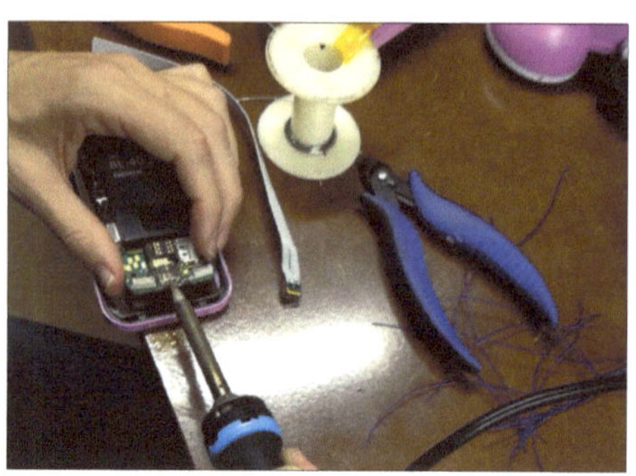

■ 图1.8 把拍摄模块装入LOMO相机外壳内

■ 图1.9 大功告成！原来使用胶卷拍照的La Sardina DIY成功变身为数码相机

70 后的电视游戏机制作分享

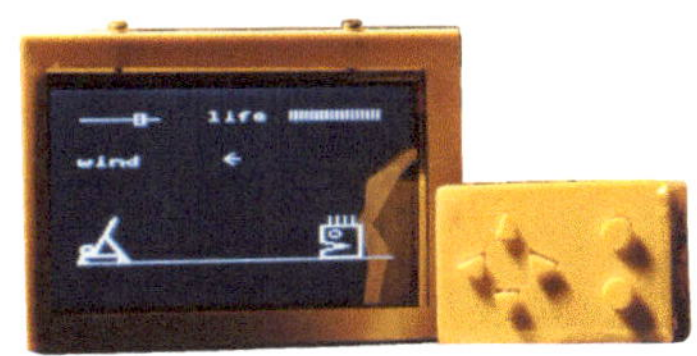

◇许亚敏

20 世纪 70 年代末 80 年代初的小伙伴们，还记得小时候第一次看到电视游戏机时的兴奋吗？我记得小学时，看到邻居借了一个深色的方盒子，用 根线连接到黑白电视机上，黑白电视机里居然播放出了弹球游戏画面。两个人可以用类似收音机旋钮的东西控制球拍的位置，互相对战弹球，喇叭里还发出“丁丁当当”的声音（见图 2.1）。那种惊讶和好奇直到现在都记忆犹新。5 年后，当父亲送给我一台任天堂 FC 游戏机时，我第一件事就是把它拆开……

图 2.1　雅达利 PONG 游戏机

一晃 20 多年过去了，游戏机从早期的 8 位机发展到了现在的全高清体感游戏机，我也从一个小学生变成了业余创客。好，现在就自己动手制作一台 20 世纪 70 年代风格的电视游戏机，怀念一下黑白像素和方波的音效乐趣吧！让看惯了 iPad 游戏绚丽画面的小朋友们玩玩我们小时候的游戏机，顺便让他们对物理学里的抛物运动知识有一个感性的认识，起到培养兴趣的作用。

2.1　准备工作

经过构思，我画了一张设计稿（见图 2.2），对角色造型、布局、玩法进行了大概的设计。

游戏的逻辑非常简单：有一天怪兽袭来，小伙伴们奋不顾身地用土豆还击；发射土豆的装置类似迫击炮，可以调整炮管的仰角；土豆将以抛物线形式发射出去，当土豆砸到怪兽时，怪兽的生命值会减少，在怪兽到达炮台前将其消灭即可赢得胜利；但是天有不测风云，风会对土豆的弹道产生影响，所以一个优秀的炮手要能够根据怪兽的距离和风向准确地调整发射仰角以命中目标，这个艰巨的任务就交给玩游戏的小伙伴吧！

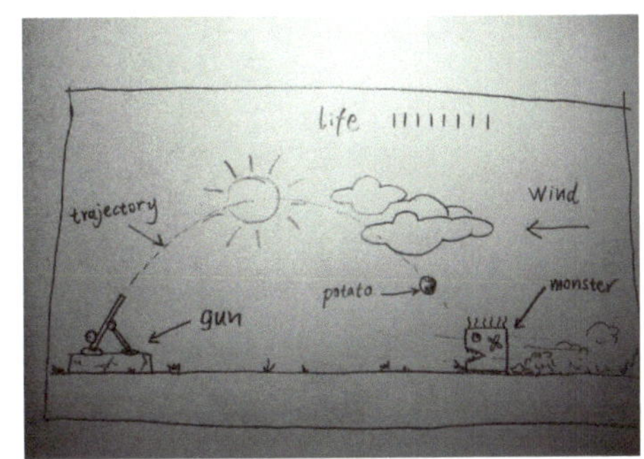

图 2.2　设计稿

为了降低开发难度，快速地实现效果，

我选择了 Arduino UNO 进行了原型机的测试。我的计划是只使用一片 ATmega328P 配合极简单的外围电路实现上述游戏的全部功能。这里面包括电视信号的产生、2D 图像渲染、音效的产生、弹道的物理计算、游戏逻辑、游戏手柄的控制信号输入。

我的创客哲学是：“以快速实现目标为原则，着重创新，不纠缠技术细节，开源分享，不做重复劳动”，因此先上网搜索，看看是否有人做过类似的事情。幸运的是，我找到了开源的 TVout 库。经过测试，发现它非常方便，不但能够绘制点、线、多边形，还可以生成文字和声音。有了它，电视信号的生成、图像的显示和音效问题就很方便解决了。TVout 库的测试效果如图 2.3 所示。

图 2.3　TVout 库的测试效果

2.2　弹道的计算

第二个问题就是弹道的模拟了。一般情况下，各类游戏引擎就是专门用来计算这个的，可是我需要的仅仅是简单的 2D 抛物线计算而已，完全没必要兴师动众地去移植一款大型的游戏引擎，所以就自己动手写一个吧。

首先在不考虑空气阻力的理想情况下简化土豆抛射运动，如图 2.4 所示。

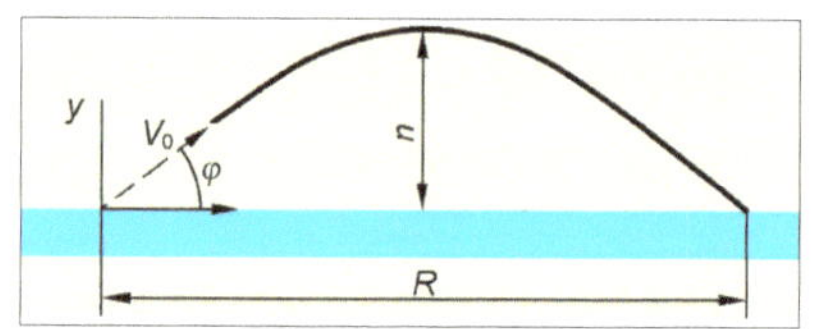

图 2.4　在不考虑空气阻力的理想情况下简化的土豆抛射运动

如果土豆不是垂直向上发射，而是与地平面呈 φ 角度射出，那么，这物体会按照抛物线轨迹移动，它的水平运动与垂直运动可以通过下式计算。

$$x(t)=(v_0\cos\varphi)t$$

$$y(t)=(v_0\sin\varphi)t-(gt^2)/2$$

$$v_x(t)=v_0\cos\varphi$$

$$v_y(t)=v_0\sin\varphi-gt$$

$$v(t)=\sqrt{v_0^2-2gtv_0\sin\varphi+g^2t^2}$$

$$h=(v_0^2\sin^2\varphi)/(2g)$$

$$R=v_0t\cos\varphi$$

$$t=(2v_0\sin\varphi)/g$$

其中，R 代表土豆的抛射距离，v_0 代表抛射的初速度。

如果假设土豆是以初速度 50m/s，与地平面呈 30° 角射出。根据公式，不考虑任何干扰因素，它会飞到 220.7m 远的地方。如果真砸到怪兽，估计会很痛。

以上是假设了一个具体数字来帮助大家理解。在这个游戏程序中，我们需要解决的问题就是如何写一个程序来计算任意 φ 时的土豆运动轨迹。一旦这个土豆在某时刻的位置达到怪兽的边界坐标内，那么即说明怪兽被击中；否则当土豆运动到 0 高度时，则说明碰撞到地面，没有击中目标。

为了能让程序实时地计算出土豆的位置，我们回顾一下那个遗忘了很多年却又十分神奇的牛顿定律。通常线性的运动方程表示如下。

$F=m\ dv/dt$

换个形式让它可以被积分

$dv/dt=F/m$

$dv=(F/m)dt$

可以认为速度上的无穷小的变化量 dv 等于 (F/m) 乘以时间无穷小的变化量。可是在计算机中我们是无法让时间无穷小的，因此我们只能取一个较小的离散时间增量 Δt，那么 Δv 就可以通过下式表示。

$\Delta v=(F/m)\Delta t$

Δv 是在离散的时间片段内速度的改变值，因此当前的速度取决于之前的速度与速度变化之和。

$v(t)+\Delta v=v(t)+(F/m)\Delta t$

在初始条件下，vt 为土豆离开炮筒时的速度。同理，位置的计算也可以用类似的方法表示。对于风力的影响，我们可以把它简化为在水平方向上的恒定加速度，然后用与垂直方向相同的方法来处理。

经过这样的转化和简化，以上微分方程问题就适合数字计算机来计算了，这就是游戏引擎中常用的所谓“欧拉积分法”。虽然这种方式的计算精度不高，只是对函数曲线进行了多边形近似，但是如果把离散时间尽量取得小一些，对付这种简单的小游戏还是绰绰有余了。搞明白了上面的内容，相关代码就简单了。我们只摘录其中最需要说明的部分。

```
......
xspeed=xspeed+ (float(wind_force)-
50.0)*0.0004;
// 计算离散时间内风对速度 x 分量的影响
yspeed=yspeed+force;
// 计算离散时间内重力对速度 y 分量的影
响
xpos = xpos +  xspeed;
// 计算速度对位置 x 坐标的影响
ypos = ypos +  yspeed;
// 计算速度对位置 y 坐标的影响
deg=(analogRead(A0)*0.0005)+
offset;// 通过 ADC 采集电位器的角度信
息，经过转换后用于控制发射方向
xspeed_p =  cos( deg )*6;
// 计算初始速度 x 分量
yspeed_p =  sin( deg )*6;
// 计算初始速度 y 分量
......
f(digitalRead(2)==0)// 按下发射按钮
{
   ......
   xspeed=xspeed_p;// 给初始速度 x
分量赋值
   yspeed=yspeed_p;// 给初始速度 y
分量赋值
   ......
}
......
```

在精心地调整各项参数之后，弹道的模拟效果还是比较满意的。

2.3 游戏画面的绘制

设计好角色后，就可以用简单的几何图形来建模了。比如，首先根据画好的怪兽图形测量出每个定点的坐标，实现这个的方法很多，比如可以借助 2D 或 3D 软件直接生成，或者干脆在纸上画上格子数一下。由于 TVout 库提供了绘制直线和圆的函数，所以可以方便地直接调用。其中 enmey_pos 是控制怪兽移动的变量。

```
TV.draw_line(enmey_pos,74,enmey_
pos+15, 74,WHITE);
TV.draw_line(enmey_pos+15,74,enmey_
pos+15, 94,WHITE);
```

```
TV.draw_line(enmey_pos,94,enmey_
pos+15, 94,WHITE);
TV.draw_line(enmey_pos,90,enmey_
pos,94, WHITE);
TV.draw_line(enmey_pos,90,enmey_
pos+10, 87,WHITE);
TV.draw_line(enmey_pos,84,enmey_
pos+10, 87,WHITE);
TV.draw_line(enmey_pos,74,enmey_
pos,84, WHITE);
TV.draw_circle(enmey_pos+5,79,2,
WHITE);
TV.draw_line(enmey_pos+3,74,enmey_
pos+3, 68,WHITE);
TV.draw_line(enmey_pos+6,74,enmey_
pos+6, 68,WHITE);
TV.draw_line(enmey_pos+9,74,enmey_
pos+9, 68,WHITE);
TV.draw_line(enmey_pos+12,74,enmey_
pos+12, 68,WHITE);
```

在绘制角色时要注意图像缓冲区不要设置得太大，否则会导致内存溢出。经过几次尝试，我设置的是120像素×96像素大小。代码如下：

```
TV.begin(PAL,120,96);
```

最后实际完成的游戏画面如图2.5所示。

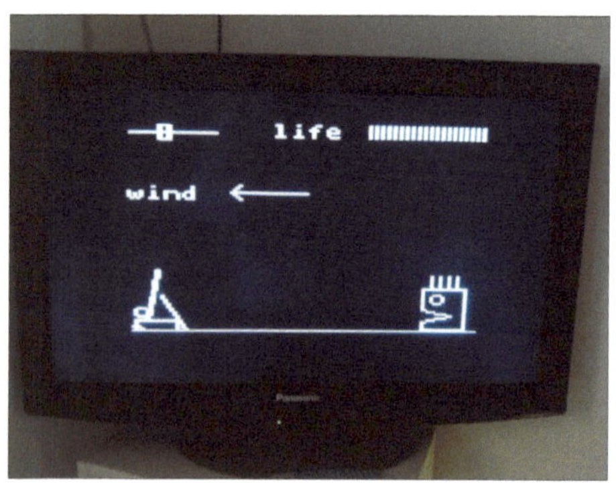

图2.5　实际完成的游戏画面

2.4　游戏逻辑

这个回合制小游戏的逻辑并不复杂，目前也没有特别完善。每发射一颗土豆，怪兽就向前走一步，所以必须在有限的时间内将足够多的土豆扔向怪兽。对于命中怪兽的检测方法，通过条件语句判断在当前时间内，土豆的坐标是否落在怪兽的坐标范围内就可以。

```
......
if(xpos>enmey_pos-5 &&
xpos<enmey_pos+15&&ypos>82)
......
```

2.5　游戏的文字和声效

TVout库的声音函数也非常好用，只用一条代码就可以生成方波的声音。如果嫌音质不好，可以加一个简单的滤波器，把高频谐波去掉。文字的绘制需要先设置字体，然后直接调用print函数即可。片头文字（见图2.6）和音效部分代码如下。

图2.6　片头文字

```
......
TV.select_font(font6x8);// 选择字
体
TV.print(22,24,” Monster will be
back...” );// 在指定坐标绘制文字
```

```
TV.tone(100, 500);// 产生 100Hz 的
音频持续 500ms
TV.delay(1000);// 延时 1000ms
TV.tone(200, 500);// 产生 200Hz 的
音频持续 500ms
TV.delay(1000);// 延时 1000ms
TV.tone(300, 500);// 产生 300Hz 的
音频持续 500ms
TV.delay(1000);  // 延时 1000ms
TV.clear_screen();// 清屏
TV.select_font(font8x8);// 选择字
体
TV.print(12,35,"POTATO GUN !");//
在指定坐标绘制文字
TV.tone(100, 1000);// 产生 100Hz 的
音频持续 1000ms
TV.delay(1000);  // 延时 1000ms
......
```

2.6 硬件电路

游戏机的电路非常简单，主机用 Arduino 加两个电阻和一些跳线即可，手柄使用一个电位器、一个电阻和一个按钮。硬件连接如图 2.7 所示。

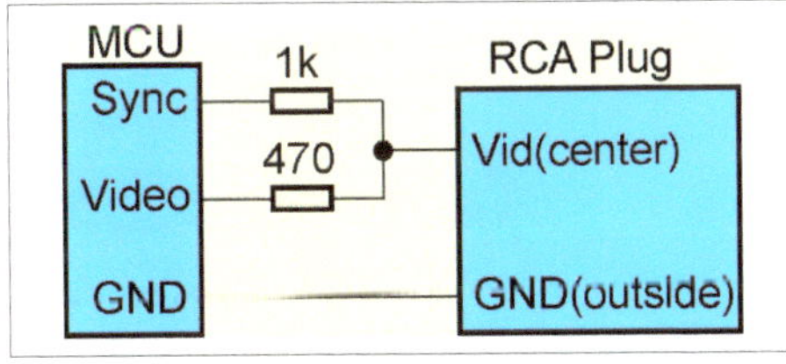

图 2.7 硬件连接方法

Sync 连接到 D9，用以产生同步信号，Video 连接到 D7，用以产生视频的像素信号。实物连接好后如图 2.8 所示，面包板上的那两个电阻，实际有点误差也没有太大关系。后面那个黄色的同轴电缆线是电视机的 AV 输入端子。D11 脚直接连接了一个小扬声器，用以产生游戏音效。

图 2.8 连接好的主机

游戏手柄（见图 2.9）就是个标准的可变电阻器和按钮的连接方法，电位器和开关分别接在 A0 和 D2 上，开关加上拉电阻（后来发现可以省略这个电阻，直接使用程序内部上拉电阻）。

图 2.9 连接好的游戏手柄

到此为止，这个游戏机的原型机就完成了，现在可以烧入代码享受一下。

2.7 改进

在面包板上搭建完成原型机后，我开始着手改进工作。首先是使用体积更小的 Arduino mini 代替 UNO，这样可以把电池和主板都塞到游戏手柄里（见图 2.10）。

为了减小体积，电池使用了小型的可充电锂电池，把扬声器替换成了压电陶瓷蜂鸣器，把视频输出的那两个电阻换成了贴片的微调电阻。原来的电位器有点占地方，所以我把它换成了 4 个微动开关，并且使用洞洞板代替面包板（见图 2.11 和图 2.12）。最后，我用 Rhinoceros 软件设计了一款略有复古气息的外壳，由 3D 打印机打印成型（见图 2.13）。最终组装完成的游戏机如图 2.14 所示，游戏画面如图 2.15 所示。

■ 图 2.12　主机、电池、手柄组合在一起

■ 图 2.10　使用 Arduino mini 代替 UNO 制作的主机

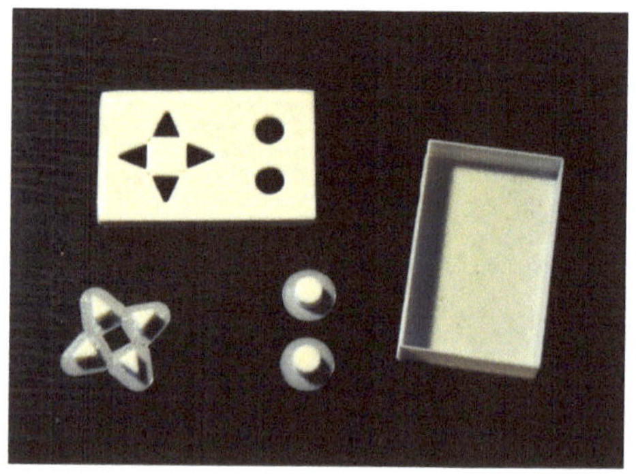

■ 图 2.13　用 Rhinoceros 设计的外壳，由 3D 打印机打印成型

■ 图 2.11　手柄上的电位器换成微动开关，并且使用洞洞板代替面包板

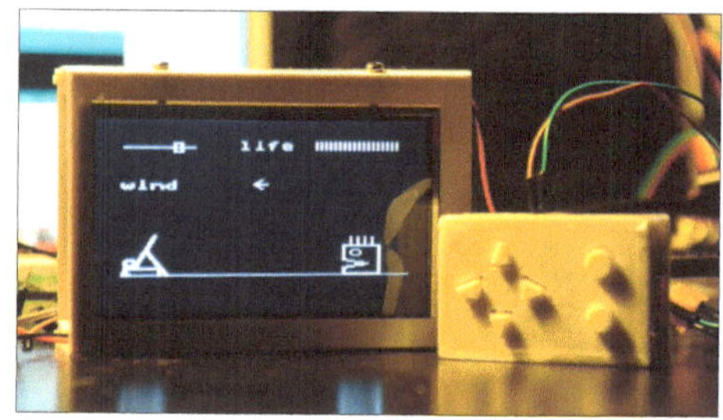

■ 图 2.14　最终组装完成的游戏机

图 2.15　发射炮弹击中怪兽的画面

由于我精力实在有限，程序做得比较粗糙，本来设想了一些好玩的情节，比如土豆炮可以换不同性质的弹药，怪兽会发射炮弹反击，每一关会有生命力、速度、进攻力不同的怪兽出现，增加双人对战模式等，但时间有限，暂时无法完成。所以我把程序、电路、3D 打印模型文件都开源分享给大家，如果感兴趣，可以在这个基础上继续折腾下去，在这个平台上开发自己的游戏。

祝大家玩得开心，如果有什么新改进，开发了新关卡，或者折腾出了新玩法，别忘了第一时间在新浪微博 @ 超级亚敏，大家一起娱乐娱乐。或许可以组个趣味相投的小聚会，哈哈。

■ 程序、TVout 库、3D 打印模型文件可从《无线电》杂志网站 www.radio.com.cn 下载。

洞洞板上的 4×4×4 梦幻光立方

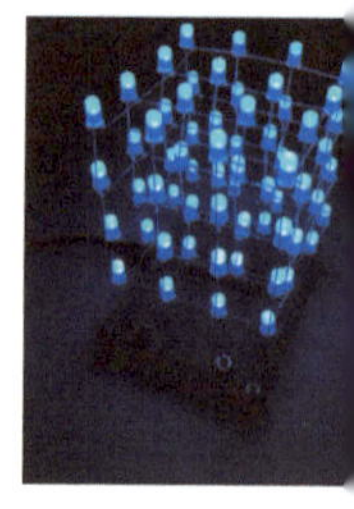

◇伍浩荣

很多人都像我一样，看别人的光立方觉得挺酷，但是自己却不愿意尝试如此庞大的工程。如果能制作一个工程量相对少点、更加大众化、同样可以显示出多种 3D 图案的光立方，对于像我这样爱偷懒的电子爱好者来说，确实是一个比较好的想法。

表 3.1　制作所需要的元器件列表

STC15F204EA 单片机	1 片
28 脚 IC 插座	1 片
高亮长脚乳白色 LED	64 个
轻触按键	2 个
100nF 独石电容	3 个
100μF 电解电容	2 个
470Ω 贴片电阻	20 个
2kΩ 直插电阻	2 个
10kΩ 直插电阻	2 个
驻极体话筒	1 个
7cm×9cm 洞洞板	1 块
固定铜柱子	4 个
迷你 USB 插座	1 个
导线	若干条

综合考虑起来，我做的这个 4×4×4 的 LED 光立方，为了突出散射效果，采用了 64 个乳白色蓝光 LED，主控芯片只用了一片 28 脚单片机，加入两个按键，可以单独选择某种显示模式，可以设置显示模式的快慢，长按按键还可以进入自动播放模式。为了不浪费资源，我最大化地加入了二十多种显示动画，最后加入了声控模式和多种呼吸灯模式，算把单片机里面的 ROM“撑饱”了， 终于打造了一个属于自己的光立方。这次还是像之前大部分制作一样，选用了洞洞板来制作，因为电子 DIY 这种事情，最好就是趁热打铁，而洞洞板可以随手拈来、随时制作，非常实用。下面我会用详细的图文介绍每一步的制作步骤，我已经尽量降低了制作难度，相信大家根据介绍焊接好就会成功。

这个制作的电路原理图如图 3.1 所示。图中左边的 LED 方阵总共有 4 块，为了简洁，我只画了一块，每个 LED 方阵的正极连接都是一样的，只是负极的公共端有所不同，其中 COM1 是第一层的公共端，COM2 是第二层的公共端，以此类推。浏览了电路图，准备好制作的各种工具，做做准备运动之后就喊“Action”吧！

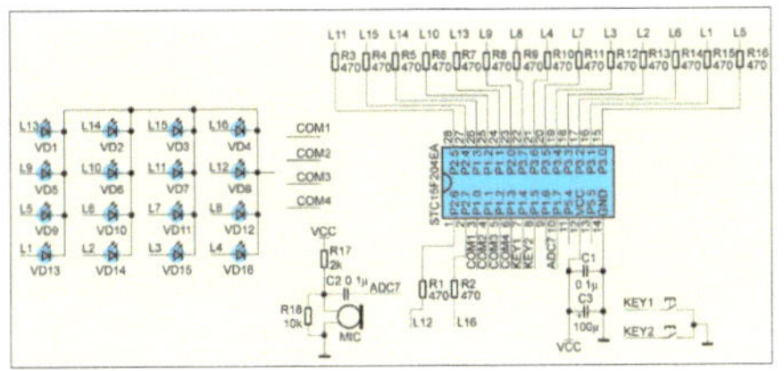

■ 图 3.1　电路原理图

3.1　制作步骤

❶ 首先，把乳白色 LED 的正、负引脚弯成 90° 角，我们要弯的是负极，正极还是保持竖直状态。每 4 个 LED 为一组。

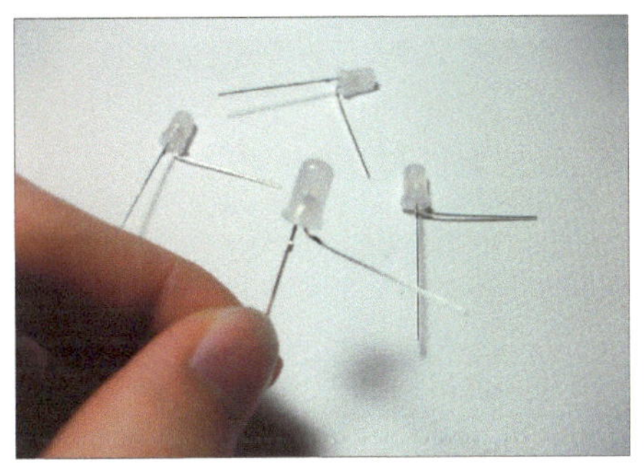

❷ 然后把 LED 的负极以脚搭脚的方式搭在一起，注意保持平衡状态。很多人说很难固定 LED，在这里介绍一个简单的方法，用一本厚厚的书本，翻开中间，把 LED 的“头部”盖住，并且在书本上面放上重物，就可以固定好 LED 的位置，使其保持平衡了，这样我们焊接出来的一组 LED 就不会歪歪斜斜了。

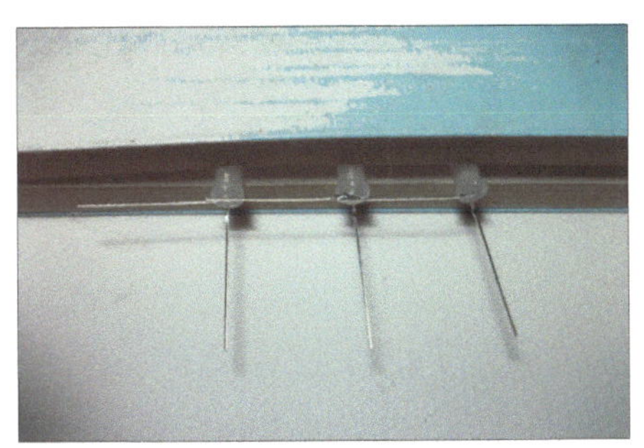

❸ 每 4 个 LED 焊接成一排，注意最后一个 LED 的负极，也就是图中最右边那个 LED 的负极，摆向要跟前面 3 个呈 90° 角摆放。

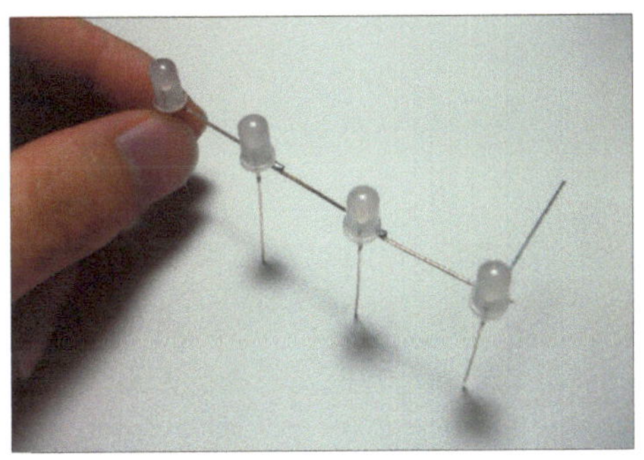

❹ 每一层是由 4 排组合而成的，把每一排的最后的一个 LED 负极搭在另一排的负极上面，形成固定形状，注意摆放不要歪了，还有引脚接触的地方尽量多加焊锡，还要注意不要虚焊，否则会造成接触不良，检查完毕就进行下一个步骤。

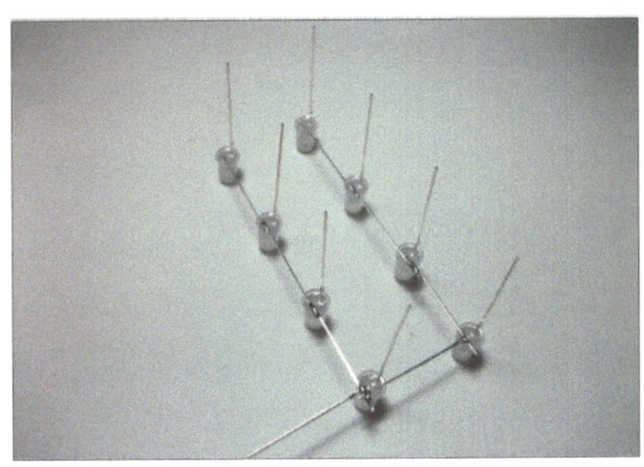

❺ 逐个把 4 排 LED 搭好，然后在另一端加一根粗点的金属丝（如粗铜丝），调整好正确的位置焊接上金属丝，固定住，这样，一个由 16 个 LED 组成的方阵就做好了。

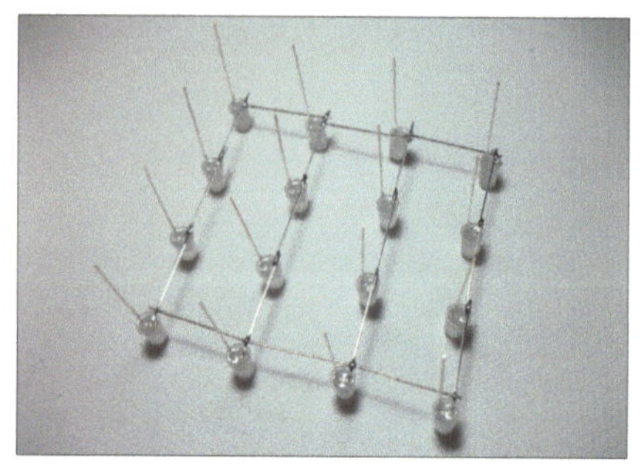

❻ 同样，用上面的方法，把所有的 LED 方阵做好。再次强调，焊锡要焊得饱满些。之后再用 3V 的纽扣电池，把电池正、负极引出来，逐个测试每个方阵的 LED，测试到坏的要及时更换过来，否则，到了后面的制作步骤，你会很难受的。

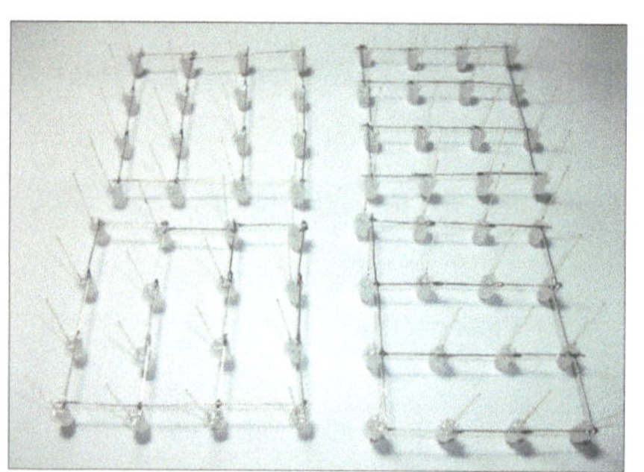

❼ 把每层 LED 方阵的正极尾端弯成大概 120° 的“钩”状，然后一层一层叠起来，把上下两层的“弯钩”接触处（也就是上、下每层对应的正极的引脚）用焊锡焊接好，同时把 16 个 LED 固定好。

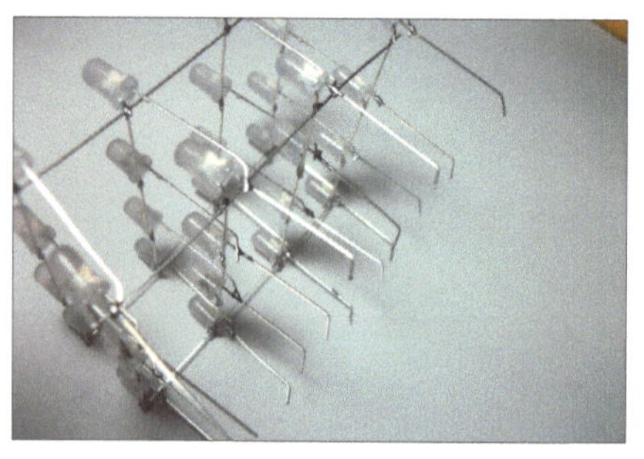

❽ 4 层叠加完成后，一个由 LED 组成的立方体就呈现出来了。完成这个之后，我们先放到一边去，接下来焊接控制部分的电路。

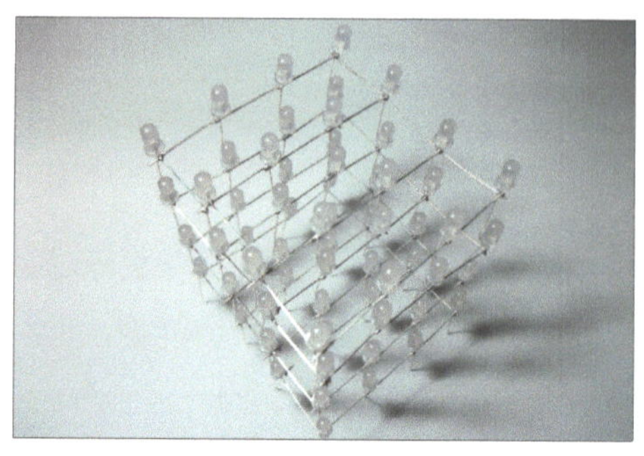

❾ 先在 7cm × 9cm 的洞洞板上量好 “立方体”正极引脚的插孔位置，并且用油性笔记录好 16 个插孔的位置。

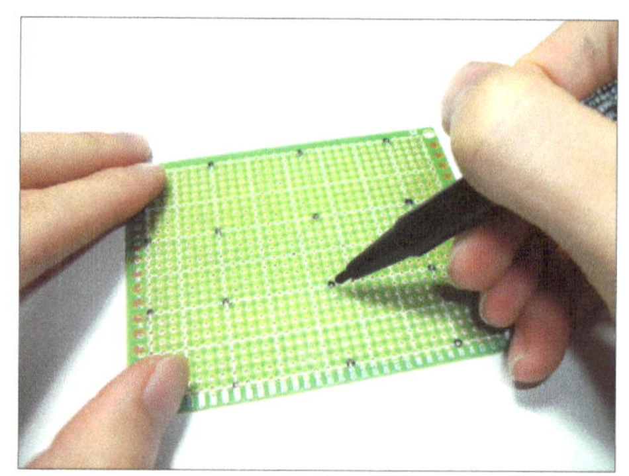

❿ 然后在这块洞洞板上先焊接好 28 脚的单片机 IC 插座、两个微动按键开关，以及声控放大电路的 2kΩ 电阻和 0.1μF 电容，在单片机的正、负极两端同样焊上 0.1μF 电容，以上元器件不要焊接在之前标识的 16 个 LED 插孔位置上面，而要焊接在标识孔的间隔处。

⑪ 把驻极体话筒的引脚弯曲成如图所示的样子，并且对照电路图在相应位置上焊接好两个引脚。还要将 16 个 470Ω 的限流贴片电阻对应 I/O 口，焊接在洞洞板的背面。我是用迷你 USB 插座供电的，因为只需要引出正、负极的引脚，所以剪去迷你 USB 插座中间的引脚，留下左右两个引脚，同样在洞洞板背面用焊锡焊接好，固定在合适位置上。

⑫ 将下载好程序的单片机插到 IC 插座上，拿出之前做好的“立方”，把 16 个 LED 正极引脚插在对应的标识插孔中，然后在洞洞板背面用焊锡焊接固定好 LED，注意 LED 的高度要一样。固定好立方之后，把 100μF 的电容和其余的元器件按照电路图在背面焊接好。

⑬ 受限于洞洞板的大小，不能都用焊锡过线，因此接下来就到了飞线步骤，对应 LED 方阵的引脚连接，把 16 个 LED 跟两个按键用导线点对点地连接到相应的 I/O 口上面。

⑭ 还要把每一层的 LED 公共端（也就是负极）同样用导线引出来，通过洞洞板的孔过线到洞洞板背面。这里最好选用白色的导线，这样做色差不大，可达到“伪装”的效果，使整体看起来更加整洁。

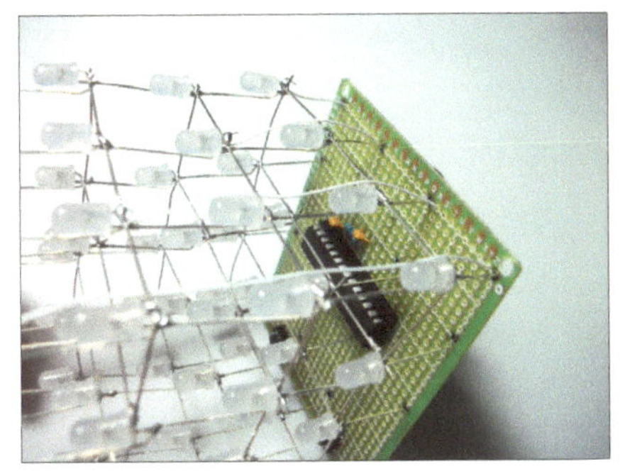

⑮ 再用 4 个铜柱子在洞洞板的 4 个角落上固定并垫高洞洞板，由于复杂的过线都是在背面的，这样做就可以把繁琐的过线置于“隐身”状态了。完成之后，插上 USB 线，这个制作就可以工作起来，整个制作过程也算完成了！

3.2 程序设计思路

大家最关心的想必是怎样在这个迷你光立方上实现自己喜欢的 3D 动画。其实光立方的图形实现跟数码管的扫描是一样的，都是把要显示图形的数据送到对应的 I/O 口上面，然后再用单片机快速切换扫描每一层的数据，由于每一层切换的时间非常快，整体看来就是一个图形了，好多电子爱好者的光立方都是这么实现的。考虑到要实时响应按键开关的切换以及动画的显示速度，动画显示函数我是在定时器中断里实现的，而不是用之前的，比如“delay ( )”这种软件延时方式去扫描，这样做就可以最大化响应用户的按键操作了。为了更好地去编辑自己的动画显示，我写了一个可以显示任何动画的函数，内容如下：

```
void figureshow(uchar a[],uchar
b[],uchar n)
 {
 P1=P1|0x0f;// 先关闭
 count++;
  if(count>ledspeed)
  {
   count=0;
   if(j<n)
   //n 代表一个显示数组总共有多少个元素
   {
   for(i=0;i<4;i++)// 刷新一帧动画
    {
     dis2[i]=a[j];// 每层显示内容
     dis3[i]=b[j];//4 个数据一组
     j++;
    }
   }
   else {j=0;count=ledspeed;}
  }
  P2=dis2[num];// 送入显示数据
  P3=dis3[num];
  P1=P1&ledcom[num];
  // 切换扫描每一层
  num++;
  num%=4;// 限制在 4 以内
 }
```

在使用函数之前，先来看看 LED 方阵的连接。为了方便操作，我把每个 LED 的控制引脚都标出来了，箭头的方向就是我们正面观看的方向（见图 3.2）。

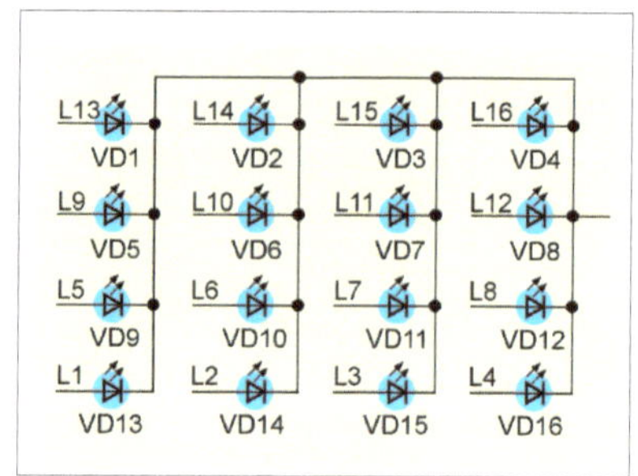

■ 图 3.2 LED 方阵的连接

LED 的方阵是由 P2 组跟 P3 组控制的，这两组的 I/O 口设置为推挽输出，这样把要显示的对应点设置为高电平“1”，就可以点亮了。那么如何使用这个函数呢？每一帧的动画是由 4 层方阵组成，比如我们要设计动画的第一帧是全亮，我们先定义两个数组，这两个数组分别由 P2 组和 P3 组输入：

```
code uchar All_P2[]={// 全闪烁
0xff,0xff,0xff,0xff/*1*/
};
code uchar All_P3[]={
0xff,0xff,0xff,0xff/*1*/
};
```

两个数组里面各有 4 个元素，每组第一个元素代表第一层的显示，第二个元素代表第二层的显示，以此类推，到了第四个元素就完成这一帧的显示了。函数的 n 代表每个数组的元素个数。

使用的时候这样操作：figureshow(All_P2, All_P3,4); 就可以全亮了！这只是简单的使用，因为动画是要“动”起来的，也就是每一帧的数据都不同才可以，我们要设计一个动画，就要考虑好这个动画的帧数，然后把每一帧的数据编写出来，放在这个函数里面就可以显示动画了！当要修改动画的快慢（也就是帧数的转换速度）时，把 ledspeed 修改为不同的值即可。注意，这个函数要放在定时器中断里面，要设置时间就要修改中断的累积时间计数值。程序中我设置了短按控制来转变动画时间的快慢，关于按键的长按、短按已经在之前的文章中有了比较详细的说明，在这里我就不多介绍了。还有一点要补充说明的是，为什么在数组前面加 code 呢？因为我们要显示的动画有很多种，为了节省 RAM 的资源，所以把数组的数据放在 ROM 上面。

我不是“标题党”，为了使光立方有种“梦幻”的效果，我加入了各种形式的呼吸灯模式，也就是逐渐变亮、变暗的效果，专业名词就是脉冲宽度调制（也就是 PWM）。因为直接用软件循环的语句很难控制 PWM 的周期，在这里，我们用定时器 0 产生特定周期的 PWM，从而控制亮度。我们先定义一个 10ns 的定时器中断，注意中断一定要快，由于人的视觉暂留现象，LED 就会出现不同的亮度。然后在中断里面进行以下操作：

```
void timer0() interrupt 1
{
 P1=P1|0x0f;// 先关闭
 Pcount++;
 if(Pcount>254)
 // 每中断 255 次产生一种亮度
 {
  Pcount=0;
 }
 if(Pcount<levelcount)
 // 修改 levelcount 的数值就可以修改
 不同亮度
 {
  P2=0xff;// 在这段数值内全亮
  P3=0xff;
 }
 else
 {
  P2=0x00;
  P3=0x00;
 }
 P1=P1&ledcom[num];
 num++;
 num%=4;
}
```

用通俗的语言来讲，就是在快速扫描的时间段内，亮的次数比灭的次数要多，这样就可以产生不同的亮度了。修改 if(Pcount<levelcount) 语句里面 P2 组与 P3 组所控制的 LED 数，就可以设置不同形式的呼吸灯了！但是上面的中断函数只能产生一种亮度，修改 levelcount 的值就可以修改不同亮度，levelcount 的数值范围是 0 ~ 255，也就是有 256 级的亮度。而一种亮度显然不能达到我们所需要的“呼吸”效果，因此我们要在其他地方让 levelcont 自动增加数值到最高值，之后又逐渐减少数值到最

小值，来回循环，这样就有呼吸的效果了!

```
if(levelflag)//初始值为1
{
 levelcount++;//亮度逐渐变大
}
else
{
 levelcount--;//否则亮度逐渐降低
}
if(levelcount>254)
//到达亮度最大值时转变为逐渐降低亮度
{
 levelflag=0;
}
if(levelcount==0)
//亮度为最低时转变为逐渐增加亮度
{
 levelflag=1;
}
```

首先定义一个开始转变亮度的标志位 levelflag，初始化的值为 1，levelcount 每次到达最高点以及最低点都翻转 levelflag 的数值。把上面的程序放在你需要设置的转变亮度时间内，就能实现“梦幻呼吸灯”的效果了!

再来说一下声控效果的实现。其实简单来说，就是用驻极体话筒采集、放大声音，然后转变为电压值，再用 STC15F204EA 内置的 10 位 AD 功能读取电压值。驻极体话筒的放大电路可参考我画的电路图，单片机内部的 10 位 AD 读取函数可以参考单片机的数据手册。不过，检测到声音也不能让光立方一直亮着呀，最好是检测到声音的不同大小、长短会有不同层次的亮起，让光立方“显示”出声音的级别，这样就会更加有动感了。只需要进行下面的简单操作即可实现不同级别声音显示不同的效果了:

```
ADValue=ADC(7);
//先读取P1.0的AD值
if(ADValue>1)
//判断AD值是否大于规定的值
{
 P1=P1|0x0f;//先关闭
 P2=0xff;//每层全亮
 P3=0xff;
 P1=P1&ledcom[num];
 num++;
 num%=4;
}
 else
{
 P1=P1|0x0f;//先关闭
 P2=0;//每层灭灯
 P3=0;
 P1=P1&ledcom[num];
 num++;
 num%=4;
}
```

将上面那段程序放到定时器中断里扫描，由于要检查到 AD 值大于 1 才能进入扫描，当声音很小或者很短的时候，就只能扫描到一两层的 LED 方阵，同理，声音持续的时候，就能不断进行 LED 方阵的扫描。由于扫描速度很快，声音大的时候，显示层数就多，声音小的时候，显示层数就少，用这种简单的操作就可以“看”出来声音的大小了。要是你在一旁“high 歌”，光立方就随乐而动，很有动感!

好了，上述算是这个制作的精髓了，其实大家了解深透的话，就可以举一反三，用到更多的工程上面了。趁着将要过年，如果能亲手打造一个属于自己的光立方放在客厅里，客人来拜访，看到随声而动的光立方，一定会增加不少乐趣!

最后来看看几种夜晚的显示效果吧（见图 3.3 ~ 图 3.5）!

■ 图 3.3 “闪电”式流动

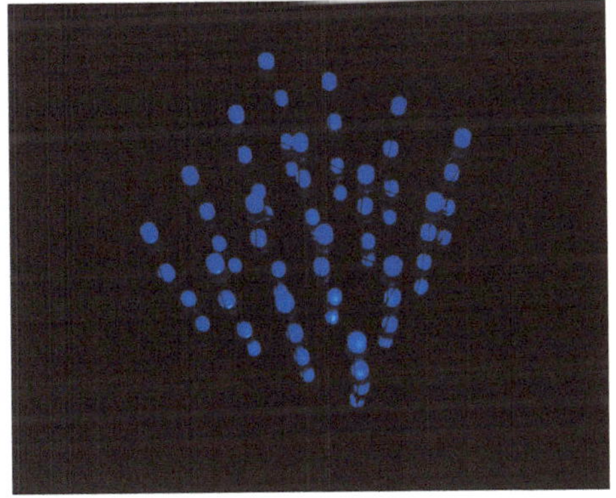

■ 图 3.4 呼吸灯状态，可以看到所有的 LED 的“呼吸”过程

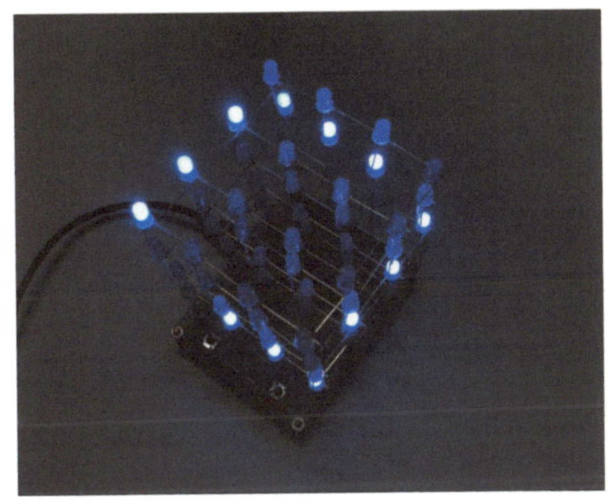

■ 图 3.5 “龙卷风”转动模式，很有立体感

实际视频操作效果见：http://hi.baidu.com/haorongwu。

04 3D 旋转显示装置

◇李光

自从电影《阿凡达》上映之后，影像视频显示领域就掀起了一股3D热。从电影、电视到数码相机等都在发展应用3D技术。在看到此技术在各领域的应用后，我就想到用单片机来控制一个旋转装置，显示简单的3D图像。

4.1 显示原理

3D图形就是在X、Y、Z三个坐标轴所确定的三维空间中将一个画面表现出来。一般情况下，我们用LED点阵模块来显示平面方向的二维文字和图形，只是缺少了Z轴。所以，在本制作中我采用旋转方式，利用人眼的视觉暂留产生Z轴，就能显示3D图形，显示原理如图4.1所示。

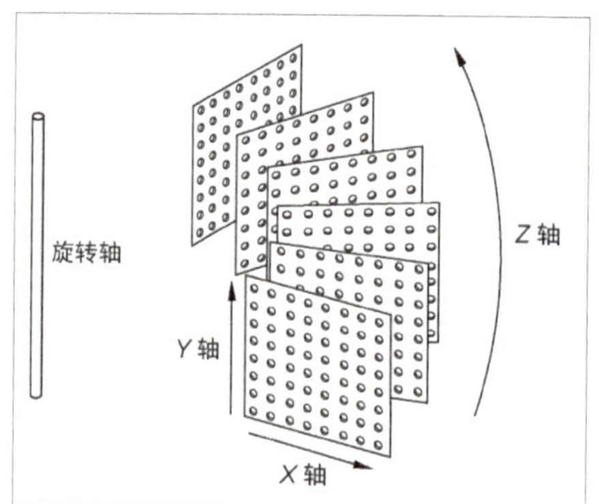

图 4.1 显示原理

LED显示平面构成了坐标系的X、Y轴，它绕旋转轴进行高速旋转，每秒转数应在20圈以上，相当于每秒20帧，这样才能保证人眼能看到连续的图形。每帧的3D图形在设定的起始位置开始显示第一幅画面，经过几毫秒（具体时间由电机转速而定）后，LED显示平面转过约3°，再显示第二幅画面，依此类推，直到把这一帧所有画面显示完为止，然后到第二圈开始显示下一帧3D图形，3D显示效果图如图4.2所示，分解图如图4.3所示。

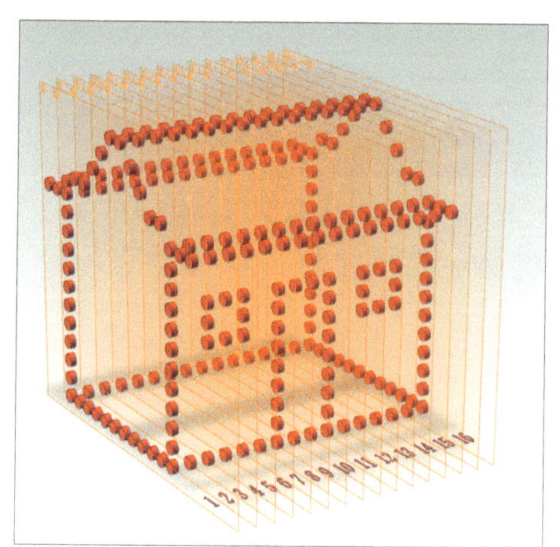

图 4.2 显示效果

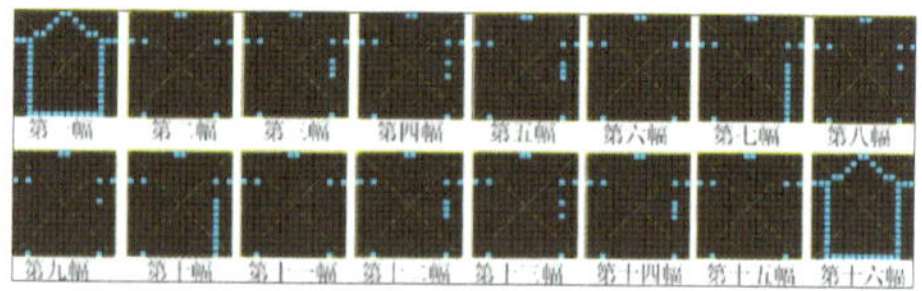

图 4.3 3D 房屋的分解图

4.2 装置组成

整套电路主要由底座盒（内有电机、电源供给板、电机开关等）、电源接收板、左右显示板、控制板组成，整体结构如图 4.4 所示。由电源供给板产生的高频脉冲电流通过发送线圈，利用电磁感应传递到接收线圈，然后电源接收板进行整流、滤波，提供 5V 直流电压分两路供给 2 块显示板，再经 2 块显示板供给控制板。由于电机转动过程中转速不是很稳定，例如转速为 1200r/min 的电机，在旋转时转速大概会在 1190 ~ 1210r/min 变化，只是转动的速度很快，人的眼睛不会察觉到，但这种变化在高速显示图形时会产生不同步的现象。因此我又设计了 2 个光电对管用于 2 块显示板的位置检测（见图 4.5），即电机每转半圈到达特定位置时才开始显示，在电源接收板上设计了用于位置定位的光电对管，检测到的信号也经 2 块显示板接入控制板上的单片机，单片机收到信号后立即将显示数据传递给 2 块显示板进行显示。采用 2 块显示板的目的有两个：一是这样的结构可以保持平衡，便于旋转的稳定性；二是每转动 1 圈显示 2 次图形，可以降低显示过程中的图形闪动。

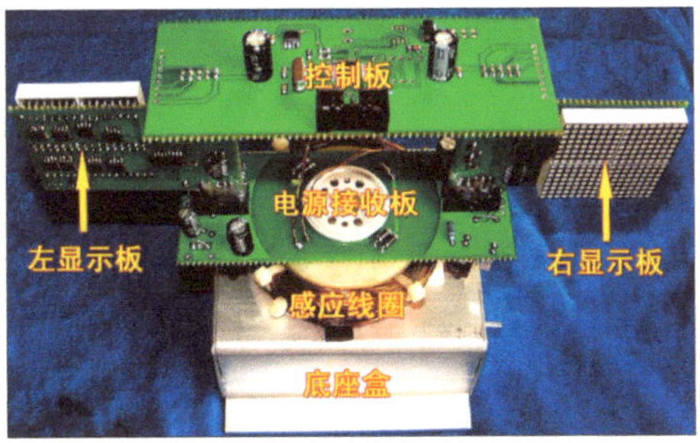

图 4.4 整体结构

图 4.5 光电对管

4.3 硬件制作

4.3.1 电源供给和接收板

因为显示部分是旋转的，所以如何给它供电是个问题。若采用电池供电方式的话，使用时间长了还得更换电池，并且会增加设备的重量，非常不合适。如果采用电刷供电的话，转动的时间长了会出现磨损的现象，并且增加了加工难度，最后我决定采用无线供电方式，电源供给电路和接收电路原理图见图 4.6 和图 4.7，因为手头有现成的无刷电机驱动板，就顺手用其改装了。利用原先板子上的 ATmega8 单片机通过程序产生时序脉冲，驱动 2 对 MOS 管组成的 H 桥电路，进而将产生的高频电流供给无线发送线圈，产生高频磁场，图 4.6 所示的是改造后的原理图，实际电路板如图 4.8 所示。板子上原有 3 对 MOS 管，其中 1 对没有使用。由于电流较大，实际工作中 MOS 管会发热，最好加上散热片。当然，你也可以使用其他的电路，最好有无线电源模块。图 4.6 中的 SX1 是程序下载接口，SX2 接 DC12V，SX3 接发送线圈；图 4.7 中的 SX101- 1、SX101- 2 接显示板。发送和接收线圈直径为 60mm，发送线圈用 Φ0.45mm 的漆包线绕 80 匝，接收线圈用 Φ0.31mm 三线并绕 120 匝，2 个线圈外形见图 4.9。制作无线电源发送板与接收板的元器件清单参见表 4.1 和表 4.2。

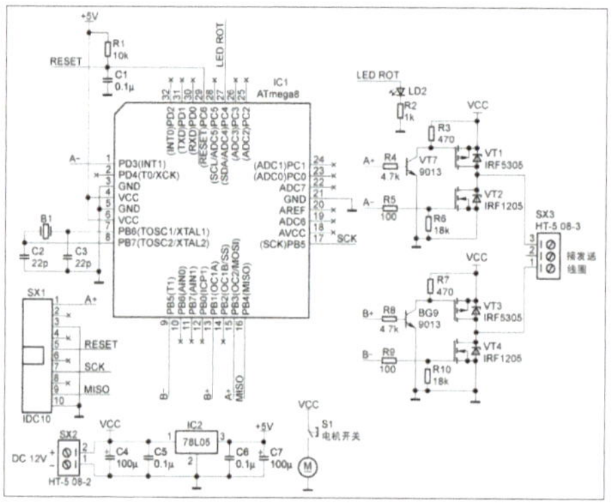

图 4.6　无线电源供给板原理图

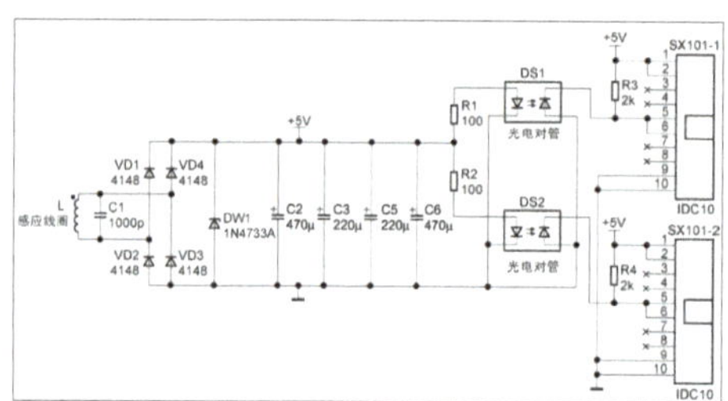

图 4.7　无线电源接收板原理图

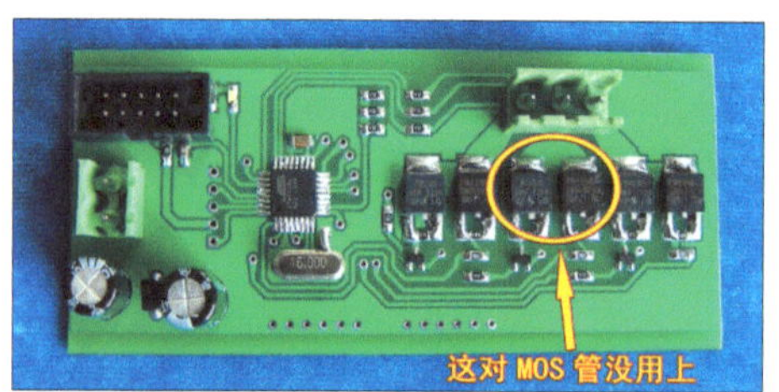

图 4.8　无线电源供给板

图 4.9　供电线圈

程序

```
void main(viod)
{
  init_devices( ); // 初始化端口
  while(1)
  {
    FETS_OFF; // 关闭所有 MOS 管
    delay_nms(1); // 延时
    POS_A_ON; //A+ 开
    NEG_C_ON; //B- 开
    delay_nms(1); // 延时
    FETS_OFF; // 关闭所有 MOS 管
    delay_nms(1); // 延时
    POS_C_ON //B+ 开
    NEG_A_ON //A- 开
    delay_nms(1); // 延时
  }
}
```

表 4.1　无线电源发送板元器件清单

序号	元件名称	位号	型号规格	数量
1	单片机	IC1	ATmega8	1
2	稳压器	IC2	LM78L05	1
3	晶体	B1	12MHz	1
4	PMOS 管	VT1、VT3	IRF5305	2
5	NMOS 管	VT2、VT4	IRF1205	2
6	三极管	VT7、VT9	9013	2

续表

序号	元件名称	位号	型号规格	数量
7	电阻	R1	RJ-0.25-10kΩ	1
8	电阻	R2	RJ-0.25-1kΩ	1
9	电阻	R3、R7	RJ-0.25-470Ω	2
10	电阻	R4、R8	RJ-0.25-4.7kΩ	2
11	电阻	R5、R9	RJ-0.25-100Ω	2
12	电阻	R6、R10	RJ-0.25-18kΩ	2
13	电解电容	C4、C7	100μF-25V	2
14	电容	C1、C5、C6	0805 0.1μF-50V	3
15	电容	C2、C3	0805-22pF	2
16	接插件	SX2	HT-5.08-2	1套
17	接插件	SX3	HT-5.08-3	1套
18	接插件	SX1	IDC-10	1

表 4.2　无线电源接收板元器件清单

序号	元件名称	位号	型号规格	数量
1	稳压二极管	VD5	1N4733A	1
2	二极管	VD1、VD2、VD3、VD4	1N4148	4
3	光电对管	DS1、DS2	槽式	2
4	电阻	R1、R2	RJ-0.25-100Ω	2

续表

序号	元件名称	位号	型号规格	数量
5	电阻	R3、R4	RJ-0.25-2kΩ	2
6	电容	C1	独石 1000pF	1
7	电解电容	C2、C6	470μF-25V	2
8	电解电容	C3、C5	220μF-25V	2
9	接插件	SX101-1、SX101-2	IDC-10	2
10	感应线圈	L	自制	1

4.3.2　显示板

这是动态扫描电路，*X* 轴（行扫描）显示用两个 74HC595 串联驱动，*Y* 轴（列扫描）用两块 74LS138 输出驱动 MOS 管 4953，如图 4.10 所示。需特别注意的是，LED 点阵没有加限流电阻，由于是动态扫描，在正常工作时每个 LED 只占整个扫描周期 1/16 的时间，所以 LED 模块不会被烧坏，但在程序调试的时候别让扫描停止了，否则的话会烧坏 LED 模块。其实，在实际调试的时候，应先调试无线供电部分。由于无线供电受到功率限制，峰值工作电压会降到 3V 左右，对 LED 模块影响不大，但是如果你用外接电源单独调试显示部分的话，就得注意了。焊接的时候注意上下两个 IDC- 10 插座，位置要准确，最好用尺子定位焊。如果位置偏差过大，旋转起来平衡性就会变差。焊接示意图如图 4.11 所示，制作显示板所需的元器件清单见表 4.3。

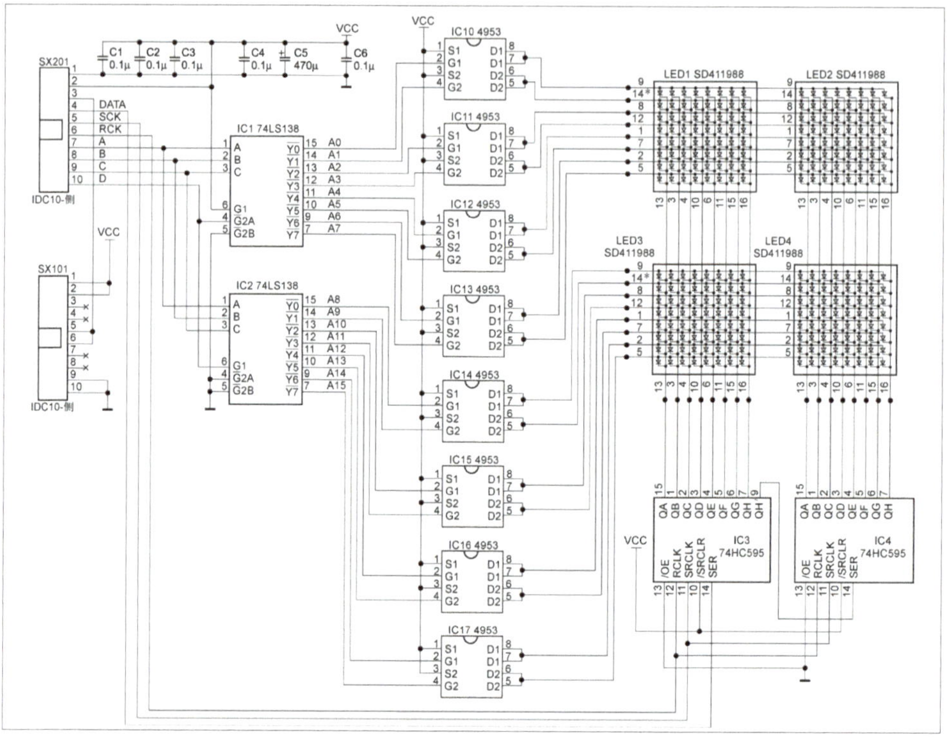

图 4.10　显示板原理图

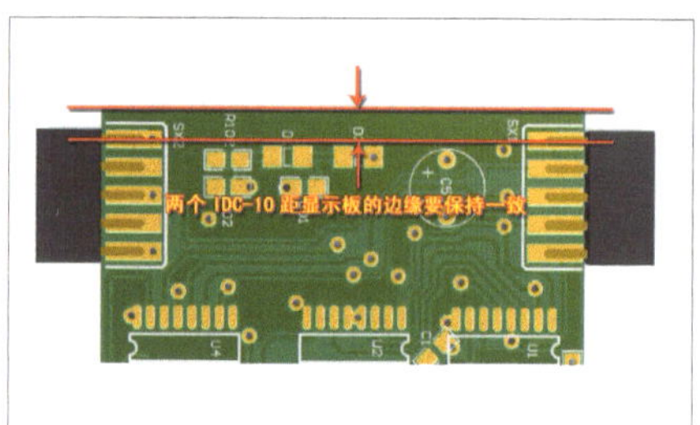

图 4.11　焊接示意图

表 4.3　显示板元器件清单

序号	元件名称	位号	型号规格	数量
1	集成电路	IC1、IC2	74LS138	2×2
2	集成电路	IC3、IC4	74HC595	2×2
3	MOS 管	VT1 ～ VT8	4953	8×2

续表

序号	元件名称	位号	型号规格	数量
4	LED 模块	LED1 ～ LED4	SD411988	4×2
5	电容	C1 ～ C4、C6	0805–0.1μF	5×2
6	电解电容	C5	470μF –16V	1×2
7	接插件	SX101、SX201	双排 254mm 10 针插孔	2×2

4.3.3　控制板

控制板部分的原理图如图 4.12 所示，其中 SX1 是程序下载接口，SX201- 1、SX201- 2 是连接左、右显示板的。为了提高显示速度，晶体就选用 16MHz 的。有兴趣的读者可以将此电路板进行扩展，加上串行储存器、时钟电路或者温度传感器等，这些就任你自由发挥了。我的控制板已经加上了串行储存器、时钟电路的位置了，只是还没有使用。特别注意 SX201- 1、SX201- 2 两个 IDC- 10 插座，应安装在焊接面，如图 4.13 所示，制作控制板所需的元器件清单见表 4.4。

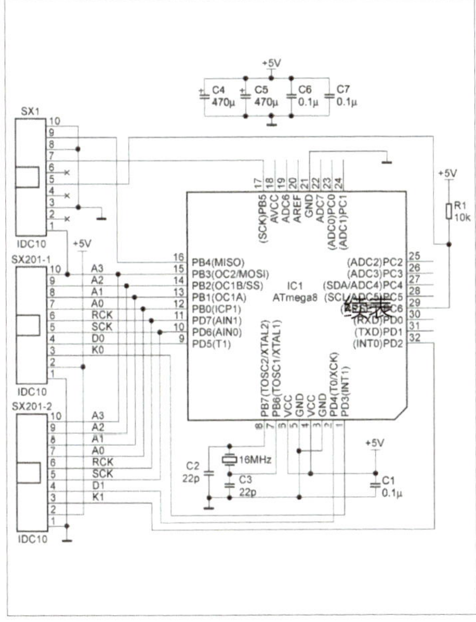

■ 图 4.12　控制板原理图

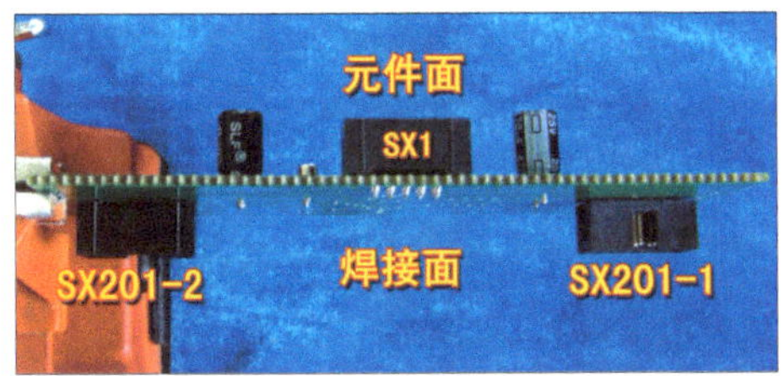

■ 图 4.13　SX201- 1、SX201- 2 的安装方向

表 4.4　控制板元器件清单

序号	元件名称	位号	型号规格	数量
1	单片机	IC1	ATmega8	1
2	晶体	B1	16MHz	1
3	电阻	R1	RJ-025-10kΩ	1
4	电容	C1、C6、C7	0805-0.1μF	3
5	电容	C2、C3	0805-22pF	2
6	电解电容	C4、C5	470μF　16V	2
7	接插件	SX1、SX201-1、SX201-2	IDC-10	3

4.3.4　电机

要旋转就得有电机，由于手头有废旧硬盘的主轴电机，因此，线路板排版的时候是根据它的尺寸设计的。直到调试的时候才发现硬盘电机的扭矩实在太小了，将电路架上去居然启动不起来，还好手头有从同事报废的打印机上拆下的直流电机，这才将问题解决。两种电机的外形如图 4.14 所示。注意本装置的旋转方向是逆时针的，如果你的电机是正转的，就把电机的正、负电源颠倒一下；驱动硬盘电机的线路板经过改造就变成了电源供给板，用在无线供电上了。

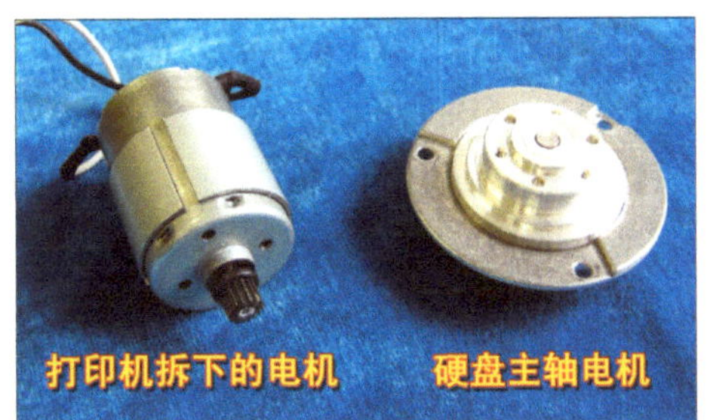

■ 图 4.14　两种电机的外形

4.3.5 底座盒

我选择的是 100mm × 90mm × 50mm 的铝合金盒，内部装上电机、电源发送板，侧面装电机开关、电源插座，表面有电机主轴、发送线圈和定位铜片等，如图 4.15 所示。

图 4.15 底座盒内部

4.4 程序部分

程序可分为两部分：第一部分是无线电源供给程序，按照时序编写，主要程序见程序框图；第二部分是 3D 显示程序，先编了个简单的，可以显示几个结构简单的图形。程序初始化后，检测光电对管测出的起始位置，然后逐帧显示每一屏图形，再返回到检测光电对管就行了，程序流程如图 4.16 所示。难一点的是图形点阵数据转换，我用的是 PCtoLCD2002 这个软件，设置界面如图 4.17 所示。绘图前脑海里一定要构造出一个虚拟的三维图形来，照着脑海里的图形去画，空间感不强的可能要费点劲儿。

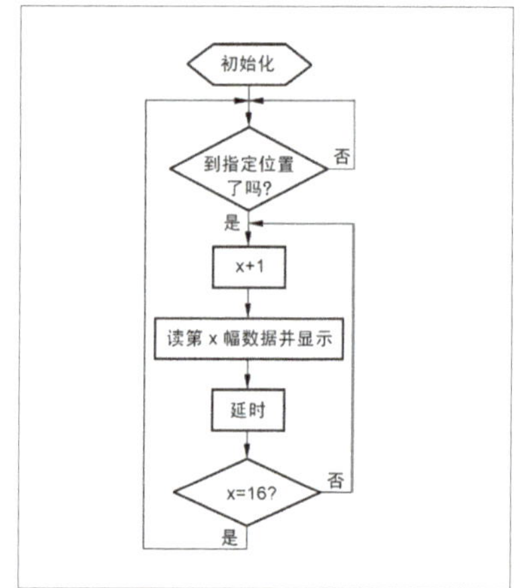

图 4.16 显示程序流程

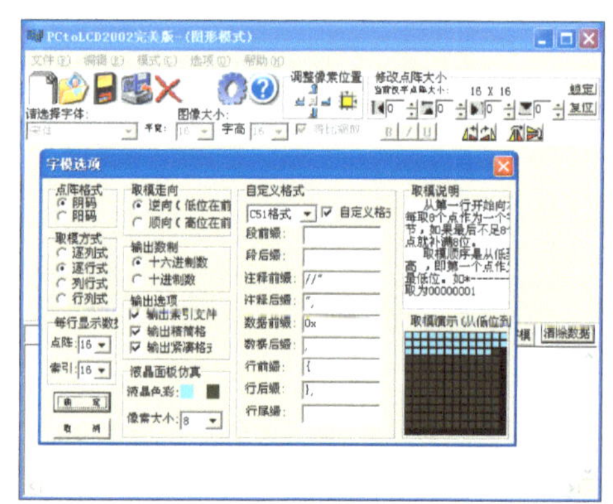

图 4.17 PCtoLCD2002 的设置界面

4.5 安装调试

焊完所有的电路板，先调通电源供给板、电源接收板，确认线路板无短路、断路，所有元器件焊接正确。给无线电源供给板接上 12V 直流电源，连接下载线，设置熔丝位，下载烧入程序，断电后给供给板接上发送线圈，接收板接上接收线圈，两个线圈放置成同心状态，给供给板通电，测接收板稳压管两端电压应该为 5.1V 左右，否则电路出错，重新查找。

将整套装置安装起来，注意定位铜片在光电对管之间应无碰撞。电机开关处于关闭状态，接通电源，控制板连接下载线，下载并烧入程序，然后去掉下载线，打开电机开关，效果就出来了。显示板转动时要注意安全，显示效果如图 4.18 所示。

■ 图 4.18 旋转显示效果图

4.6 需要改进的地方

（1）程序里应加上图形失真校正的算法，否则在实际观看中图形稍微有些变形。

（2）现在的电机是碳刷直流电机，运转了几天都很正常，但还是用无刷直流电机比较好，选功率大一点的，以保证能长时间稳定运转。

（3）显示板上的 LED 模块焊接在元件面上，从焊接面的方向是看不见的，所以现在的观看视角范围也就是 LED 模块视角的 120°。如果采用普通的 LED 用镂空的方式，即在线路板的每个 LED 的位置上钻孔，孔径略大于 LED，LED 垂直镶嵌在孔内，这样从焊接面的方向也能看得到。也可以在元件面和焊接面相同的位置同时焊贴片的 LED，这样的话两个面都能看，就可以在接近 360° 的范围观看了，只是线路板排版的时候要复杂点。

（4）若平衡性不好，旋转起来后振动幅度就会较大（比手机振动模式要大得多），调平衡的时候费了些时间，主要是垂直度和高度的校准，用绘图的直角三角尺的直角部分一边贴着桌面，另一边靠近显示板的侧面，从正面和侧面两个方向进行垂直校准，调好后用热熔胶固定，如图 4.19 所示。

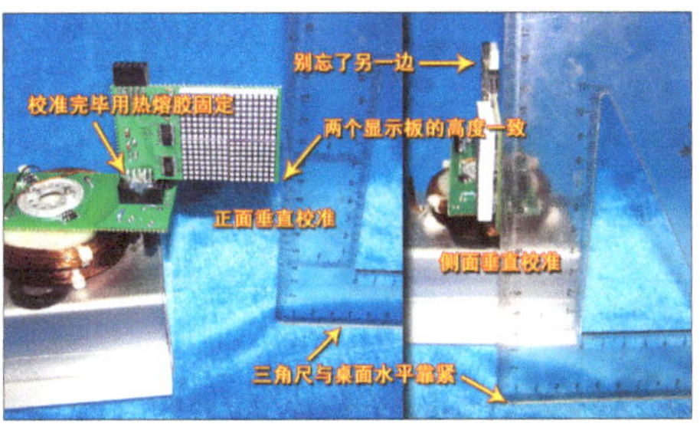

■ 图 4.19 调平衡

4.7 后记

3D 旋转装置终于做完了，从一个想法到一个实际的装置，前后用了一个多月的时间，整体出来的效果还是挺满意的。这个装置用电机带动旋转，制作的时候应注意安全，小心手被划伤了，可以加个透明罩提高安全性。兴趣和爱好再加上灵感和知识，创作出自己设想的东西，与他人分享，让别人感受到你的快乐，这或许就是 DIY 的乐趣。

■ 文章相关的源程序和电路图文件可以到《无线电》杂志网站 www.radio.com.cn 下载。

核辐射探测仪 DIY

◇陈建皓

日本 3·11 地震引发的核泄漏，大家应该还记忆犹新。如果说核泄漏离我们还算遥远，那么日常生活中的家居装修所隐含的辐射风险就与我们的生活息息相关了，要知道，卫生洁具和建筑材料中都含有各种放射性物质。作为电子爱好者的我们，能否自己 DIY 一个廉价的核辐射探测仪呢？Arduino——这个简单易用、让人眼前一亮的开源平台，也将在本次 DIY 之旅中粉墨登场。现在，就让我们一起走进探测核辐射的世界吧。

5.1 放射现象及其探测技术

核辐射，或通常说的放射性，存在于所有的物质之中。核辐射是原子核从一种结构或一种能量状态转变为另一种结构或另一种能量状态的过程中所释放出来的微观粒子流，核辐射也称为电离辐射。

高中物理的知识告诉我们，将放射性物质放入电场中，会发生偏转，明显地区分为 3 束（见图 5.1）。

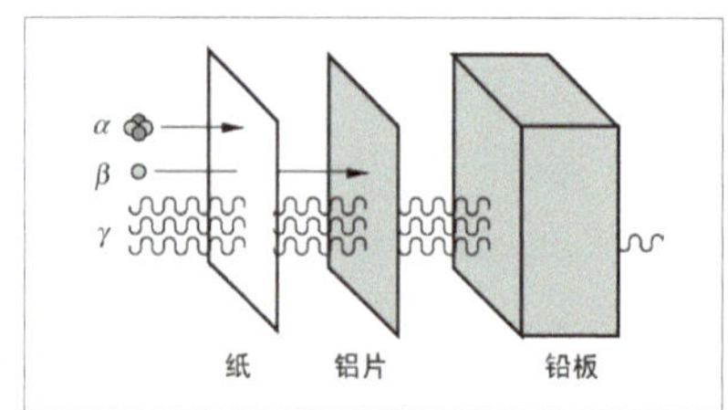

图 5.1　3 种射线的穿透能力

- α 射线，氦核：本身体积大，穿透能力弱，用一张纸或人体皮肤本身就可以阻挡，但电离本领强，吸入或注入人体内将直接破坏细胞，危害大。
- β 射线，电子流：较 α 射线来说，穿透能力强。β 粒子能被体外衣服消减、阻挡或被一张几毫米厚的铝箔完全阻挡。因电子流影响距离较近，只要不进入人体，影响不会太大。β 粒子根据其能量不同，还细分为高能 β 粒子（hardβ，硬 β）和低能 β 粒子（softβ，软 β）。
- γ 射线，γ 粒子流：原子核能级跃迁蜕变时释放出的射线，是波长短于 0.2 埃（10^{-10}m）的电磁波。γ 射线有很强的穿透力，对细胞有杀伤力，医疗上用来治疗肿瘤。

放射性探测技术的发展已有超过百年的历史，种类繁多，原理也各不相同。其中用于测量放射性常用的探测器主要包括以下 3 种类型。

- 闪烁探测器：应用最广的核辐射探测器之一。由闪烁晶体、光电倍增管及相配的电子仪器组成。其优点为探测效率高、灵敏度高，特别是有机闪烁体的定时性能，中子、γ 分辨能力和液体闪烁的内计数本领均有其独具的优点。
- 半导体探测器：20 世纪 70 年代发展起来的新型探测元件，常用材料为硅和锗。其优点为能量分辨率高、脉冲上升时间短、结构简单。

- 计数管探测器：又称气体电离探测器。其基本原理是利用放射辐射对气体原子的电离作用。计数管是计数管探测器的核心部件，根据其工作放电区的不同，细分为：电离室计数管、正比计数管、盖革计数管等。

作为 DIY 的装置，由于不需要很高的精度，同时在 DIY 过程中还应考虑到器件易购买、高性价比、电路简单容易实现、调试方便等因素，“计数管探测器”方案便脱颖而出，成为此次核辐射探测仪 DIY 之旅的主角。

5.2 盖革计数器

盖革计数器是计数管探测器的一种典型且广泛被应用的方案。

盖革计数器（Geiger counter），又称为盖革 - 米勒计数器（Geiger- Müller counter），由德国物理学家盖革（Hans Geiger）及他的学生米勒 (Walther Müller) 发明并改进。

5.2.1 掀起“盖革计数管”的盖头来

盖革计数器是根据射线对气体的电离性质设计成的。其核心部件“盖革计数管”的通常结构是（图 5.2 所示为端窗式盖革计数管示意图）：在一根两端用绝缘物质密闭的金属管内充入稀薄气体（通常为稀有气体，如氦、氖、氩等），在沿管的轴线上安装有一根金属丝电极，并在金属管壁和金属丝电极之间加上略低于管内气体击穿电压的电压。通常状态下，管内气体不放电；而当有高速粒子（射线）射入管内时，粒子的能量使管内气体电离导电，在丝极与管壁之间产生迅速的气体放电现象，从而输出一个脉冲电流信号。通过适当地选择加在丝极与管壁之间的电压，就可以对被探测粒子的种类（α、β、γ 等）加以甄选。

盖革计数管实物如图 5.3 所示。盖革管是需要区分正负极的，其中正负极在管壁上已经清晰标注。对于正负极标识不清晰或根本没有标注正负极的管子，也可以通过“与管壁相连接的一端为负极”的方法进行判断。

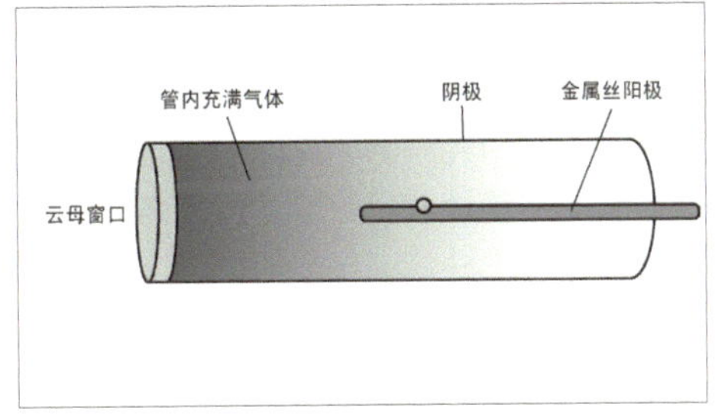

图 5.2 盖革计数管原理示意图

图 5.3 盖革计数管的正负极

盖革计数管种类繁多，大小不一（见图 5.4）。受日本核泄漏事故的影响，原本零售价为几十元一根且鲜有人问津的盖革计数管被“奸商”们炒作至上百元至几百元不等。不少有市场眼光的厂商也转型重新生产盖革计数管。目前市售或网上能够买到的盖革计数管要么为 20 世纪六七十年代的老管子（出于战备目的，当时国内电子管厂生产了很多盖革计数管），要么就是近年来生产的新管子（出口日本等海外国家）。

图 5.4 琳琅满目的盖革计数管家族

笔者个人认为，如果不是以收藏为目的，考虑到老化等因素，新管子应该是 DIY 更好的选择。

在 DIY 过程中，我们选择盖革计数管，主要关注以下几个指标。

- 尺寸、规格：一般来说，管子越大，其探测射线的灵敏度也越高，对应的本底计数也越高。
- 起始电压、推荐工作电压：盖革计数管只有工作在这个电压，才能够正常计数。
- 最大本底计数（单位为 CPM，Count Per Minute，每分钟计数次数）：按照教科书的说法，在周围没有强放射源时，将管子放置在密闭铅室中测量得到的分钟平均计数值。实际环境中，由于受到宇宙射线和自然界中天然放射性核素发出的射线辐射，实测管子的本底计数值一般都高于最大本底计数。
- 负载电阻：管子阳极需要串联的电阻大小，笔者称之为限流电阻。
- 灵敏度（60 Co- CPS/μR/s）：用于业余条件下估算辐射剂量使用，在下文将有详细的介绍。

5.2.2 听，那是来自核辐射的声音

说了这么多理论知识，就让我们一起通过一个实际的简单电路来测试一下盖革计数管吧。面包板就可以协助完成这个任务了。

图 5.5 中，盖革计数管为 J408γ（如果采用其他型号的计数管，以下元件取值需要参照管子参数手册的说明）。供电电源选择 400V，下文中将有详细介绍。R2 为限流电阻，取值 10MΩ，参数手册中也称之为负载电阻。R3，笔者将其称之为分压电阻，取值 500kΩ，当脉冲发生时，用于获得电压。R2 与 R3 的比值决定输出脉冲的幅度，即 R3 越大，其获得的分压值也越高。C2，早期文献中称之为分布电容，取 5pF。C3 为滤波电容，取值 220pF。

- “所信者目也”。通过示波器，观察电容 C3 两端（图 5.5 中 OUT 与地之间）的波形，如图 5.6 所示。看，那是来自核辐射的脉冲！

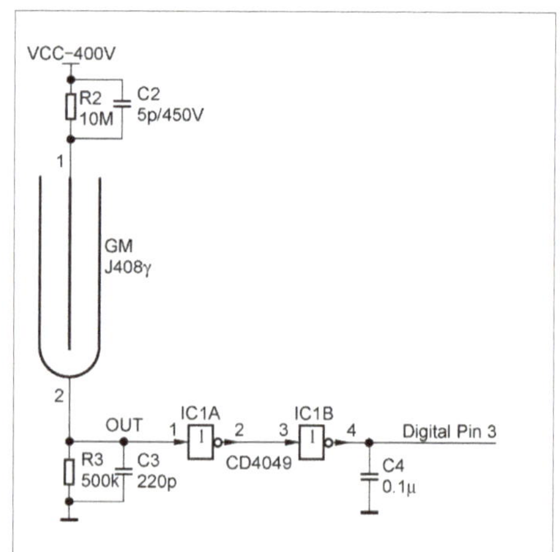

图 5.5 盖革计数管 J408γ 实验电路图

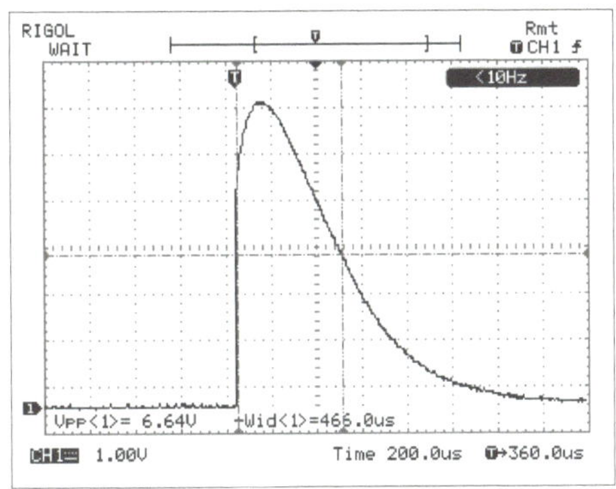

■ 图 5.6 用示波器观察盖革管输出脉冲

■ “所信者听也”。对于没有示波器的朋友，也可以将耳机直接接到电容 C3（图 5.5 中 OUT 与地之间）的两端。听！“喀、喀……”那是来自核辐射的声音！

5.2.3 剂量换算“没那么简单”

一般来说，盖革管的脉冲计数（CPM）与辐射剂量（mSv，毫希沃特，日本核泄漏事故后，这个词语对于大家来说，应该是耳熟能详了）之间的换算，是需要用放射源进行标定的。显然，业余条件下，这是无法实现的。

这里介绍一种业余粗略的估算方法，也是爱好者唯一可用的转换方法。注意哦，仅仅是估算。

在换算过程中，会涉及 3 个剂量单位的换算，这里做一个简单的介绍。

■ 照射量单位：伦琴（R）。用于描述放射性物质产生的照射量，衡量 X 射线和 γ 射线的强度，伦琴单位表示的是存在的辐射量，不等于生物组织的吸收情况。伦琴单位较大，常用的还有微伦（μR），1R=1000μR。此时，我们可以对盖革管 J408γ 的灵敏度参数进行解读，Co 60－380CPS/μR/S 表示为：在钴 60 照射量为每秒 1 微伦的情况下，盖革管每秒计数为 380 次。

■ 吸收剂量单位：戈瑞（Gy）。用于衡量由电离辐射导致的能量吸收剂量的物理单位，它描述了单位质量物体吸收电离辐射能量的大小。

■ 剂量当量单位：希沃特（Sv）。用于表示生物组织吸收辐射剂量的大小，定义是每千克（kg）生物组织吸收 1 焦耳（J），为 1 希沃特。希沃特是个非常大的单位，因此通常使用毫希沃特（mSv），1Sv=1000mSv。此外，还有微希沃特（μSv），1mSv=1000μSv。通常，一次 X 光检查的辐射照射剂量约为 0.1mSv。

照射量、吸收剂量、剂量当量 3 个单位的物理意义是不同的，但对 X、γ 和 β 射线可以近似做一些数值上的换算。

■ 对 X、γ 和 β 射线，照射量与吸收剂量的换算。

1R ≈ 0.0087Gy，即 1Gy ≈ 119R

这里的换算采用的是国际电离辐射咨询委员会 CCEMRI（I）修订后的平均电离功 33.97J · C^{-1}。需要特别指出，网络上广为流传的一种换算——1Gy=115R，采用的是修订前的平均电离功，是不准确的。

■ 吸收剂量（D）与剂量当量（H）的换算。

生物组织伤害程度不只取决于能量密度，也和不同的辐射来源（品质因数 Q）、不同生物，或同一生物的不同部分、组织（其他修正因子 N）有关。因此定义：在要研究的组织中，剂量当量（H）等于吸收剂量（D）、品质因数（Q）和其他一切修正因数（N）的乘积，即：

H=*D*·*Q*·*N*

通常，对于X、γ 和 β 射线，品质因素（*Q*）取值为1，对于人类，其他修正因子（*N*）取值为1。由于我们采用的是仅能测量 γ 射线的 J408γ 盖革管，故上述等式可以换算为：

H=*D*×1×1，即 1Gy=1Sv

▪ 盖革脉冲数与剂量当量率的换算。

上文中，我们谈到盖革管 J408γ 的手册中的灵敏度特性：Co 60- 380CPS/μR/s，即在钴 60 照射量为每秒 1 微伦的情况下，盖革管每秒计数为 380 次。我们可以近似地解读为：每秒 380 个盖革脉冲，相当于每秒 1 微伦（μR）的辐射。我们记为：

380CPS→1μR/s

盖革脉冲是一个与时间有关的单位，因此我们需要一个与时间有关的剂量当量，即剂量当量率（*H*）。剂量当量率为单位时间内的剂量当量，单位有：Sv/h、mSv/h、μSv/h。

我们假定盖革管产生的脉冲数与辐射是线性变化的（实际上，盖革脉冲与辐射是非线性变化的，这里的估算有很大的误差，但业余条件下也只好如此了。比较准确的做法是，用钴放射源逐点地标定，生成表格，插值查表），因此有：

380CPS→1μR/s=0.0087×10^{-6}Gy/s

=0.0087×10^{-6}Sv/s=0.0087μSv/s

=31.32μSv/h

1CPS→31.32/380 ≈ 0.0824μSv/h

1CPM=1/60CPS→0.0824/60

≈ 0.00137μSv/h

辐射剂量当量率（*H*）=[测量的脉冲数 (CPM)- 本底脉冲数 (CPM)]×0.00137(单位：μSv/h）

其中笔者将“0.00137”称为系数转换因子。

表 5.1 是笔者对市售常见的盖革管的参数及采用上述方法估算的转换因子进行的汇总，方便大家参阅。需要特别强调，由于制作工艺（年份、厂家）的不同，即便同一种型号的管子，灵敏度和本底辐射等参数也存在差异，应以管子配套的参数手册为准。

表 5.1 盖革管参数汇总

型号	外径 (mm)	总长 (mm)	最大起始电压 (V)	推荐工作电压 (V)	γ 灵敏度 (Co 60) (CPS/μR/s)	本底 CPM	工作温度范围 (℃)	寿命（次）	探测对象	转换因子 (1CPM 相当于 μSv/h)
J141αβ	37	60	1200	1300	-	60	-40 ~ +50	108	α、β、γ	-
J302γβ	6	68	350	400	20	10	-40 ~ +70	1010	γ 和硬 β	0.0261
J304γβ	11	95	350	400	50	15	-40 ~ +70	1010	γ 和硬 β	0.0104

续表

型号	外径 (mm)	总长 (mm)	最大起始电压 (V)	推荐工作电压 (V)	γ灵敏度 (Co 60) (CPS /μR/s)	本底 CPM	工作温度范围 (℃)	寿命 (次)	探测对象	转换因子 (1CPM 相当于 μSv/h)
J305γβ	11	112	350	400	65	15	-40 ~ +70	1010	γ 和硬 β	0.00803
J306γ	19	200	320	400	300	80	-40 ~ +50	109	γ	0.00174
J401γ	13.5	91	350	420	50	10	-40 ~ +50	1010	γ	0.0104
J403γ	23	263	350	420	470	130	-40 ~ +50	109	γ	0.00111
J408γ	23	230	50	420	380	110	-40 ~ +50	109	γ	0.00137
J613γ	9.5	66	350	420	10	10	-40 ~ +50	1010	γ	0.0522
J614γ	7.5	55	350	420	10	10	-40 ~ +50	1010	γ	0.0522
J622γ	12	130	350	420	50	10	-40 ~ +50	109	γ	0.0104
J701γG	8	155	20	700	90	10	-40 ~ +200	109	γ	0.0058
J702γG	8	115	620	700	50	10	-40 ~ +200	109	γ	0.0104
J705γ β	5	28	400	500	10	10	-40 ~ +70	1010	γ 和硬 β	0.0522

5.3 基于 Arduino 的电路及程序设计

5.3.1 电力，你要 hold 住

驱动盖革计数管，需要使用几百伏的高压，具体电压需要查看与管子配套的参数手册。因为仅需要微弱的电流，常用的产生高压的方式主要有以下两种。

- 自激式升压电路。
- NE555 构成多谐振荡器，驱动变压器升压。

从使用的角度出发，笔者更倾向于采用“自激式升压电路”，主要因为其体积小、电路结构简单、容易从网上直接购买。笔者解剖了一只从网络上购买的采用自激升压方式的升压模块，其实物图、原理图分别如图

5.7 中（A）、（B）所示。

（A）升压模块实物图

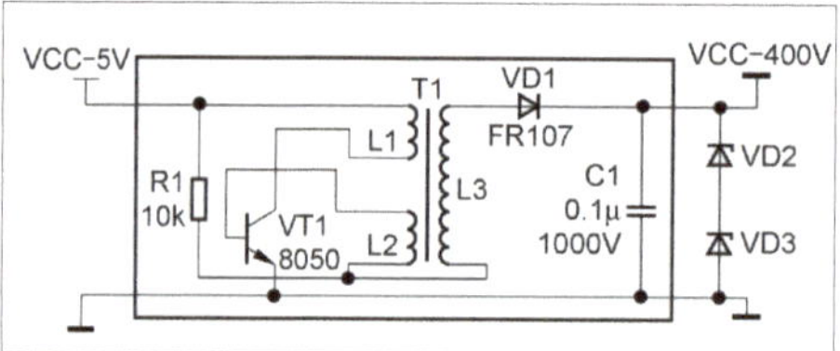

（B）升压模块原理图

图 5.7　升压模块

升压模块采用自激振荡升压方式，其中 R1 和 L2 提供 VT1 的基极电流。变压器的 3 个绕组中，L1、L2 同为 45 圈，L3 为 1200 圈。线圈 L3 通过感应获得电压，通过快恢复二极管 FR107 整流，并通过电容 C1 滤波；L3 同时又构成了线圈的反馈回路。

为了能 hold 住输出电压，笔者在末端串联了两个稳压二极管 IN5388（200V/5W），完美了！

当然，升压电路也可充分利用从液晶显示器拆解出来的升压模块、电蚊拍升压模块等。只要稳压后的电压能够符合要求即可，这里就不详细介绍了。

5.3.2　整形，脉冲可以更美的

在前面的介绍中，我们已经通过示波器看到了盖革管输出的脉冲为尖脉冲（Vpp，即峰峰值，约为 6.64V）。

考虑到让脉冲可以完美，且在盖革管的输出与 Arduino 的输入之间形成隔离，有效保护 Arduino 的 I/O 口，电路中使用了 CD4049 的两个非门对尖脉冲进行整形。

通过示波器观察到的整形前后的脉冲对比，如图 5.8 所示。

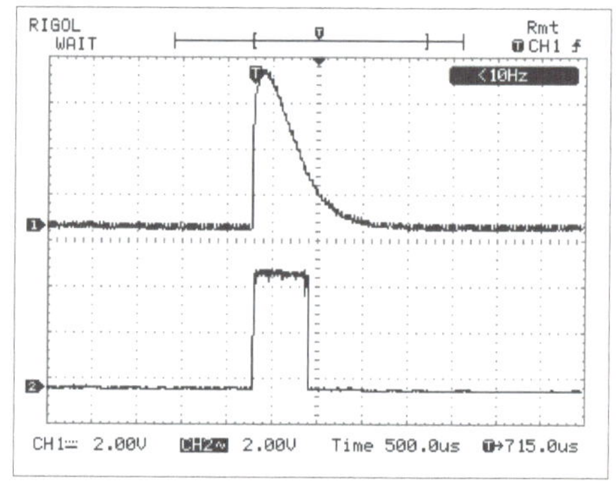

图 5.8　采用 CD4049 整形后的脉冲

5.3.3　Arduino 闪亮登场

Arduino 是一个开放的平台，包括一系列简单易用的控制板以及一个软件开发环境。Arduino 将很多硬件底层的操作进行了封装，形成了一个个可供调用的库，这对于从事行业软件架构师的我来说，真是莫大的幸福。

Arduino 之所以“这样红”，就是因为 DIYer 可以不关注硬件的细节（烦人的时序、底层的寄存器操作等），而将主要的精力集中在应用的软件设计上。

Arduino的控制板根据使用场合的不同，又分为 Arduino Standard（Duemilanove、Uno 均属于此列）、Arduino Nano、Arduino Mega（Mega1280、Mega2560 均属于此

列）等。本次 DIY 之旅，我们选用 Arduino Duemilanove 作为控制板。

Arduino Duemilanove 控制板提供 14 个数字口（0~13），其中可用于处理外部中断端口为数字口 2（INT 0）和数字口 3（INT 1）。

对盖革管的脉冲进行计数，我们使用 Arduino 提供的外部中断接口 INT 1，即数字口 3。

为了直观显示盖革管的计数结果，我们采用常用的 LCD 1602 作为探测仪显示单元。LCD 1602 采用四线驱动的方式，分别使用 Arduino 的数字口 4、数字口 5、数字口 6、数字口 7、数字口 11、数字口 12。

由于盖革脉冲计数具有离散性，对一段时间内（1min、5min）的盖革脉冲取平均值，将使得测量结果更为科学和准确。这里，我们采用一个按钮对“实时”（6s 刷新）、“1min”“5min”三种统计方式进行切换显示。按钮的响应，使用 Arduino 提供的外部中断接口 INT 0，即数字口 2。

5.3.4 Arduino 扩展板的制作

高压及整形电路部分采用万能板进行焊接，并以 Arduino 扩展板的形式插到 Arduino 控制板上。

所有与外部器件的连接均采用接头方式，以方便拔插，这其中包括：扩展板与液晶屏的连接、扩展板与盖革管的连接、扩展板与按钮的连接、电池与开关的连接。

扩展板原理图，如图 5.9 所示。

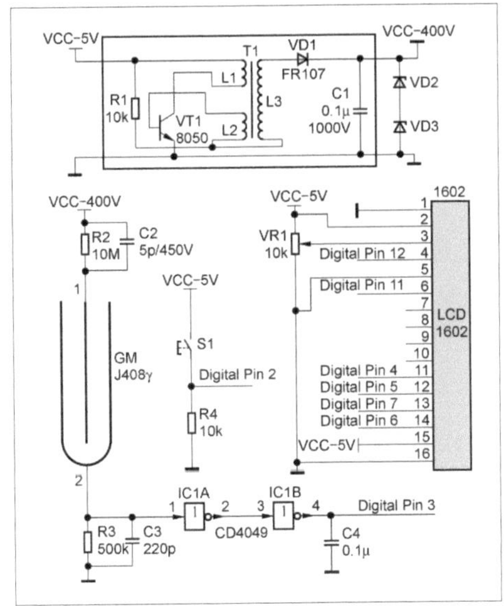

■ 图 5.9　扩展板原理图

需要特别指出的是，万用板的走线不仅是一门技术，更是一门艺术。如何摆放元器件，才能使连线最短，且不需要“飞线”，是采用万用板电路设计过程中，需要反复仔细考虑的。

关于万用板的走线，大概有以下 3 种方式。

- 飞线法：一堆导线在万用板上“飞来飞去”，既不美观，也影响调试，笔者强烈不推荐。
- 锡接走线法：采用焊锡代替导线。不少“大虾”推荐过这个方法，相比“飞线法”，此方法简洁、美观。笔者之前也试验过，但在使用过程中发现，一方面需要大量堆积焊锡，造成一种浪费；另一方面，由于采用焊锡走线，也容易使焊盘和元器件长时间受热。以笔者个人的观点，也不建议采用这种方式。
- 硬质导线走线法：这种叫法是笔者创造的。笔者使用电脑网线，剥去塑料皮，裁剪并弯曲成需要连线的路径，紧贴焊盘进行走线焊接。使用这种方法，一方面可以继承“焊锡走线法”的美观，另一方面可以克服“锡接走线法”受热时间长的缺点。

采用“硬质导线走线法”对万用板进行焊接后的实物图如图 5.10 所示。元器件摆放布局如图 5.11 所示。

■ 图 5.10　扩展板布线

■ 图 5.11　扩展板元器件摆放

扩展板制作完成后，可以直接插接到 Arduino 主板上，实物如图 5.12 所示。

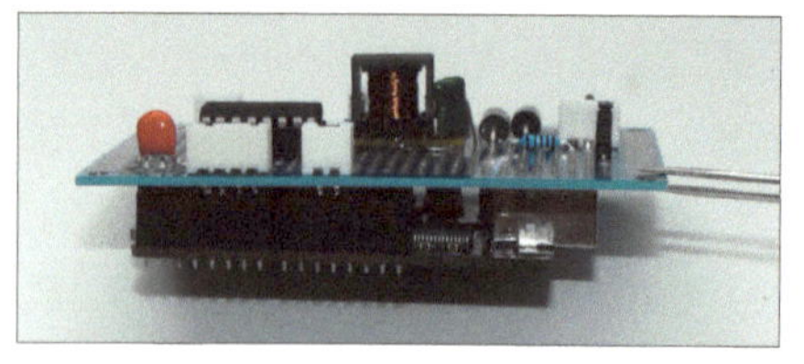

■ 图 5.12　扩展板与 Arduino 插接实物图

5.3.5　程序，可以很简单

程序要完成的任务如下。

- 对来自反向器整形后的盖革管脉冲进行计数。
- 对一段时间（6s、1min、5min）的盖革脉冲计算平均值。
- 对盖革脉冲与辐射剂量的换算。
- 控制 LCD1602 的显示。
- 响应按钮，实现“实时”“1min”“5min”三种显示模式的循环切换。

程序主流程图如图 5.13 所示。

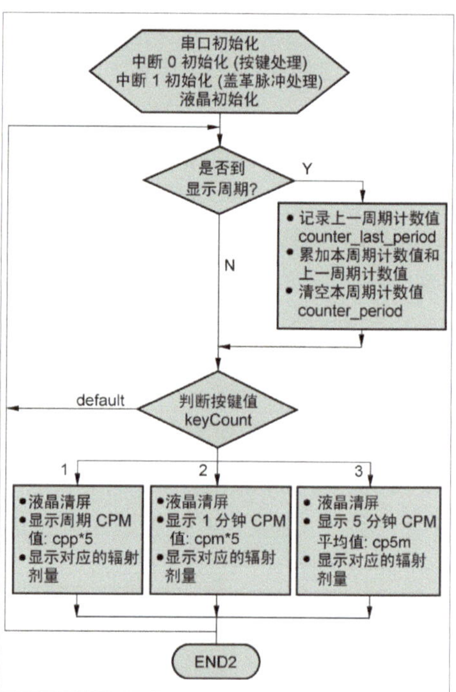

■ 图 5.13　程序流程图

5.3.6　Arduino 的供电

装置供电的问题，是 DIY 中最容易被忽视的，看似简单，却有大学问。合适的电压是保证 Arduino 控制板正常运转的前提。

考虑到易于更换的因素，笔者没有选择 12860 充电电池，而选用了电池盒与 6 节 5 号干电池对核辐射探测器进行供电。

5.4 外壳设计与总装

笔者选用在网络上非常容易购买且价格低廉的塑料防水盒作为核辐射探测仪的外壳，其规格为 200mm × 120mm × 75mm，实物如图 5.14 所示。

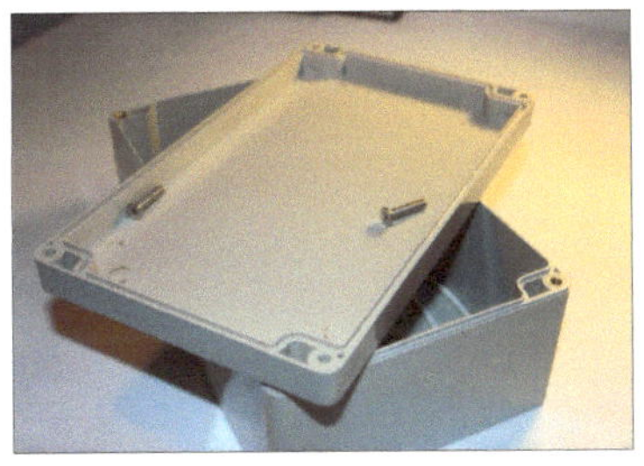

■ 图 5.14 塑料防水外壳实物图

核辐射探测仪外壳的制作主要涉及以下几个步骤。

5.4.1 面板设计及开孔

面板上需要安装开关、按钮、航空插座、液晶屏及手柄。按照图 5.15 设计的尺寸，用记号笔在防水盒面板上画出开孔的位置，如图 5.16 所示。

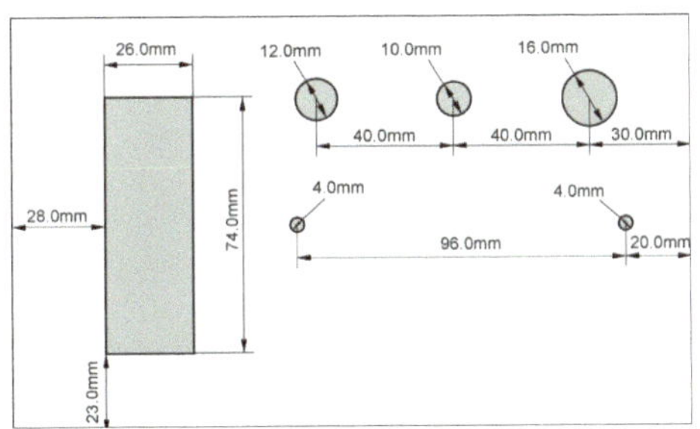

■ 图 5.15 面板设计图

■ 图 5.16 使用记号笔画出开孔的尺寸

采用手电钻和相应尺寸的钻头，在面板上开孔。液晶屏的方孔是整个面板开孔中最为复杂的一道工序，主要采用“钻、挖、修”的方法。

- 在记号笔画出的液晶屏区域内钻孔，见图 5.17。

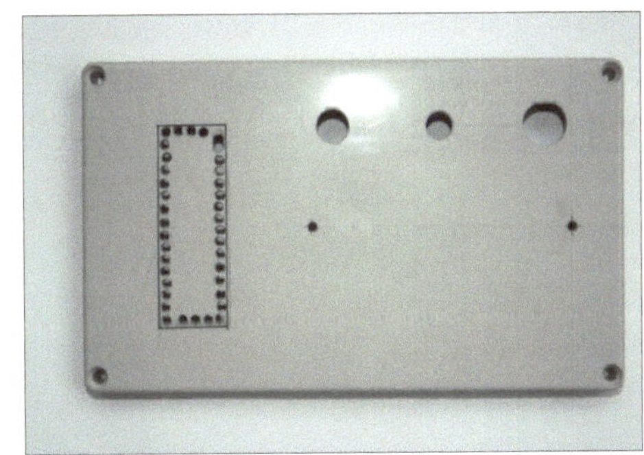

■ 图 5.17 开孔完成后的面板

- 采用斜口钳将孔间的塑料间隙剪断，并将镂空部分的塑料余料挖出。使用锉刀将孔打磨平整。

经过一番努力，核辐射探测仪的面板部分就完成了，如图 5.18 所示。

图 5.18　面板制作完成

5.4.2　面板元器件的安装

面板上需要安装开关、按钮、航空插座、液晶屏及手柄。其中，笔者采用五金店都可以购买到的不锈钢橱柜把手来作为手柄。

防水盒的壁厚为 4mm 左右，笔者考虑到美观的因素，所有的螺丝、铜柱的固定均采用防水盒钻孔的方式，尽可能不用或少用螺母。以下是固定液晶屏的方法。

- 在防水盒面板内部，液晶屏固定孔位置上，采用 2mm 钻头钻孔，见图 5.19。

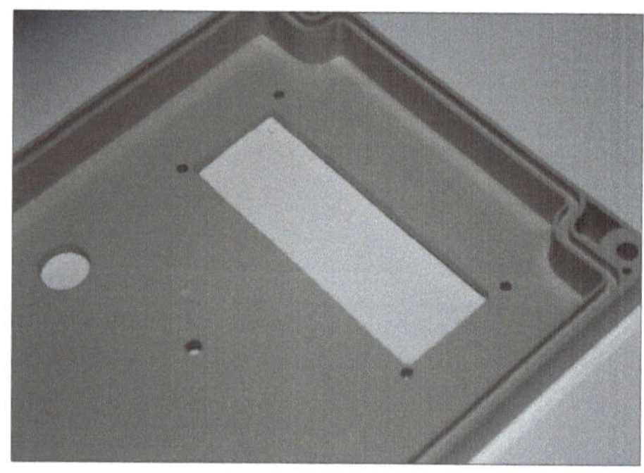

图 5.19　液晶屏固定孔

- 使用 3mm 螺丝，从背面攻入 2mm 的孔中，在兼顾美观的同时，也达到了固定液晶屏的目的，如图 5.20 所示。

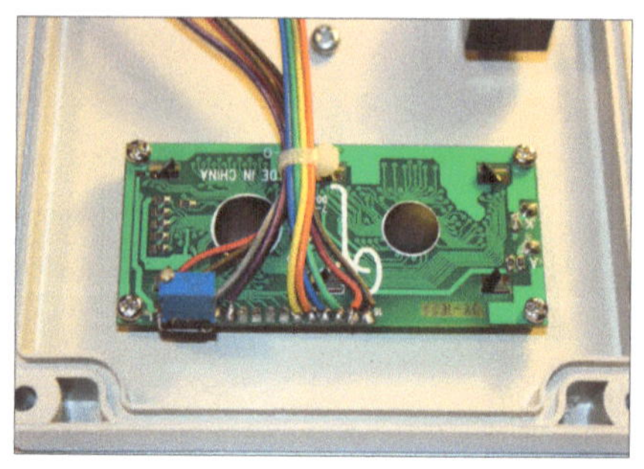

图 5.20　使用螺丝从面板里面固定液晶屏

面板元器件安装完成后，如图 5.21 所示。

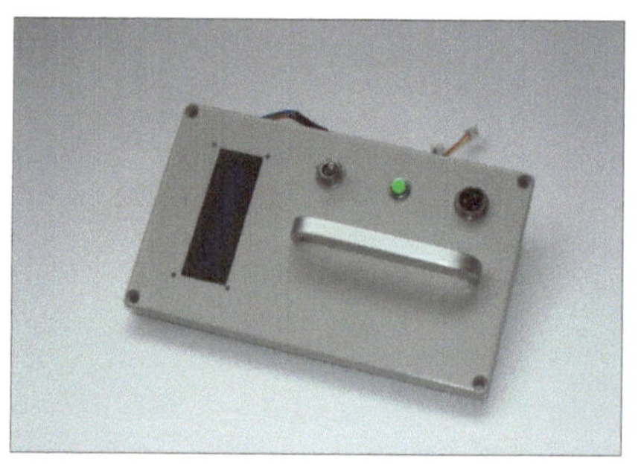

图 5.21　面板器件安装完成

5.4.3　主控板和电池盒的固定

主控板（Arduino 主板 + 扩展板）采用铜柱进行固定。上文中已经提到，我们选择 6 节 5 号干电池对探测仪进行供电。笔者采用铝片对电池盒进行固定，以方便拆卸，如图 5.22、图 5.23 所示。

图 5.22　使用铝片固定电池盒

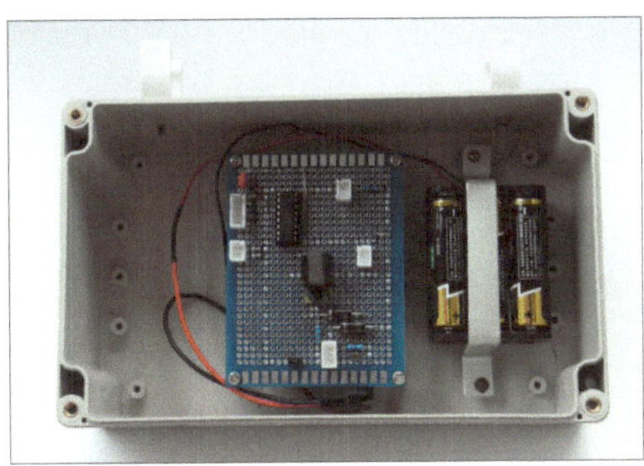

■ 图 5.23　主控板及电池盒固定完成

5.4.4　盖革管探头及固定

盖革管为玻璃封装，易碎，我们需要给它找个“外套”。笔者选用在五金店可以随处买到的直径为 25mm 的 PVC 水管作为盖革管的“外套”，使用水管的塑料管盖作为盖革管的“帽子”。笔者还在防水盒的侧面安装上了与 PVC 水管配套的塑料管卡，这样，辐射探测器在平时不使用的时候，盖革管探头可以直接固定在防水盒上，具体材料如图 5.24 所示。有点成品的味道吧?

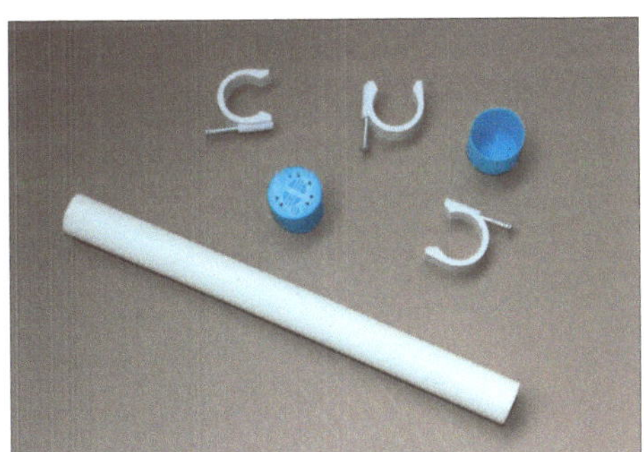

■ 图 5.24　制作盖革管探头材料

如果有条件的话，我们可以使用屏蔽线将盖革管的正负极引出，以达到较好的信号屏蔽效果，并与航空插头相连接，这样盖革管探头就完成了（见图 5.25）。

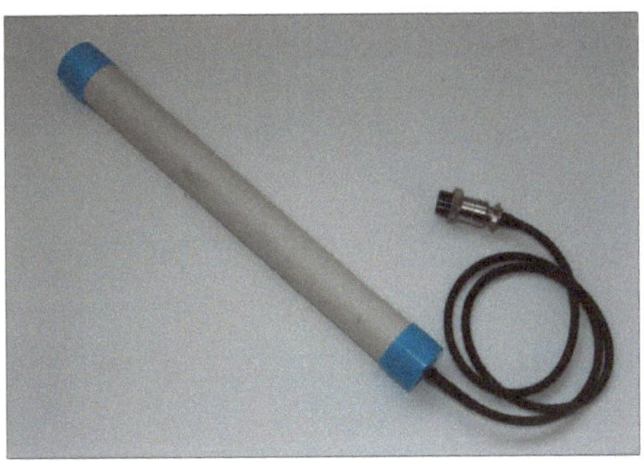

■ 图 5.25　完成后的盖革管探头

5.4.5　总装

检查一下电路，将各插口连接，并梳理导线，必要的时候，使用电工胶布或绑线进行捆扎，如图 5.26 所示。组装完成后如图 5.27 所示。

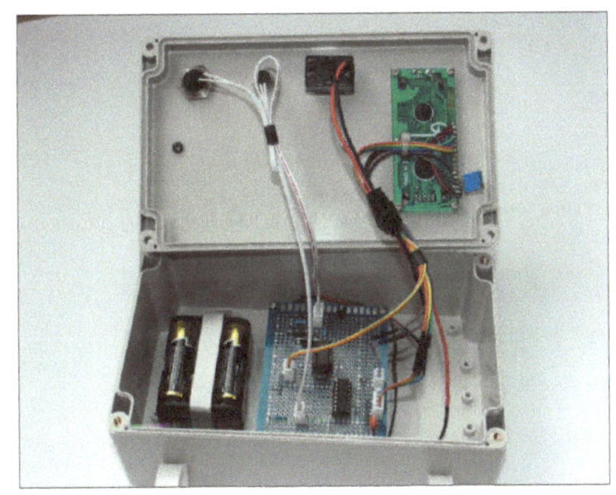

■ 图 5.26　连接主控板上的插座，梳理导线

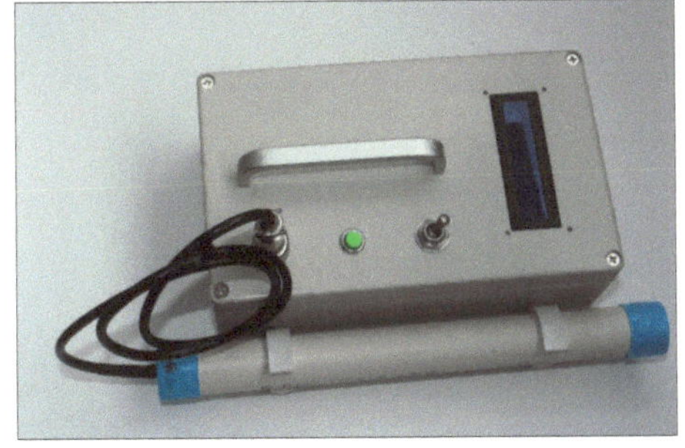

■ 图 5.27　组装完成

5.5 见证奇迹的时刻

一切准备就绪了，让我们屏住呼吸，下面就是见证奇迹的时刻了……

上电，液晶屏点亮了！数字在跳动，此时的兴奋是无法用言语表达的。

液晶默认显示 6s 刷新统计的辐射计数值及对应的每小时辐射剂量值。我们通过面板上的切换按钮，还可以切换显示 1min 平均值及 5min 平均值。一般来看，由于盖革管的计数具有离散性，在较长的一段时间内的计数平均值才具有参考意义。

至此，核辐射探测仪就顺利完工了！

5.6 关于辐射剂量

看着液晶屏上跳动的数字，也许好奇的您，此时该有疑问了：多少的剂量属于正常辐射范围呢？

资料显示，地球上，普通人每年受到的累计辐射平均为 2.4mSv。如果将其折算为小时（一年 365 天，一天 24 小时），约为每小时 0.274μSv。日常生活中接触到的辐射剂量，只要维持在 0.2μSv 以下，都是正常可接受的。如果超过 20μSv 就是紧急状况，如果人体瞬间接受辐射量超过 20000μSv（20mSv），就会对身体造成危害，超量接受会严重伤害脑中枢，还可能会在几小时内死亡（以上信息来源于网络）。

如果您对数字还没有概念的话，表 5.2 列出了许多生活场景的辐射值及其对人体的影响供大家参考（资料来源网络，略有删减）。

表 5.2 辐射值对人体的影响

辐射剂量（mSv）	影响和标准
0.1 ～ 0.3	做一次 X 射线胸部透视的剂量
0.2	乘飞机从东京到纽约之间往返一次的剂量（宇宙射线和飞行高度有关）
1.0	一般公众一年工作所受人工放射剂量（ICRP 推荐）
	从事辐射相关工作的妇女从被告知怀孕到临产所受人工放射剂量极限
1.2	与 1 天平均吸 1.5 盒（30 支）纸烟同居的被动吸烟者一年累计辐射
2.4	地球人平均一年累计所受辐射（宇宙射线 0.4，大地 0.5、氡 1.2、食物 0.3）
4	一次胃部 X 射线透视的剂量
6.9	1 次 CT 检查
13 ～ 60	1 天平均吸 1.5 盒（30 支）纸烟者一年累计
100	已证明对人体健康明显有害的辐射剂量极限
250	福岛第一核电站事故现场人员暂定辐射剂量上限
	白血球减少
500	淋巴球减少
	国际放射防护委员会规定除人命救援外所能承受的辐射极限
1000	出现被辐射症状：恶心、呕吐、水晶体浑浊
2000	细胞组织遭破坏，内部出血，脱毛脱发，死亡率 5%
3000 ～ 5000	死亡率 50%
7000 以上	死亡率 99%

5.7 写在最后

基于 Arduino 的核辐射探测仪的 DIY 旅程已经接近尾声了。业余条件下，盖革计数管的标定和校准存在困难，因此计数值与辐射剂量采用近似线性估算方式，误差较大。大家不必过于纠结于辐射剂量数值本身。可靠及准确的辐射剂量数值，还应以政府权威部门发布的为准。

基于 Arduino 的核辐射探测仪，作为一种探索性试验装置，其目的在于让我们一同学习探讨基于盖革管的辐射检测技术，感受捕捉悄无声息的辐射的乐趣，分享 DIY 的成果。

我恰好手里有几只盖革计数管，又迷恋上 Arduino，参考网上众多“大虾”们的资料，几回挑灯夜战，搭上一个春节假期，于是有了本文，与大家分享。

磁悬浮“盗梦陀螺”

◇陈武

大家一定还记得当年热播的电影《盗梦空间》吧？不知道有没有人跟我有过一样的经历：早上从梦中惊醒，迷迷糊糊起床，刷牙、洗脸、吃早饭，然后去学校考试，没想到平时很熟的题目就是不会做，正着急的时候，熟悉的闹钟音乐响起，从考场上直接穿越回床上——原来还没起床呢！

这部电影中最让人印象深刻的就是那个陀螺。看过电影之后，我就盘算着怎么做一个“不会倒的陀螺”。再想起之前电影《阿凡达》中的潘多拉星球，我决定做一个磁悬浮版本的“盗梦陀螺”（见图6.1）。

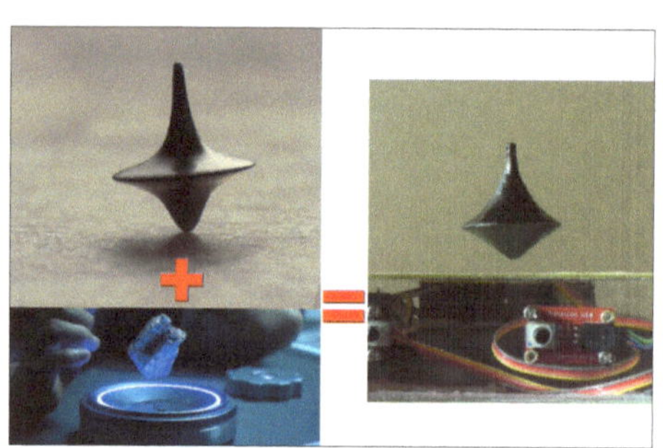

图6.1　来源于《盗梦空间》和《阿凡达》的盗梦陀螺

说干就干！正好手头有一块Arduino Mega控制板、一块L298N的直流电机驱动板，另外有个报废笔记本的20V直流电源。那就以这几样东西为基础开始制作吧。

磁悬浮看似神奇，其实基本原理非常简单，请看图6.2所示的示意图（真正的电路应该包含X、Y两个方向，为了便于说明，图中只画出了其中一个方向上的电路）。

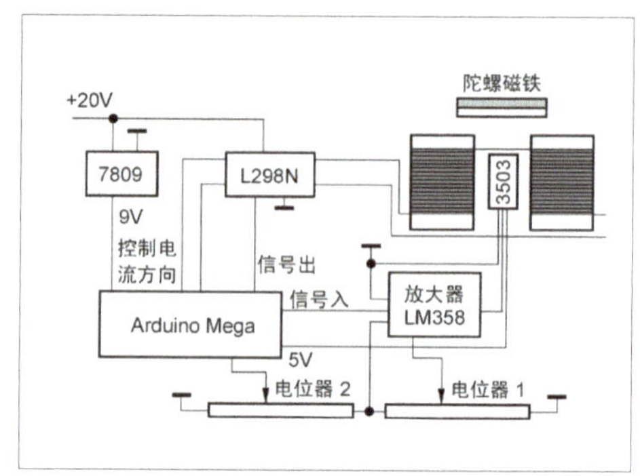

图6.2　磁悬浮电路原理示意图

首先选一块大磁铁作为底座，然后再选一块小磁铁作为陀螺，让两块磁铁处于互斥状态。这时候的陀螺虽然可以克服重力，但是无法稳定在一个位置。

接下来就是万能无敌的单片机出马，它可通过霍尔传感器获取陀螺的位置，当发现陀螺偏离中心的时候，就驱动L298N，给线圈通电，把陀螺推回原位置。

为了让传感器读数更精确，电路里还使用了数字放大器LM358N和两个电位器。其中电位器1是多圈电位器，用来微调放大器的输出范围，电位器2是普通的旋转电位器，用来粗调陀螺的平衡位置。

方案确定好之后，就到了钱包的“减肥”时间。还好，除了单片机外，其他的都是小元器件，表 6.1 是采购清单。

表 6.1　采购清单

名称	规格	数量
圆环形黑磁铁（底座）	145 mm × 80 mm × 20 mm	1 个
钕铁硼强磁铁（陀螺）	圆片 D15 mm × 4 mm、圆片 D30 mm × 2 mm、圆环 D31.7 mm × 19.1 mm × 3.2 mm	各 1 个
线性霍尔传感器	UGN3503	2 个
数字放大器	LM358N	1 个
三端稳压器	LM7809	1 个
电阻	100kΩ、2kΩ	若干
多圈电位器	10kΩ	2 个
旋转电位器	10kΩ	2 个
漆包线铜丝	D0.27mm	500g
  L298N 直流电机驱动板	 Arduino Mega168 控制板	

因为这个电路不复杂，所以直接在洞洞板上参考原理图焊好即可。为了方便调试，我没有把那两个旋转电位器焊在板子上，而是用杜邦头接口把它们引出。图 6.3 所示就是焊好电路时的板子，其中的放大器实际上只需要一个即可。

图 6.3　参考原理图焊的板子

板子焊好后是烦人的绕线圈环节。因为很难买到非常合适的线圈，所以只好自己用漆包线绕。一般来说，使用的电压越低，相应的铜丝应该越粗。我使用的是 20V 的直流电源，对应的漆包线是直径 0.27mm 的康铜丝。绕的匝数到一定数量之后，再多绕线圈并不会增大线圈的磁力，但是可以更省电。这是因为匝数多的时候，线圈电阻会相应增大，电流减小，最终使总体磁场强度变化不大。

我的经验是在 32mm × 15mm × 18mm 的线圈骨架上，绕大约 800 匝，制成线圈。每个线圈的电阻大约是 40Ω。相同的线圈需要 4 个，相对的两个线圈，需要把同极的一端连在一起。这样能保证当一组线圈两端加上电压时，一个线圈对陀螺产生拉力，另一个则产生吸力，从而达到控制陀螺位置的目的。

安装线圈时，让它们离得稍远一点，这样控制起来更平稳（阿基米德的杠杆原理）。当然也不能远得离谱，中心距离等于陀螺直径是一个比较好的选择。

下面我们要考虑一下如何安装那两个 3503 霍尔传感器。首先，为了更灵敏地测量陀螺位置，需要让它们离陀螺尽可能地近。其次，需要避免线圈磁场变化对传感器的影响，所以要尽可能地安装在线圈的对称轴上。在图 6.4 中，两个霍尔传感器互相垂直地安装在 4 个线圈的中心位置。细心的读者看到图 6.4 可能会乐了，明明两个传感器都没有完全在中心嘛！没错，因为中心点只有一个，两个传感器最终都会稍微偏离中心点。其实这个偏移是没关系的，因为我们还有高度上的对称。也就是说，传感器的安装高度一定要尽量在线圈高度的中心。通过这样的安装方式，无论线圈中通过多大的电流，产生的磁力线都是平行于传感器表面的，不会产生波动。

图 6.4　两组线圈的安装

电路剩下的部分不需要焊接了，只需要将 Arduino 控制板以及 L298N 驱动板通过插针连接即可。Anduino Mega 一共有 4 种 I/O 接口：模拟输入 / 输出和数字输入 / 输出。其中模拟输入标记为“ANALOG IN”，可以测量 0 ~ 5V 的电压，对应在代码中的读数范围是 0 ~ 1023。

模拟输出实际上输出的是一串方波，通过高低电压的占空比来产生“平均电压”。在板上对应的标记是 PWM，输出电压同样是 0 ~ 5V，但是请注意，设置的数值范围却是 0 ~ 255。

对于“盗梦陀螺”这个小制作，传感器和电位器的读数要用模拟输入，而线圈电流的控制也要用模拟输出。强烈建议把接线的编号集中写在程序的最前面，这样可以一目了然地看出是怎么接的线。

L298N 直接连接了 20V 的电源，通过板内取电的方式提供 5V 电压给电路使用。板上包含了对称的两组电流驱动电路，我们可以用数字输出 I1 和 I2 控制线圈的电压方向，用模拟输出 EA 控制电压的大小，另一组的输出类似。

友情提醒一下，Arduino 的地线，L298N 的地线，还有焊接电路的地线，一定要都连在一起。

到这里，我们的电路部分就完成了，用热熔胶把它们都固定在有机玻璃盒子里（见图 6.5），正好把两个调节位置的电位器安装在面板上，看上去还蛮酷的吧！

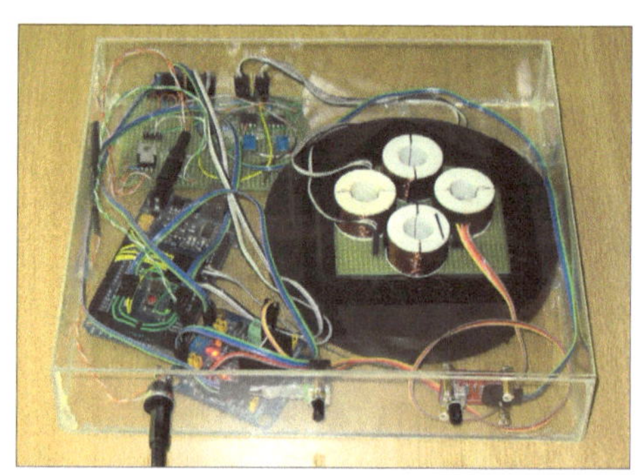

图 6.5　电路安装图

至于陀螺，其实没啥“技术含量”。它是由一组钕铁硼强磁组成，把它组装成下重上轻的锥形结构，这样有利于陀螺的稳定，如图 6.6 所示。

图 6.6 陀螺的原型

接下来用石膏给陀螺造型，这个创意源于我年轻时的骨折经验。石膏在将干未干的时候，很容易造型，而一旦变硬之后又很结实。最重要的是，石膏是完全无毒的，咱们平时吃的某些类型的豆腐就含有这种物质。图 6.7 所示是陀螺刚涂上石膏时的狼狈场景（友情提示：洗手会有点麻烦，最好戴个一次性手套）。然后是用小刀削成型、砂纸打磨、指甲油上色等工序，在这里就不多说了，最终的效果图如图 6.8 所示。

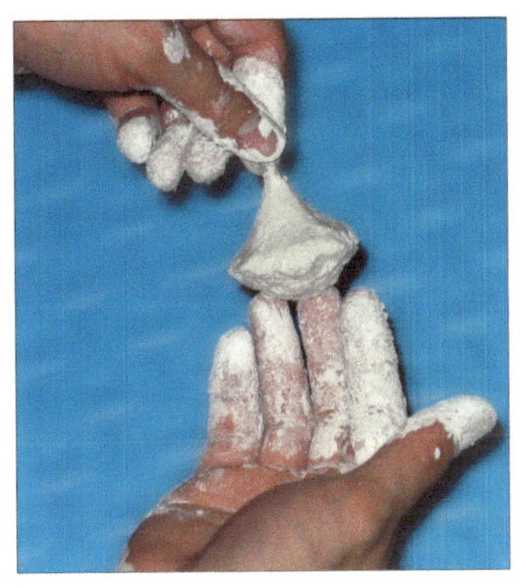

图 6.7 石膏初步造型

图 6.8 制作完成的陀螺效果图

到此为止，我们已经完成了硬件的制作，接下来还需要为电路写入程序，给冷冰冰的电路注入智能。我使用了最基础的 PID 算法。PID 是比例（P）、积分（I）和微分（D）的缩写，它是应用最为广泛的一种自动控制器。具体原理我就不多介绍了，因为这个电路中，陀螺的平衡位置是不动的，所以可以忽略积分项。用公式来描述就是：$f(x) = Kp \times x + Kd \times v$

其中，x 表示陀螺的位置坐标，假设中心点坐标为 0。实际上我们没法测量到一个真正的长度单位，只是假设传感器的读数对应了陀螺的位置。

Kp 是一个需要尝试的参数，表示陀螺偏移了 x 以后，需要多大的力把它推回去。很明显，这个值必须足够大，才能完成它的使命。但是 Kp 太大又会造成陀螺剧烈振荡。

v 表示陀螺在这个位置时的速度，这个

可以通过 (x2 - x1)/t 来计算，也就是采样周期内 x 坐标的微分值，这也是 PID 中 D 的含义来源。

Kd 是另外一个需要尝试的参数，因为陀螺具有一定速度时，线圈需要额外的处理来抵消它的动能。

最终算出的 f(x) 就是需要给陀螺施加的电磁力，对这个程序而言，最终返回的是 0 ~ 255 的 PWM 电压值，用来控制 L298N 的电流大小。

我的程序中，实验出的参数值是 Kp=22，Kd=0.55。这两个值对你也许没有什么参考意义，因为它受磁铁大小、线圈匝数、各部件间距离等数据影响，在不同人的设计里可能会差别很大。

调试这两个参数对我来说是非常头痛的事情。原以为 Kp 值应该在 1 附近，每次增加 0.1，可是试到崩溃也没有成功。后来想到利用 Arduino 的串口通信功能，把一段时间内的传感器读数和位置计算结果都记录下来，统一发到电脑上分析。

有了数据就方便多了，打印个图形出来，稍微算一下就可以知道这两个参数的大致范围了，见图 6.9。

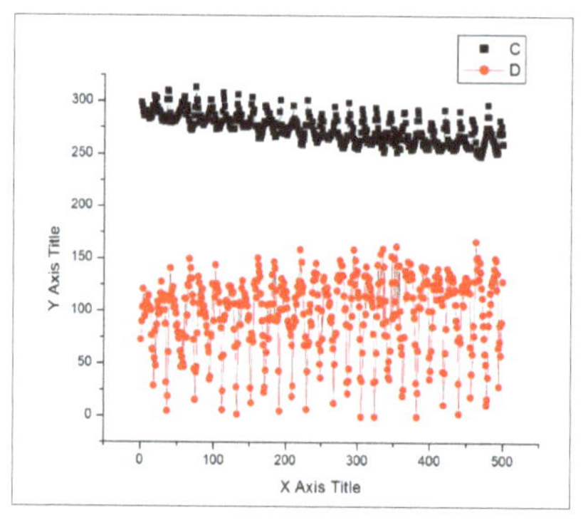

图 6.9　用 Origin 工具分析 Aruduino 的数据记录

需要注意的是，Arduino 默认的 PWM 频率是 50Hz，也就是说，采样率小于 20ms 时无法精确控制输出电压。这对于一个控制平衡的电路来说，反应实在是太迟钝了。幸好 Arduino 的开发环境中提供了修改默认频率的方式，修改后 PWM 的频率可以提高到 16kHz 或 32kHz，平衡 1 个陀螺完全没有问题。这几行程序会有个小小的副作用，原来 delay(1000) 是 1 秒钟，现在需要 delay(64000) 才是 1 秒。

好了，该处理的问题都处理好了，盗梦陀螺终于如愿以偿地悬浮起来了。稍微给它加一点旋转的力，它就能不停地旋转起来，而且非常稳定。看看图 6.10 所示的效果图吧！

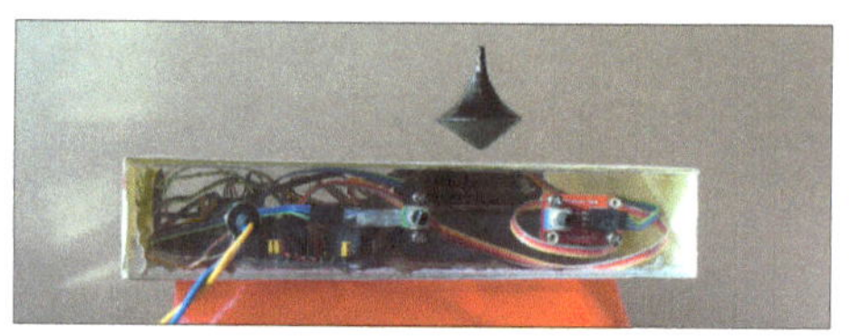

图 6.10　最终的效果图

如果您希望了解更详细的内容，可以去动力老男孩的博客上查看攻略和源代码，也可以到《无线电》杂志的网站 www.radio.com.cn 上下载源代码。

让静态军用车辆模型动起来

◇方震宇

我接触静态模型制作已经 4 年了，坦克模型逼真的外观与细节，不禁令人联想起它的真身征战沙场的飒爽英姿。去年，我在网络上搜索有关坦克模型的制作贴，无意间发现了一个静态坦克模型遥控化改造的教学帖子，从此一发不可收拾。接下来，分享一下我对田宫 1 ： 35 德国猎豹（Gepard）35mm 自行防空炮进行遥控化改造的过程和经验。改造所需要的材料见表 7.1，所需要的工具见表 7.2。

表 7.1　所需要的材料

N20 金属减速电机 2 个、Φ0.5mm 牙科正畸用弹性钢丝、Φ2mm 黄铜棒、Φ3mm 不锈钢棒、Φ3mm 孔尼龙轴套、Φ2mm 孔尼龙轴套、Φ2mm 孔 10 齿 +30 齿双层尼龙齿轮、Φ2mm 孔 28 齿尼龙齿轮、Φ2mm 孔 16 齿尼龙齿轮、Φ2mm 孔尼龙蜗杆、Φ3mm 孔 18 齿尼龙齿轮、Φ3mm 金属带螺丝锁轴管、棒棒糖棍、ABS 改造用胶板（0.5mm 厚、1mm 厚）、AB 胶水、AB 补土、普通模型胶水、模型流缝胶水、502 胶水、焊锡、Φ3mm LED（白光 3 个、黄光 4 个）、导线若干、9g 舵机 4 个、3.7g 舵机 2 个、闪光电路板 1 个、7.4V 航模锂电池 1 块、伟恒 2 路坦克用双路混控模型电调 1 个、wfly 天地飞 07 遥控器及接收机（注：更推荐使用 wfly08 遥控器，可独立控制前后雷达。）

表 7.2　所需要的工具

斜口钳、砂纸、老虎钳、什锦锉、剥线钳、电烙铁、螺丝刀、电磨机套装、勾刀、笔刀、喷笔、气泵

7.1　悬挂系统的改造

❶ 由于这是田宫早期的产品，设计比较落后，底盘上的摇臂是和车体一体的，所以得用电磨（安装砂轮片）对摇臂进行切割。

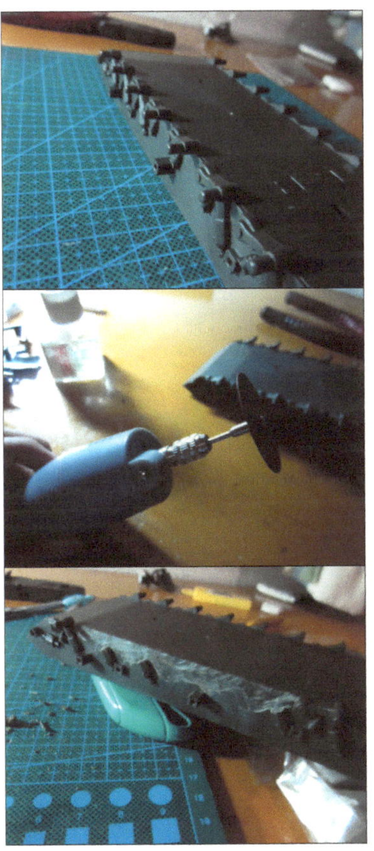

❷ 切割完成之后，需对切割断面进行打磨，并用 AB 补土对切割面的坑洼不平处进行修补。

❸ 切割下来的摇臂因为受到砂轮的磨损，已经厚薄不一了，得用锉刀磨平切割面，然后用 ABS 胶板进行增厚处理。

❹ 接下来制作摇臂和车体连接活动的部分。首先将 Φ2mm 黄铜棒切割成 14 段 1.5cm 长的短轴，将轴的一端侧面打磨出长 0.6mm 的平面，并钻 Φ0.5mm 的孔。在摇臂安装位置钻 Φ2mm 的孔，安装加工好的黄铜轴。推荐用电钻打孔，省时省力，不过用电钻的时候要用水降温。

❺ 在车体侧板上的车轴位置打 Φ3mm 的孔，插入棒棒糖的棍子（切成5mm 长），因为我无意间发现，棒棒糖棍中的孔刚好可以让 Φ2mm 的轴在里面自由滑动。

❻ 由于坦克摇臂安装后会挡住车体侧面的一部分外壳，为了美观，先对车体和摇臂进行喷漆上色（油漆使用的是郡士硝基漆 C303）。

❼ 安装弹性钢丝。截取差不多 5cm 长的钢丝，拉直后的钢丝两端弯折 90°（弯折的方向根据钢丝的固定方法而异），一端插入事先打好孔的摇臂黄铜轴，另一端用 ABS 胶板制作成的固定夹板夹住，粘在车体上。

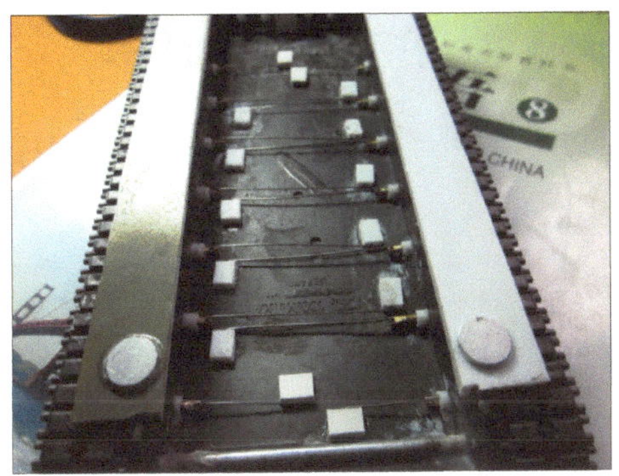

❽ 由于坦克的诱导轮要承受很大的履带张力，所以我将诱导轮的轴替换成了 Φ3mm 不锈钢轴。

TIPS: 由于坦克履带的弹性张力会把负重轮系统的第一组和最后一组向内收，因此这两组的弹力要比中间几组大，最方便的做法就是缩短弹性钢丝的长度。

7.2 履带动力系统的改造

❶ 为了方便拆卸，我在主动轮上安装了金属螺丝锁管，并在主动轮侧面打孔旋入螺丝。

❷ 动力轴为 Φ3mm 不锈钢轴，安装主动轮的那端用砂轮打磨出一个平面，这样可以使主动轮上的螺丝更好地固定在轴上。车体上安装微型滚珠轴承，减小阻力，让轴更好地活动。

❸ 由于左右履带是独立活动的，所以左右动力轴是断开、独立的，中间用 ABS 胶板搭成一个固定座，让轴自由转动。轴上安装 Φ3mm 孔径 18 齿尼龙齿轮（如果担心塑料齿轮不耐磨，可以更换成更好的金属齿轮）和 Φ3mm 孔径限位环。

4 接下来安装动力电机——两个 N20 金属减速电机（300r/min，DC 6V），转轴上安装 Φ2mm 孔径 16 齿尼龙齿轮（我的电机之前在制作另一辆坦克时将轴磨成了 Φ2mm 的，其实买回来时是 Φ3mm 的，完全没必要打磨，可直接安装 Φ3mm 孔径的齿轮）。电机上焊接电线和插针，然后用 AB 胶水固定在安装位置。

7.3　炮塔系统的改造

1 首先进行后雷达的制作。后雷达座原本是活动的，安装一个 16 齿尼龙齿轮，用 Φ2mm 不锈钢轴连接后雷达。

2 然后将原本用来手动活动的轴切除，并钻 Φ3mm 的孔，装入棒棒糖棍作为滑套，与雷达旋转齿轮接触的地方用带有 Φ2mm 孔的尼龙蜗杆制作传动机构，两侧卡上 Φ2mm 的限位环。

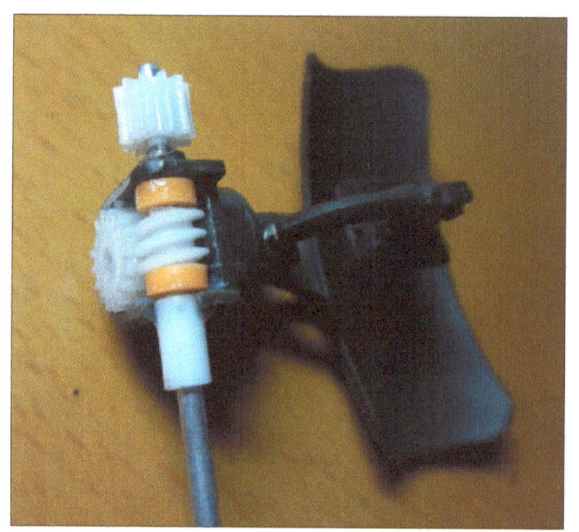

3 一侧的不锈钢轴安装 11 齿尼龙齿轮，另一侧的棒棒糖棍得留长些，制作后雷达收放机构时用得上。（注：两侧金属轴都得多出 4mm，用于固定在外壳上，一侧用小电机做动力驱动雷达旋转。）

❹ 雷达旋转机构的电源控制部分是用舵机里拆出的电路板制成的，由于雷达是顺时针旋转，因此先得测出使雷达正确旋转时的电流方向，并在线路上串联整流二极管，使雷达只能单方向旋转。（注：舵机电路板所接的电位器不可拆除，否则电路无法工作。）

❺ 在电机所对的另一侧的长棒棒糖棍上安装一个用 ABS 胶板自制的拉环，用于控制雷达收放动作。

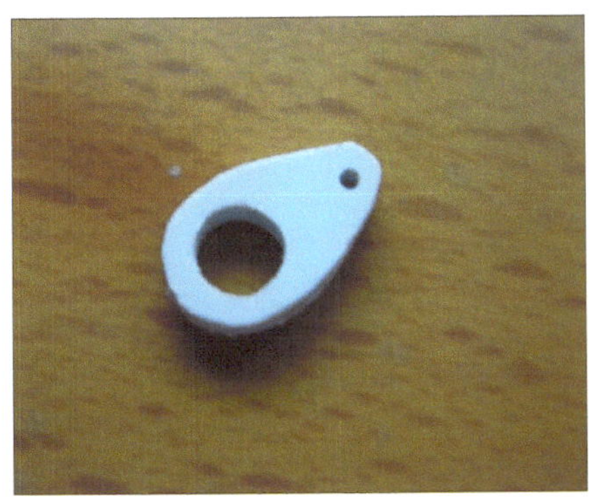

❻ 在整个系统的外侧安装一个 9g 舵机，用钢丝牵拉拉环，来控制雷达收放。

❼ 接下来制作炮管俯仰机构和前雷达的联动机构。在前雷达的后座上埋设 2 片强磁铁，用 AB 胶水固定，用于与炮管联动的控制。

❽ 组装前雷达系统，注意前雷达的转轴部分要锉得细一些，好让前雷达自由转动。然后在雷达底部安装一个 Φ2mm 孔径 16 齿尼龙齿轮，作为旋转传动部分。

9 雷达座上图中所圈的位置得用锉刀锉去，以防止齿轮旋转时卡住。

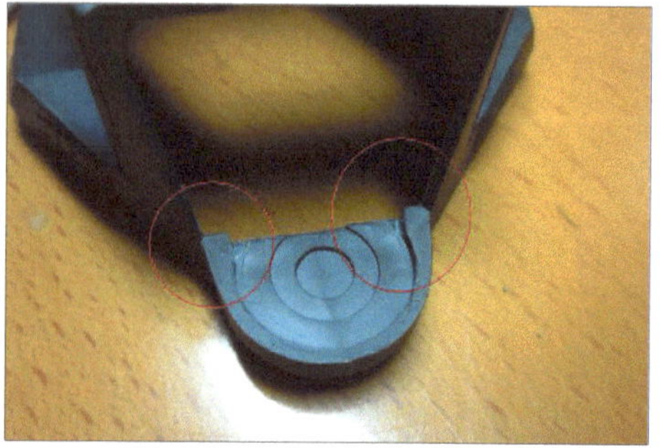

10 安装微型滚珠轴承。

11 安装后的效果如下图所示。

12 先将炮管系统组装好，然后在中间连轴部分钻 Φ2mm 的孔，安装动力拉杆。动力拉杆用钢丝连接 1 个 9g 舵机，舵机摇臂的另一头固定两片磁铁，控制前雷达和炮管联动。

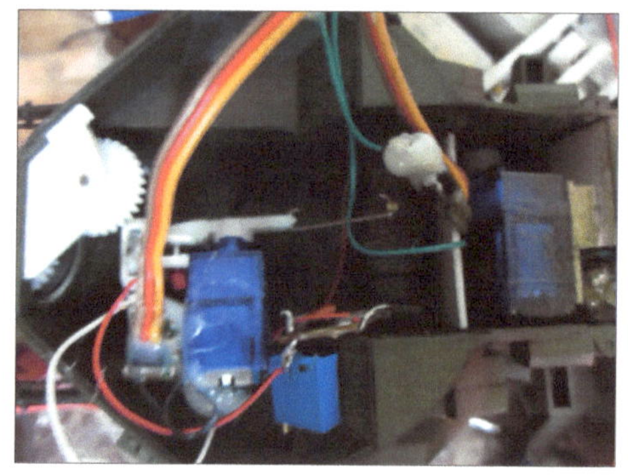

13 旋转前雷达用的齿轮，再连接一个双层齿轮（10 齿 +28 齿）。28 齿那层啮合在前雷达齿轮上，10 齿那层啮合在 3.7g 舵机的 30 齿尼龙齿轮上。

14 炮塔旋转机构是用万花尺上的一个大齿盘做的，用螺栓固定在炮塔底座上，旁边安装一个 Φ3mm 孔径 18 齿尼龙齿轮作为动力。由于舵机买回来时都是以固定角度转动的，炮塔转动需要 360° 旋转的舵机，因此要对舵机进行改造。由于舵机内部结构不同，只解释最关键的部分：首先拆开舵机，取出里面的电位器，舵机是靠检测电位器所在点位的电阻值来控制角度的，把舵机的电位器归到中位，用胶水粘死，

然后断开电位器杆与输出轴的连接，切除舵机里齿轮上的限位器，最后重新组装舵机即可。

7.4 灯光系统的制作

1 车顶警示灯是用 Φ3mm 白光 LED 配合闪光电路板制成的，Φ3mmLED 可用郡士的透明橙色油漆涂一下，更具有真实感。

2 闪光电路板是从玩具车上拆下来的，其实就是 MIC 集成电路、PNP 型三极管组成的电路。将闪光电路板连接在舵机的电源线上，就可以发光闪烁。市面上也有可以自行闪烁的 LED，用那种 LED 可以省略闪光电路板，给车体腾出空间。

3 车前灯用 Φ3mm 白光 LED 制成，先用锉刀将 LED 的灯头打磨成平的，在前大灯原有塑料零件上钻 Φ3mm 的孔，安装 LED。由于 LED 通体透明，点亮后，尾部也有光线，因此，在安装 LED 后，要用油漆把尾部暴露部分刷上颜色。

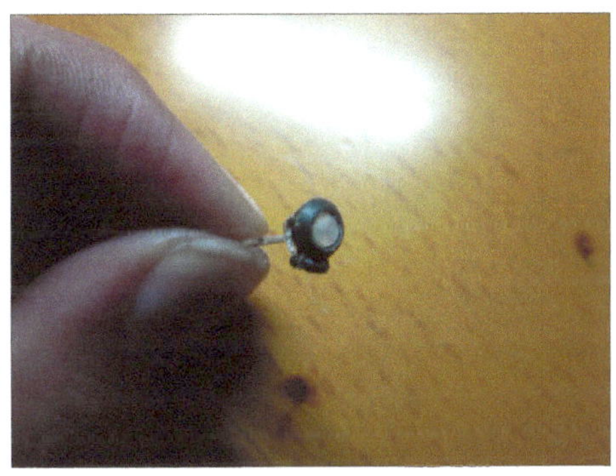

4 雾灯用 Φ3mm 黄光 LED 制成，涂上郡士透明橙色油漆，做出真实灯的颜色。

❺ 尾灯根据实车资料制作，红灯不发光，黄灯为雾灯。将尾部雾灯与前部雾灯并联，并分别串联 1 个可调电阻限流（还可以调整灯光亮度）。

❻ 由于通道数有限，车灯全部由 1 个通道控制。因为前大灯亮度和前、后雾灯的亮度不同，所用的电阻阻值也不同。

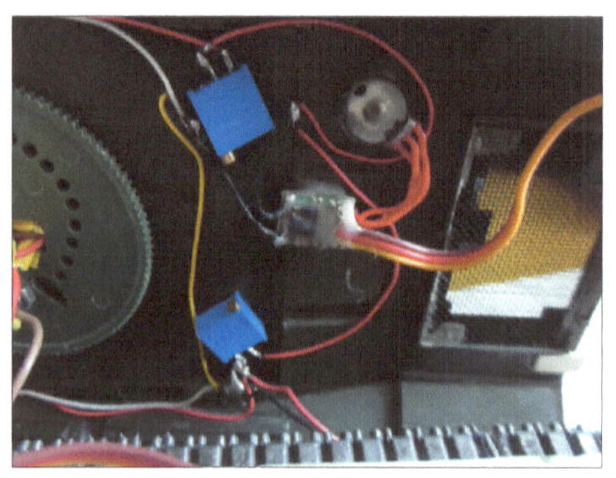

7.5 控制系统的制作

❶ 电调用的是伟恒工作室的双路坦克用混控电调。此电调供电电压需 6~9V，由 1A 的接收机电源输出，用来控制 2 路履带的驱动电机转速。图中绿色部分是 7.4V/900mAh 航模锂电池。

❷ 接收机用的是 wfly7 通道接收机，由于接收机接口朝上，舵机的接头插上后高度过高，会将车体上盖顶开，因此自制了插口，用软导线连接。为了防止接头接触导致短路，我将暴露的部分用胶带裹上。

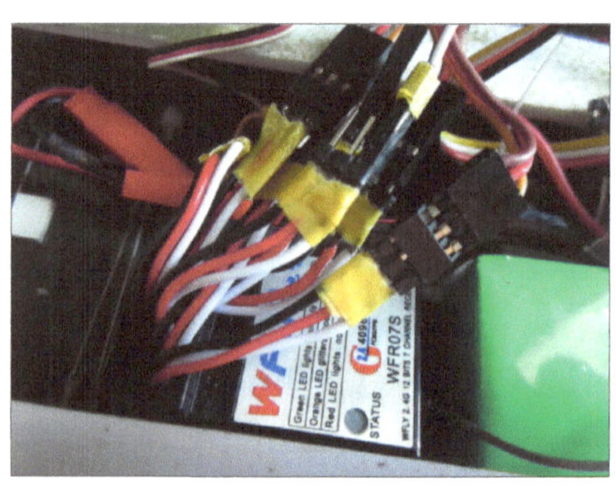

❸ 为了安全，我在电池和电调间设置了开关，这样可以及时切断电源，保护设备不受损坏。

7.6 固定系统的制作

❶ 将 4 片强磁铁分为两组，用 ABS 胶板固定在车前底盘上。

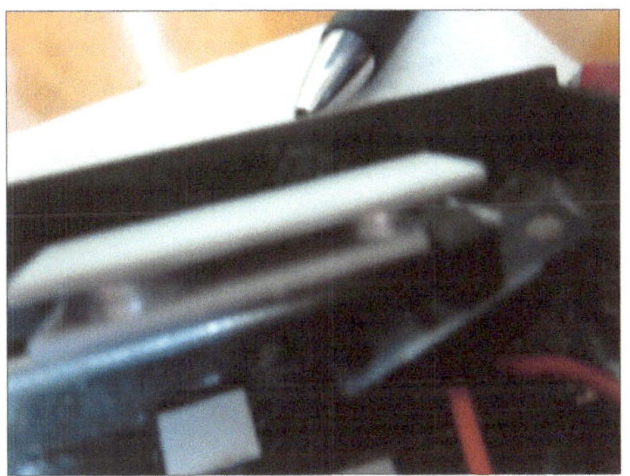

❷ 将两片强磁铁用胶水固定在车体上盖前端部分。

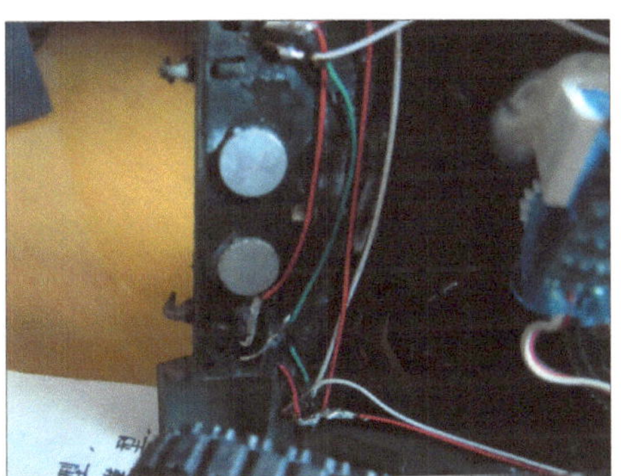

❸ 车体上盖后部有两个固定榫，因此不需要另作处理。

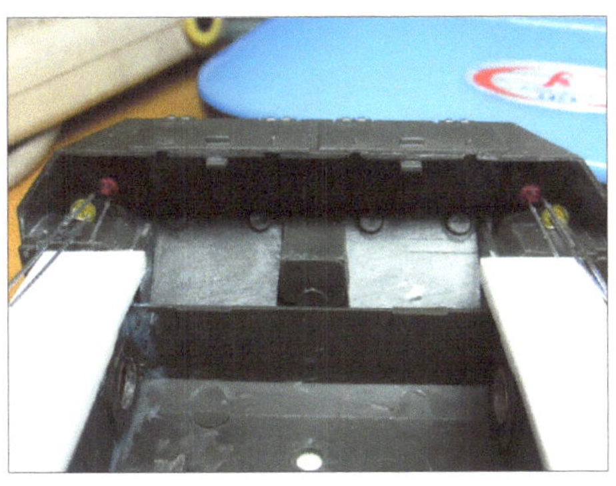

7.7 涂装

❶ 根据实车图片，对车体进行喷漆，用到的油漆有郡士 C1（光泽白）、C3（光泽红）、C28（金属光泽黑铁色）、C33（消光黑）、C43（亚光木棕）、C47（透明红）、C303（亚光绿）等，最后贴上水贴。

❷ 到这里，1：35 Gepard 防空炮的遥控化改造全部完成，使用 wfly07 遥控器进行控制。

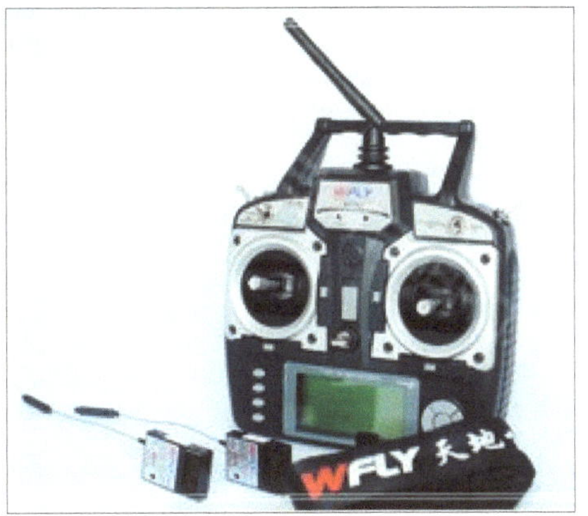

7.8 后记

静态模型的遥控化改造是个循序渐进的过程，一开始得先对模型的结构进行全面了解，制定出适合所要改造的模型的最优设计方案。其次，在改造过程中，可能会发现现行方案跟原先设想的有所出入，就得在动手之前深思熟虑，再下手。改造模型是个十分浩大的工程，制作者得有完善的设备、足够的耐心，并且得对电路、机械有所了解，这样才能保证制作时少失误或者不失误。说了这么多，您是否也想改造一个自己心仪的模型呢？祝您成功哦！

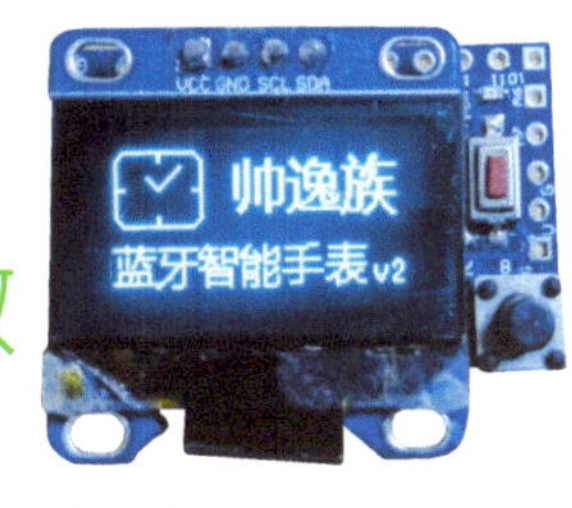

08 模仿然后超越，做自己的蓝牙手表！

◇孙帅（BHIKZK）

现在的智能设备越来越多，什么手环啊，眼镜啊，手表啊，突然像雨后春笋一样出现在我身边朋友的身上，于是我也开始心痒痒，准备入手一个玩玩。

但是当我到网上一个个地浏览后才发现，这些所谓的智能设备根本还没有达到真正智能的程度，都只能做些简单的事件响应、信息交互。说白了就是一个简单的带有蓝牙通信功能的记录器，就像是给计步器加上了蓝牙模块一样，而且功能还不能按自己的需要进行单独定制。几周后我发现朋友们身上的那些设备也不见了，一问才知道，大家一开始还觉得这些东西新奇好玩，但是玩一会儿就觉得没有意思了，也根本解决不了实际的问题，所以大家就都不带在身边了。

既然如此，身为技术控的我们，自然不会再去买成品了。于是一个 DIY 蓝牙手表的想法便在我脑海中开始酝酿。但是我之前没有接触过蓝牙手表，所以我先要问自己一个问题：做一个蓝牙手表，需要哪些东西？

（1）既然是表，就需要一个显示屏，用来显示时间和各种信息。

（2）蓝牙手表一定需要一个蓝牙模块。

（3）有了模块，一定要有个能让模块工作的处理平台。

（4）要实现短信显示、来电显示、手机的各项功能等。

（5）要有手机端软件，开源软件最好，而且要实现蓝牙通信。

有了以上答案，我们就可以开始行动了。我在网上搜索了一下，看了看有没有类似的项目，结果很幸运，网上有个项目和我们想要做的类似。但是完全做一样的有什么意思呢？“引进、升级、国产化”已经过时了，现在的我们要“模仿然后超越”。好了，现在软硬件都有了目标，开始动手。

8.1 硬件设计

软件和硬件，从哪里开始入手呢？我擅长硬件，而且没有硬件，软件做出来之后看不到实际的效果，也没有办法调试，所以我从硬件开始着手做。如果你对软件比较在行，也可以从软件开始做，做东西从自己最擅长的方面入手会比较简单。

8.1.1 平台的选择

硬件又有问题了，我们需要使用什么样的硬件？网上各种硬件模块一大堆，要怎么挑选呢？我一般从核心部件开始选择。

这个小项目我准备用最短的时间来实现，所以开源的平台最好，常用的有 51 单片机、Arduino、树莓派等。

既然准备做手表，所以硬件的体积不能太大，耗电量也不能太多，树莓派太大、太耗电了。

要以最短时间完成，单片机需要更多底层函数的编写，太麻烦了。

所以最终我选择了 Arduino 作为制作的硬件平台。而 Arduino 又有很多不同的版本，为了让手表更加小巧，我选用了目前最小的 Arduino Pro mini 这个版本。

芯片是选 ATmega328 还是 ATmega168，对这个小东西的影响并不明显。我选的是 ATmega328，您随意！

考虑到以后电源基本上都会使用可充电的锂离子电池，搜了一下锂电池的电压范围是 3.0~4.2V，所以就选用了 Arduino Pro mini 3.3V 的版本。至于大家担心电源电压高于 3.3V 怎么办，在网上搜一下就会知道，其实 3.3V 是它的工作电压，这款 Arduino Pro mini 实际的输入电压范围是 3.35~12V。

8.1.2 屏幕的选择

好了，处理平台定下来以后，事情就好办了。接下来选择用于显示内容的屏幕。

在网上搜一下显示模块，我们能找到的显示屏幕无外乎以下几种：

（1）LED 点阵，最常见的就是公交车上的文字显示器；

（2）单色 LCD，常见的有 LCD1602、LCD12864 等；

（3）TFT- LCD，就是俗话说的真彩屏，一般按颜色和大小分类；

（4）OLED 显示模块，最常见到的形式就是 MP3 播放器上的那种显示屏；

（5）辉光放电显示模块，性能强大，但一般用在特殊场合。

可能还有其他的显示模块，一般不太常用，不再赘述。怎么在以上的几种中选择要用的呢？那就看我们对显示模块有什么要求了：

（1）我想显示来电号码、短信；

（2）既然是手表，自然要小巧；

（3）为了显示更长时间，一定要省电；

（4）图片什么的能在手表上显示最好了，但是手表再大，显示效果也不如手机或者平板电脑。

第一条大家都能满足；第二条，用 LED 点阵的话，要显示标准汉字，个头就有点太大了；第三点，省电能力，对比一下，TFT > 单色 LCD > OLED；第四条，相比图片功能，我个人觉得还是能工作更长时间为好，所以最终选择了 OLED 显示模块。OLED 模块需要选择的参数一共有 4 项。

（1）供电电压：因为 Arduino 选择的是 3.3V 的，所以 OLED 也选择 3.3V 的。

（2）通信接口形式：一般可选的有 I^2C 和 SPI 两种，我更擅长使用 I^2C，所以选了它。

（3）屏幕的显示像素：为了显示更多的内容，我选择了 128 像素 ×64 像素的屏幕，这样每行可以显示 8 个 16 像素 ×16 像素的标准汉字，一共 4 行。如果要追求小巧，可以使用 128 像素 ×32 像素的。

（4）屏幕的大小：为了小巧，我选择了比较小的 0.96 英寸的屏幕。如果你需要更大的屏幕，可以选择 1.3 英寸或更大的。

8.1.3 蓝牙模块

最后，硬件选择只剩下蓝牙模块了，我们最终要通过蓝牙来实现手表与手机的通信，蓝牙模块的其他功能不再考虑。所以我简单地选择了蓝牙透传模块，电压 3.3V，蓝牙 4.0 有着很强的省电能力，当然是首选。

8.1.4 中文字库芯片

硬件选择还有一段插曲：直到我完成了第一个原型之后，进行各项功能测试时才发现，我们还少选择了一个元器件——中文的字库芯片。

为什么要使用中文字库芯片？测试时为了调试方便，我仅仅发送了 ASCII 码进行初期的显示查看、显示排版等工作，后来要显示中文时，也只是使用汉字取模软件将几个简单的汉字进行转换后直接写到了程序里。但问题就出在了这里，之前我天真地认为可以直接使用手机给手表发送取模的内容，但是数据总是不对，只能显示开头的一点内容，后面的全不知道哪里去了。后来经过反复实验才发现，Arduino 的串口一次接收数据的大小是有容量上限的。（这个上限是多少，期待你们自己发掘，免得大家之后自己做项目时被坑。）就是因为这个一次接收的数据上限，导致无法将字模转换后的数据直接发送给 Arduino，于是只能退而求其次，分段发送或者使用字库芯片。

分段发送会大大增加蓝牙通信的时间和次数，导致手表的续航能力直线下降。你想啊，本来一条信息一次就可以发送完，而现在要多发送五六次才能发送完，有近 6 倍的差距啊！所以我还是选择了使用字库芯片。使用字库芯片的好处就是只要发送简单的代码就可以代表很多个汉字了，6000 多个汉字一个芯片全搞定，而且现在的汉字芯片都很省电。搜了一下，高通的 GT20L16S1Y 汉字芯片（SPI 接口，3.3V 电压，GB2312 字符集）比较合适。

8.1.5 硬件连接

接下来我们只要按图 8.1 所示接线就可以了，图 8.1 中的按键开关和电阻是为了随时能够切换屏幕显示内容而做的一个小按钮。连接好的原型机如图 8.2 所示。

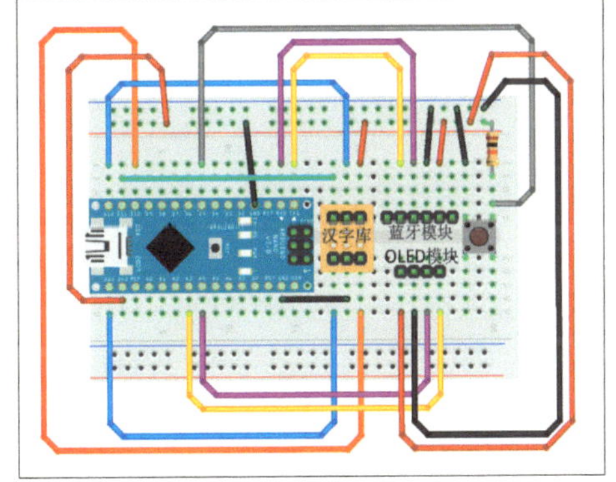

图 8.1 原型版硬件接线图

图 8.2 原型机实物图

图 8.2 所示的原型机放在手腕上肯定不太合适，所以我们接下来做个小型的。

图 8.3 所示是我们之前选购的模块和最终完成的作品，连接方法如图 8.4 所示。动手前建议先将所有的零件预装配一下，免得实际装配时因为半个毫米的误差而无法装配完成。注意，请先烧录 Arduino 程序再进行装配，因为实际装配会占用 Arduino 模块的

RST 复位引脚。如果做完之后还想修改程序，请自行设计，避让开 RST 引脚。

图 8.3　选购的模块和最终完成的作品

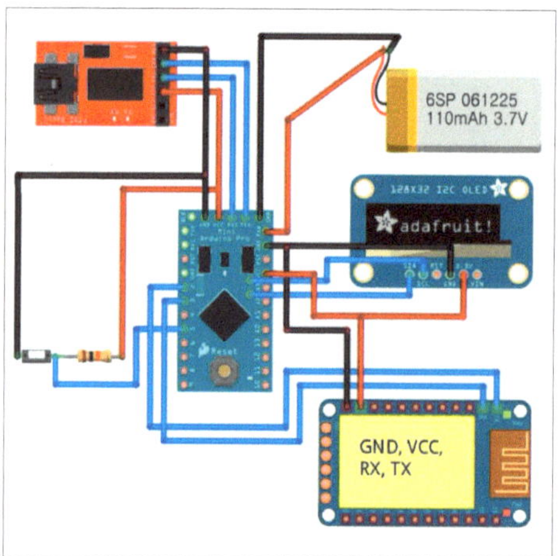

图 8.4　最小封装整合接线图

我们现在做的就是要将各个模块按照原理图拼接到一起。

蓝牙模块和 Arduino 模块背面都是平整的，没有元器件，所以很容易用胶水粘接到一起（见图 8.5），然后飞线将各个引脚按照接线图连接。因为我手边有比较多的蓝牙模块，很容易弄混，所以我打印了每个蓝牙模块的名字，贴到了模块上，以便区分。蓝牙模块与 Arduino 连接好后，我建议通过串口调试助手测试一下是否可以正常工作，有问题立刻解决，免得都做好后才发现问题，不好排除。

蓝牙模块正常工作后，就可以将 OLED 模块安装到 Arduino 上了。

图 8.5　用胶水将蓝牙模块和 Arduino 模块粘接到一起

值得注意的是，Arduino Pro mini 的板子上 A4、A5 两个引脚的位置不太适合 OLED 模块的连接，所以请将 A2 和 A3 的 PCB 铜线用刀割断，然后将 A4 和 A5 引脚通过飞线方式引出到 A2 和 A3 引脚（见图 8.6）。

图 8.6　先将红色叉子位置的布线割断，然后用飞线按黄线所示重新连接

然后我们就可以将 OLED 模块焊接到 Arduino 模块上了（见图 8.7），引脚和安装位置是我自认为比较合理的位置，如果你觉得有更好的位置，我十分期待你分享给大家。

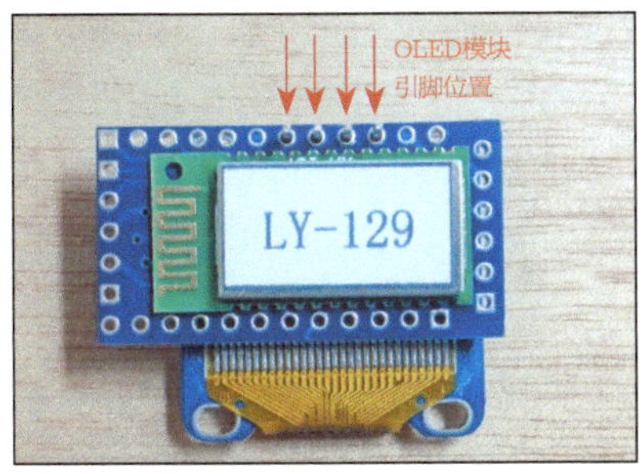

■ 图 8.7　将 OLED 模块焊接到 Arduino 模块上

安装切换开关（微动开关）时一定要注意开关的引脚，看好接线图里需要哪几个引脚之间是开关的关系（见图 8.8）。如果不确定是否安装正确，建议使用万用表进行测量。

■ 图 8.8　安装微动开关

最后装上电阻，就大功告成了（见图 8.9）。上电前，建议再检查几遍，免得之后遗憾。

电池大家自己选择就可以，如果你不擅长使用锂电池，请不要选择。如果使用锂电池，请选择带有保护板的锂电池和配套的专用充电器，以免发生危险。

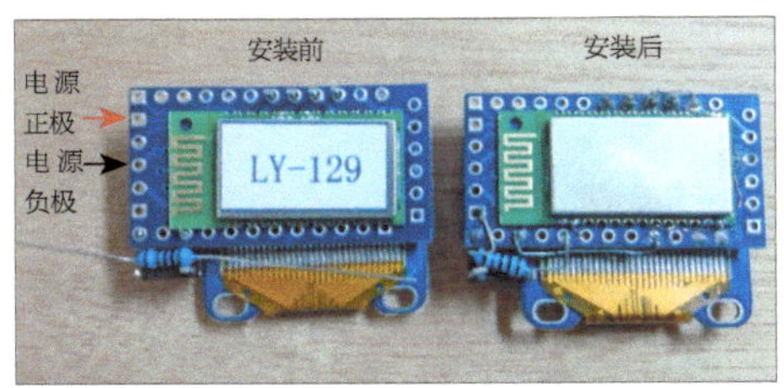

■ 图 8.9　安装电阻

至此，硬件方面搭建完成，接下来说说软件。

8.2　软件设计

8.2.1　Arduino 程序

软件分为两个部分：一是 Arduino 上的软件，二是手机上的 App。软件讲起来比较枯燥，源代码请到《无线电》杂志网站 www.radio.com.cn 上下载。（程序是网上开源的最初版本，期待大家能模仿并超越，做出更牛的。）

Arduino 这边的主要思路是这样的：开机上电，各个器件初始化，显示开机画面，进入时钟界面，等待接收数据；蓝牙接收到数据后，处理数据内容，然后 OLED 立刻显示文字内容，延时几秒后，跳回时钟界面，等待下一次数据传输。

其中主要需要做的工作有：

（1）I^2C 方式 OLED 模块显示库函数的调用；

（2）SPI 方式汉字字库芯片的调用；

（3）蓝牙透传模块串口通信设置；

（4）数据的逻辑关系处理。

8.2.2　手机 App

手机 App 程序怎么设计呢？我采用的是外包形式，发给了一个 App 工程师帮忙调试、制作。

手机端需要打开蓝牙，连接到我们的蓝牙手表，默认的密码是 1234。之后就可设置我们想要显示、提醒的功能或者信息，通过蓝牙的方式发给手表了。

项目使用软件：

（1）汉字取模软件：PCtoLCD2002

完美版；

（2）Arduino IDE 1.0.5；

（3）Eclipse ADT（安卓 App 编程）；

（4）手机端软件；

（5）Arduino 端软件。

8.3 项目总结

目前我制作的这个就是一个开放的蓝牙可穿戴式设备开源平台（包括所有源代码）。与大厂做的产品的唯一区别就是我们这个平台不是定制的，没有使用最好的材料。但是这个平台就是一个种子，硬件方面我还没有加入传感器，但是 Arduino 是可以加入很多各式各样的传感器的，于是这个平台就可以变成一个采集信息的开放平台，而且这些采集到的信息完全可以通过手机直接传到网络、上传到云端，这样这个开放平台又变成了物联网系统中的一员。如果我们给这个开放平台加上一些执行器件，那我们基本上就可以实现通过手机对设备进行超远程动作控制。接下来这个种子怎么成长、壮大就全看大家的了。平台我已经为大家搭建好了，未来永远属于努力的人！

最后感慨一句：现在的穿戴式智能设备已经从幻想走进现实，不可否认，它们的出现将改变现代人的生活方式。如果有兴趣一起讨论，可以添加作者的微信（BH1KZK）。

自制低成本激光 3D 扫描测距仪

◇陈士凯

本节将介绍我制作的激光 3D 扫描测距仪的相关原理和制作细节。下一节还会介绍激光键盘的制作，它们的核心原理是相同的。

在开始介绍原理前，先给出一些扫描得到的 3D 模型以及演示视频，让大家有一个直观的认识（见图 9.1 ~ 图 9.3）。

最终效果展示

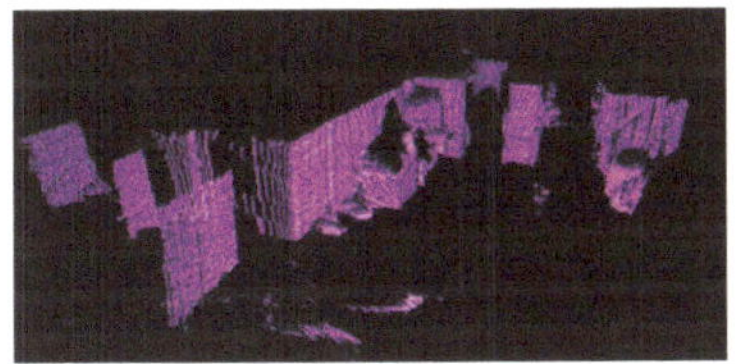

图 9.1　扫描得到的房间一角

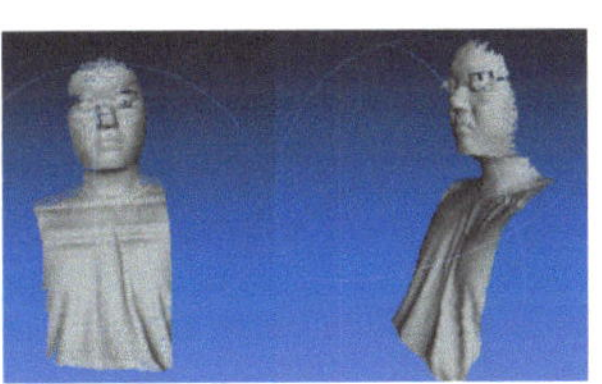

图 9.2　扫描得到的作者正面半身像

图 9.3　扫描仪实物

演示视频：http://www.tudou.com/programs/view/HXPLjJCpWi4/

9.1　激光扫描仪 / 雷达简介

这里所说的激光 3D 扫描测距仪实质上就是激光 3D 雷达。如视频中展现的那样，这种扫描测距仪可以获取各转角情况下目标物体扫描截面到扫描仪的距离，由于这类数据在可视化后看起来像是由很多小点组成的云团，因此常被称为“点云”（Point Clould）。在获得扫描的点云后，便可以在计算机中重现扫描物体、场景的三维信息。

这类设备可以用于如下几个方面：机器人定位导航、零部件和物体的 3D 模型重建、地图测绘。

目前机器人的 SLAM 算法中最理想的设备仍旧是激光雷达（虽然目前可以使用 Kinect，但它无法在室外使用，且精度相对较低）。机器人通过激光扫描得到的所处环境的 2D/3D 点云，从而可以进行诸如 SLAM 等定位算法，确定自身在环境当中的位置，同时创建出所处环境的地图。这也是我制作这款激光 3D 扫描测距仪的主要目的。

9.1.1　市场现状

目前市面上单点的激光测距仪已经比较常见，价格也相对低廉，但它只能测量目标上特定点的距离。当然，如果将这类测距仪安装在一个旋转平台上，旋转扫描一周，就变成了 2D 激光雷达（LIDAR）。相对于激光测距仪，市面上激光雷达的价格就要高许多。

图 9.4 所示为 Hokuyo 公司生产的 2D 激光雷达，这类产品的售价都在上万元的水平。其昂贵的原因之一在于它们往往采用了高速的光学振镜进行大角度范围（180° ~ 270° ）的激光扫描，并且测距使用了计算发射 / 反射激光束相位差的手段进行。当然它们的性能也是很强的，一般扫描的频率都在 10Hz 以上，精度也在几毫米的级别。

▪ 图 9.4　Hokuyo 2D 激光雷达

2D 激光雷达使用单束点状激光进行扫描，因此只能采集一个截面的距离信息。如果要测量 3D 的数据，就需要使用如下两种方式进行扩充：

（1）采用线状激光器；

（2）使用一个 2D 激光雷达扫描，同时在另一个轴进行旋转，从而扫描出 3D 信息。

第一种方式是改变激光器的输出模式，由原先的一个点变成一条线型光（如图 9.5 所示）。扫描仪通过测量这束线型光在待测目标物体上的反射，可以一次性获得一个扫描截面的数据。这样做的好处是扫描速度很快，精度也比较高。缺点是由于激光变成了一条线段，其亮度（强度）将随着距离增大而大幅衰减，因此测距范围很有限。对于近距离（<10m）的测距扫描而言，这种方式还是很有效并且极具性价比的，本文介绍的激光 3D 雷达也使用这种方式。

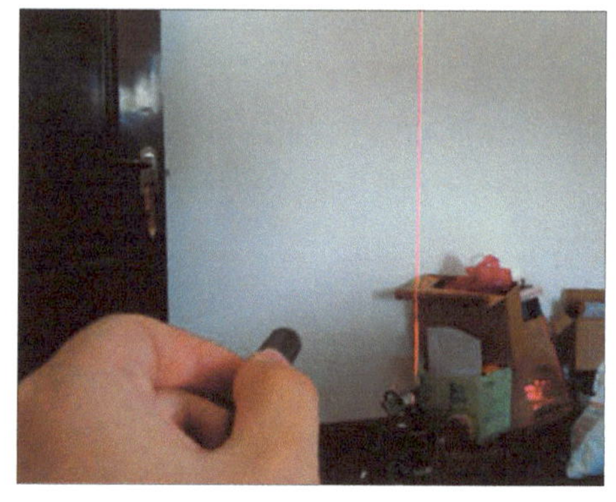

▪ 图 9.5　一字线红色激光器

第二种方式的优点很容易用 2D 激光雷达进行改造。相对第一种做法来说，它在相同的激光器输出功率下，扫描距离更远。当然，由于需要控制额外自由度的转轴，其误差可能会较大，同时扫描速度也略低。

这类激光雷达产品目前在各类实验室、工业应用场景中出现得比较多，对于个人爱好者来说，它们的价格实在是太高了。当然，目前也有了一个替代方案，那就是 Kinect，不过它的成像分辨率和测距精度比激光雷达低了不少，而且无法在室外使用。

9.1.2　低成本的方案

造成激光雷达设备成本高的因素为：

（1）使用测量激光相位差 / 传播时间差的方式测距；

（2）高速振镜的成本高；

（3）矫正算法和矫正人工成本。

对于个人 DIY 而言，第三个因素可以排除，知识就是力量，在这里就能体现了。对于前两个因素，如果要实现完全一样的精度和性能，成本恐怕是无法降低的。但是，如果我们对精度、性能的要求稍微降低，成本将可以大幅度下降。

首先要明确的是，投入的物料成本与能达成的性能之间并非线性关系，当对性能要求下降到一定水平后，成本将大幅下降。对于第一个因素，可以使用本文将介绍的三角测距方式来进行。而对于扫描用振镜，则可以使用普通的电机机构驱动激光器来替代。

本文介绍的低成本激光 3D 扫描仪实现的性能见表 9.1。

表 9.1 低成本激光 3D 扫描仪的性能

测量范围	最远 6m
测量精度（测量距离与实际距离的误差）	最远 6m 处最大 80mm 误差，近距离（<1m）时误差在 5mm 以内
扫描范围	0° ~ 180°
扫描速度	30 samples/s（比如以 1° 角度增量扫描 100°，耗时 6s）
最小步进	0.3°
扫描分辨率	480 点 /sample
成本	150 元

对于精度而言，这个低成本方案足以超过 Kinect，只是扫描速度比较慢，但是对于一般业余用途已经足够。不过，该扫描速度是很容易提升的，本文将在分析其制约因素后介绍提高扫描速度的方法。

9.2 原理和算法

这里先介绍测量目标上一个点所涉及的算法，3D 扫描将采用类似的方式进行扩充。

9.2.1 使用单点激光进行三角测距

除了使用相位差和时间差进行 TOF 测距外，另一种测距方式就是三角测距。这也是实现低成本激光测距的关键，因为这种方式不需要具备其他测距方式所要求的特殊硬件。并且，在一定距离范围内， 三角测距也可以达到与 TOF 测距相媲美的测量精度和分辨率。

目前有不少爱好者基于激光三角测距制作了激光雷达或者测距仪，本制作也采用了这个方式。

要进行激光三角测距，所需的设备很简单——点状激光器、摄像头，其成本大家应该比较清楚。

图 9.6 中，被测量对象 Object 距离激光器的距离为 d。图中的 Imager 是对摄像头的一种抽象表达（针孔摄像机模型）。标有 s 的线段实际可以是一个固定摄像头和激光器的平面。摄像头成像平面与该固定平面平行，而激光器发出的射线与该平面的夹角 β 仅存在于图中的视图中。

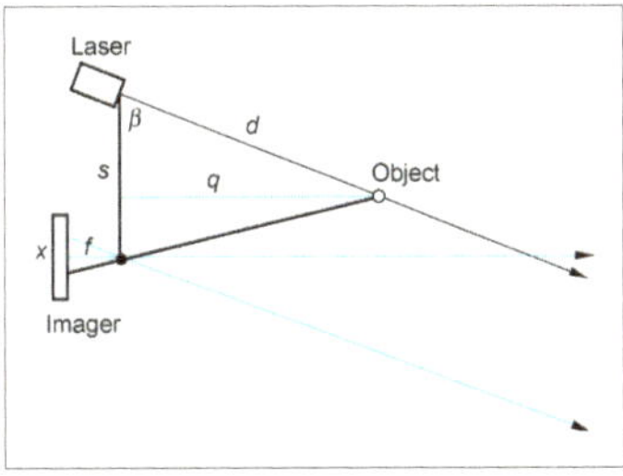

▪ 图 9.6 激光三角测距的原理

要测量距离 d，首先要求激光射线射到 Object 上，它的反射光在摄像头的感光平面上成像。对于不同远近的物体，当被测距激光照射后，摄像头上成像光点的 x 值将变化。这里涉及如下几个参数。

β：激光器夹角。

s：激光器中心与摄像头中心点距离。

f：摄像头的焦距。

如果这些参数在测距设备安装后不再改变（固定）且数值已知，则物体距离激光器距离可由如下公式求得：

$q=fs/x$ ……（9.1）

$d=q/\sin(\beta)$ ……（9.2）

其中，x 是测量中唯一需要获得的变量。它的含义是待测物体上激光光点在摄像头感光元件（如 CMOS）上的成像到一侧边缘的距离。该距离可以通过在摄像头画面中查找并计算激光点中心位置的像素坐标来求得。对于示意图，式（9.1）求出了目标物体与摄像头 - 激光器平面的垂直距离（实际上对于大尺度测距，该值可以近似认为是实际距离）。这一步就是三角测距的所有内容了，非常简单。

不过，在实际操作中，上述公式仍旧需要扩充。首先是对于变量 x 的求解，假设我们已经通过算法求出了画面中激光光点的像素坐标（px,py），要求出公式中需要的 x，首先需要将像素单位的坐标变换到实际的距离值。为了计算方便，在安装时，可以令摄像头画面的一个坐标轴与上图线段 s 平行，这样做的好处是我们只需要通过光点像素坐标中的一个参量（px 或者 py）来求出实际投影距离 x。这里假设我们只用到了 px，那么变量 x 可以用如下公式计算：

$x=\mathrm{PixelSize}\times px+\mathrm{offset}$ ……（9.3）

式（9.3）又引入了两个参数——PixelSize 以及 offset。其中 PixelSize 是摄像头感光部件上单个像素感光单元的尺寸，可以通过摄像头感光元件手册来确定其数值，offset 是通过像素点计算的投影距离和实际投影距离 x 的偏差量。这个偏差量是由如下两个因素引入的：

（1）x 变量的原点（示意图中与激光射线平行的虚线和成像平面焦点）的位置未必在成像感光阵列的第一列（或排）上（实际上在第一排的概率非常低）。

（2）通过摄像头主光轴的光线在画面中的像素坐标未必是画面中点。

对于 offset，要在安装上消除 offset 或者直接测量，在业余条件下几乎是不可能的，因此需要通过后面介绍的矫正步骤求出。

到这里，我们得出了通过激光点像素坐标（px）来求出对应光点实际距离的公式：

$d=fs/(\mathrm{PixelSize}\times px+\mathrm{offset})/\sin(\beta)$ ……（9.4）

接下来的问题就是如何确定这些参数了。不过，实际操作中，还需要考虑性能指标问题：要达到某种精度要求，究竟需要怎样的摄像头，上述各类参数如何选择呢？

9.2.2 决定单点激光测距性能的因素

由公式（9.3）可知，参数 px 是一个离散量（也有算法可以求出连续的 px，后文将介绍），因此，得到的距离数值也将会发生一定的跳变。跳变的程度反映了测距的分辨率以及精度。

如果将式（9.1）改写为 $x=fs/q$，并按 q 进行求导，可以得出：

$$dq/dx=-q^2/fs \quad \cdots\cdots（9.5）$$

式（9.5）的含义是，变量 x 每发生一次跳变，通过我们三角测距公式求出的距离值 q 跳变大小与当前实际待测距离的关系。可以看出，当待测距离变远后，从摄像机获得的像素点每移动一个单位距离，求出的距离值的跳变就会大幅增大。也就是说：三角测距的精度和分辨率均随着距离增加而变差。

因此，要决定我们希望实现的指标，只需要明确希望测距的最大距离，以及在最大距离下分辨率（dq/dx）的数值。

这里直接给出一个结论，具体过程就不讲了：假设对于激光光点定位能做到 0.1 个次像素单位，单位像素尺寸为 6μm，并要求在 6m 处分辨率（dq/dx）≤ 30mm，则要求 fs ≥ 700。

在我们的制作过程中，这个要求还是很容易满足的。另外目前的 CMOS 摄像头往往具有更小的单位像素尺寸（在同样大小的芯片上做出了更高的分辨率），因此实际 fs 的取值下限可以更低。

而摄像头分辨率、激光器夹角 β，则决定了测距的范围（最近 / 最远距离）。对于使用 px 进行测距的摄像头，其分辨率有 640 像素 ×480 像素即可做出比较好的效果，有更高的分辨率更好（当然后文会提到缺点）。β 一般在 83° 左右。

9.2.3 2D 激光雷达的原理和性能制约因素

在实现了单点激光测距后，进行 2D 激光扫描将非常容易——只需进行旋转就可以了，这里主要讨论的是它的性能（扫描速度）问题。

采用三角测距的方式，从摄像头画面上识别出激光点，到计算出实际距离，对于目前的桌面计算机而言，几乎可以认为不需要时间。那么，制约扫描速度的因素就在于摄像头的帧率了。对于目前市面常见的 USB 摄像头，其工作在 640 像素 ×480 像素分辨率的模式下，最高帧率都在 30 帧 / 秒，那么扫描速度就是 30samples/s。换言之，就是每秒钟进行 30 次的测距计算。

对于一个 180° 范围的激光雷达，如果按照每 1° 进行一次测距计算，最短需要 6s。

如果要提高扫描速度，很自然的就是提高帧率。对于 USB 摄像头，有 PS eye 摄像头可以做到 60 帧 / 秒。但这也只能实现 3s 扫描 180°。需要更高的速率，也就意味着更快的传输速度，对于 USB 2.0 而言，保证 640 像素 ×480 像素的分辨率，帧率很难有所提升。有人采用了高速摄像芯片 + DSP 的方式实现了 1200 帧 / 秒的帧率。

由于本制作不需要很高的扫描速度，因此我仍旧采用了 30 帧 / 秒的摄像头。

9.2.4 3D 激光扫描的原理

这里采用了线状激光器，一次对一条线而非单点进行扫描测距。将扫描器进行旋转，从而可以实现 3D 扫描。图 9.7 和图 9.8 分别展示了它的工作画面和捕获到的摄像头画面。

■ 图 9.7　本制作早期使用的红色一字线激光器的工作画面

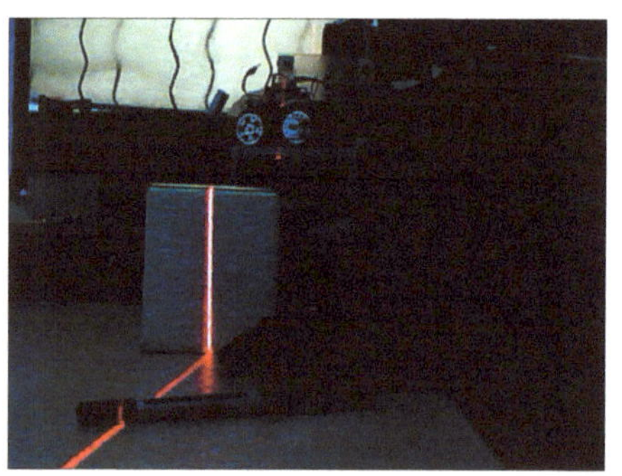

■ 图 9.8　采用红色一字线激光器捕捉到的画面

对于线状激光器进行测距的问题，可以将它转化为前面单点激光测距的计算问题。对于上图中的激光线条，算法将按照 Y 轴依次计算出当前 Y 轴高度下，激光光斑的 X 坐标值 px，并尝试通过先前的算法求出该点的距离。

为了简化问题，我们先考虑对于一个与摄像头感光面平行的平面上激光光斑各点的距离问题。

如图 9.9 所示，远处平面为目标待测平面，上面有一条紫色的激光光斑。近处的平面是摄像头的感光成像平面，经过了翻折后，它可以看作是目标平面到摄像头成像中心点组成的棱锥的一个截面。

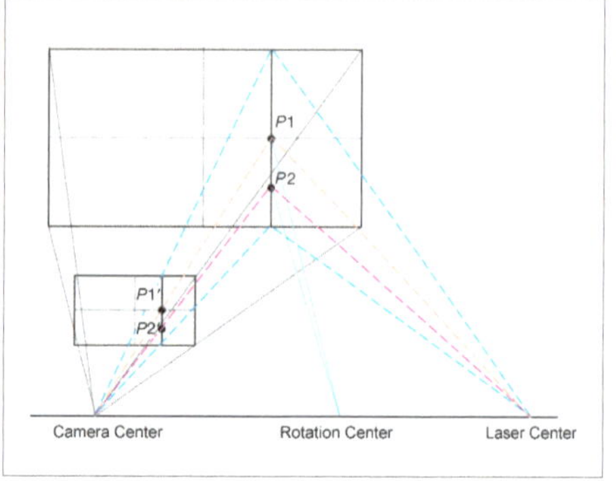

■ 图 9.9　激光线条光斑在平行平面上各点的距离问题抽象

图 9.9 中的 $P1$ 点位于摄像头投影画面高度的中点，按照针孔摄像机的定义，该点在画面上的投影 $P1'$ 距离摄像头中心 Camera Center 的距离应当为摄像头的焦距 F。因此，对于 $P1$，可以直接带入式（9.4）求出实际距离。

现在的问题是，对于其他高度上的点，如 $P2$，是否可以通过式（9.4）求得？

答案自然是肯定的，不过这里涉及了额外的参数。如图 9.10 所示，设 $P2$ 的投影点 $P2'$ 到摄像头中心距离为 f'，则 $P2$ 到 baseline 的垂线距离 d' 可由如下公式得到：

$$d'=f'\times baseline/x \quad \cdots\cdots（9.6）$$

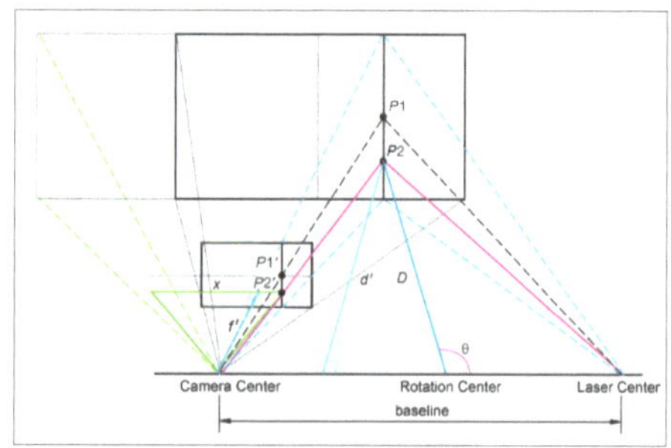

■ 图 9.10　3D 测距的原理

很容易知道，f'可以通过f求出：

$$f'=f/\cos(\arctan((P2'\times y-P1'\times y)/f)) \quad \cdots\cdots(9.7)$$

其中的$P2'\times y$以及$P1'\times y$分别是点$P2'$、$P1'$在成像元件上的实际高度，它们可由各自点像素坐标py乘以像素高度求出。

在求出了垂线距离d'后，需要转化成实际的距离D，此时需要知道$P2$- Rotation Center 以及 Baseline 组成的夹角θ。该角度可以根据立体几何知识，通过激光器与 Baseline 的夹角β求出。具体的求解公式可以参考本制作配套源代码的计算部分。

在求出了平行平面上激光光斑任意点的坐标后，可以将问题一般化。对于 3D 空间任意激光投影点，可以先构造出该点所在的一个平行平面，然后利用上述算法求解。

对于每次测距采样，上述算法将产生一个数组 dist[n]。其中 dist[i] 为对应画面不同高度像素坐标i到激光点的距离。对于 640 像素 ×480 像素分辨率的摄像头，n的取值为 480。

如果进行 180°，步进为 1°的 3D 扫描，则可得到分辨率为 180 像素 ×480 像素的点云阵列。如果采用 0.3°步进，则得到 600 像素 ×480 像素的点云阵列。

9.2.5 激光光点像素坐标确定和求解

接下来讨论如何从摄像头画面中计算出光点的坐标信息，具体来说，要解决如下两个问题：

（1）识别并确定激光光点，排除干扰。

（2）确定光点中心的精确位置。

问题（1）看似简单，实际上却会有很多问题，比如图 9.11 所示的几幅实际操作中遇到的画面。

图 9.11 中的 3 幅图像是在使用红色激光器时摄像头所拍摄到的。（a）的图像比较理想，在画面中除了激光光点外没有别的内容，虽然可以看到上方有光点反射发出的干扰点，但激光光点仍旧可以通过求出画面中最亮点的方式获取。

（a）　（b）　（c）

图 9.11　不同环境和配置下摄像头捕获的画面

（b）画面中出现了日光灯，由于日光灯亮度也较高，从画面上看，与激光点中心亮度一致（均为纯白）。对于这个图像，有种办法是同时判断临近像素的色彩，红色激光点的外围均为红色。

（c）画面中，除激光点外，还出现了其他的红色物体，并且部分高光区域也在图像中表现为纯白，此时，上述通过色彩判断的算法也将失效。因此需要有另外的办法。

完美的激光提取算法几乎是不存在的，一个例子就是当画面中出现了 2 个类似的激光点（另一个来自别的测距仪或者激光笔），此时单从一副图像上很难判断出哪个才是正确的光点。

再来看问题（2），较准确地识别光点也需要借助硬件设备以及光学设备的合作，具体的细节超过了本文的范畴，这里仅列举几种可行的办法。

1. 加装滤光片

使用滤光片，仅保留激光器发射波长的光线进入，从而可以在一定程度上避免光线干扰（见图 9.12）。

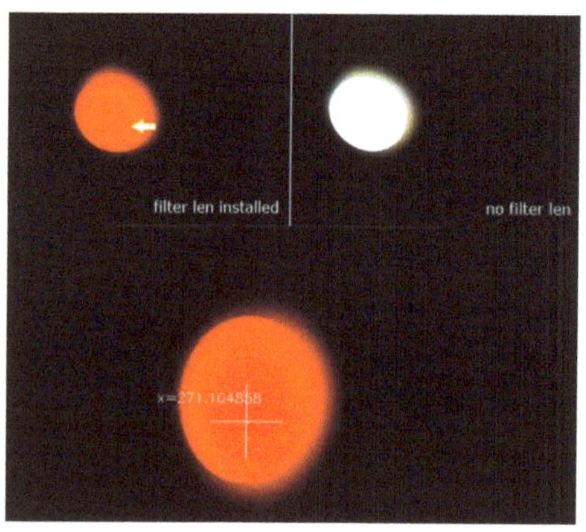

■ 图9.12 采用滤光片后，从白色日光灯画面（右上图）中识别并计算出激光光点中心坐标

2. 调整摄像头曝光时间

调整摄像头曝光时间也可以有效去除画面的干扰，例如图 9.11 的（b）和（c），对于 5mW 的激光器，在一定距离内，其单位光照强度仍旧比日光强（人眼可以在室外识别出激光笔照射在地面的光点），因此，只要将摄像头的曝光时间调整得足够短，完全有可能将画面中除了激光点之外的内容剔除。

3. 采用非可见光激光器

例如使用红外激光器，这个做法与遥控器使用红外 LED 的理由一样，在人造环境中，少有红外光干扰。配合红外滤光片，可以有效滤除来自诸如日光灯等的干扰。但是，日光和白炽灯光也含有足够强的红外光，无法单纯采用此法。

4. 增加激光器功率

配合曝光时间控制，增加激光器发射功率也足以使得画面中仅保留光点，但这样也有危险性，尤其采用点状激光时。

本制作采用了上述的所有方法，将在后文具体介绍。

对于问题（2），最简单的做法是直接找出光点中最亮的像素的坐标。但是由前面的公式可得知，这样得到的 px 值是整数，计算得到的 q 将会有比较大的跳变。因此这里介绍如何将 px 变为更加精确的“次像素”级别。

对于这个问题，学术界已有不少的研究，简单来说，可以认为激光光点的亮度是一个二维的 Gauss 函数经过了一次采样得到了画面上的激光点。那么，可以通过拟合或者简单的线性插值 / 求质心的手段，估计出光点的中心。本制作使用了简单的质心法求取次像素的激光中心点。

可能有人会问，这样的估算精确有效吗？一般而言，精确到 0.1 个像素单位是比较可靠的，也有文献指出它们做到了 0.01 个像素的可靠定位。

线状激光器的求解过程与点状激光类似，区别在于将按照图像的每行（或者每列）

分别找出激光光斑的中心。

9.2.6 摄像头校正

进行激光测距的基本原理非常简单，在实现中却有很多制约因素。除了前文提到的进行三角测距求解公式中的那些参数需要确定之外，校正摄像头从而得到理想的针孔摄像机模型下的图像也是很重要的环节。首先要回答的一个问题是：为何要校正摄像头？校正什么参数？

校正的主要理由是，目前使用的摄像头并非是前文所提到的针孔摄像机模型。所谓针孔摄像机，简单来说，原理就和小孔成像类似：光线通过一个小孔后，在背后的感光元件上成像。但大家知道，现实的摄像头都是采用光学透镜聚光成像的，并且所用的透镜并非是抛物面的（很难加工），同时，感光芯片和透镜之间也非严格平行。总之，现实就是，产生的画面实际上存在扭曲和偏移。如果直接使用摄像头拍摄的原始画面进行测距，势必会造成误差，因此需要进行校正。通过校正，获取消除上述画面扭曲和偏移的图像，再用来进行激光测距的相关操作。

图 9.13 左侧是一种摄像头拍摄到的原始画面，可以明显看出图像存在着扭曲，对它进行校正后，我们可以修正扭曲的画面，得到右侧的效果。

图 9.13　摄像头原始画面和经过校正后的修正画面

摄像头校正的具体原理、算法和过程超过了本文的介绍范围，有兴趣的读者可以参考其他相关文献。在本文后续的制作部分，也会介绍本次制作的校正过程和结果。

9.2.7 校正和求解三角测距所用参数

前文介绍的三角测距公式中涉及了如下参数。

β：激光器夹角。

s：激光器中心与摄像头中心点距离。

f：摄像头的焦距。

PixelSize：感光元件单位像素尺寸。

offset：激光点成像位置补偿值。

这些参数有些很难通过实际测量求出，有些很难在安装时就控制好精度，数值的精确度会对测距精度有着非常大的影响。例如 PixelSize 一般都是微米级别的数值，很小的误差即可导致最终测距的偏差。

对于它们的求解，我们将在测距仪制作完成后进行的校正环节中求出。这里的校正，实际过程是在实现测量好的距离下采集出测距公式中用到的 *px* 数值，然后通过曲线拟合的方式确定参数。

9.3 设备设计

9.3.1 核心元件原型

前文已经大致提到了本次制作的核心元件——摄像头、激光器以及进行扫描的伺服电机的选型要求。

对于我所期望的精度和性能，一般市面上常见的 USB VGA 摄像头即可满足要求（见图 9.14）。

对于激光器的选择，主要是考虑它的发射波长和功率。由于我的制作不用像产品那样考虑激光器功率安全问题，因此采用了 200mW 的红外一字线激光器（见图 9.15）。较大功率的优势是可以通过缩短摄像机曝光时间，从而从画面上过滤环境光的干扰，同时也可以扫描较远的距离。当然，200mW 的功率的确有点太大了，并且红外激光器肉眼不可见，所以在使用时需要额外当心，千万要注意不能用眼睛直视。

图 9.14　本制作使用的 USB 摄像头（已经拆除外壳）

图 9.15　制作所使用的红外一字线激光器

使用了红外激光器，可以通过给摄像头加装红外滤光片将可见光过滤，仅允许激光器发出的红外光进入摄像头，从而有效地过滤环境光带来的干扰。对于红外滤光片，最佳的选择是使用与激光器发射波长相匹配的滤光片，比如使用 808nm 的激光器，那么滤光片选择 808nm 的窄带滤光片最合适，这样做可以最大程度地降低干扰。因为现实中，日光、白炽灯、遥控器也都会发出红外光谱。但是这样的滤光片一般价格偏贵。在本制作中，我使用了 800nm 截止的低通滤光片（见图 9.16）。它允许任何波长小于 800nm 的红外光通过，实际效果还是不错的。

图 9.16　本制作采用的低通红外光滤光片

对于用于扫描的伺服电机，由于摄像头的帧率是 30 帧 / 秒。扫描速度不需要很快，因此这里使用了普通的标准舵机（见图 9.17）。它的优势是可以直接控制定位到特定角度，驱动也相对容易。不过它的精度不高，对于 0.3° 的角度定位已经有些吃力了。这也是值得改进的地方。

图 9.17　本制作选用的舵机

9.3.2 安装考虑

这里主要针对几个参数的选择（见表 9.2），决定激光器、摄像头的安装方式。前面提到了摄像头焦距 f 和摄像头到激光器距离 s 的乘积 fs 应当满足 $fs \geqslant 700$。

表 9.2 核心元器件参数

摄像头	VGA 画质的USB 摄像头，30 帧 / 秒，非广角（市面普遍可以购买的型号）
激光器	50mW 红外一字线激光，808nm
滤光片	10mm 直径红外低通滤光片
舵机	HS-322hd 43g 标准舵机

一般市面上 USB 非广角镜头的摄像头的焦距在 4.5mm 左右，因此，s 一般选择 160mm 左右。也就是说，摄像头和激光器的间距在 160mm 或以上。当然，如果觉得这间距太大了，也可以稍微缩小，正如前面提到的，目前摄像头的像素尺寸一般都比较小。

另外一个在安装中要考虑的参数是激光器夹角 β，它的值在 83° 左右。安装的时候不必也不能死板地测量角度并安装，这是因为除非使用了工业精工级别的激光器，否则激光器发出的激光射线也存在夹角。

β 角度可以在安装完成后进行多次修正，保证在较远处，画面中仍然可以看到激光轨迹时，再进行固定。

9.4 机械和结构部分

9.4.1 对摄像头的改装

由于我们使用了红外激光器，因此需要对摄像头做一些修改。

首先要移除摄像头镜片中的红外截止滤光片（见图 9.18）。该滤光片的作用与前文提到的红外滤光片的功能恰好相反——它将红外光谱过滤。一般摄像头内都会含有这种滤光片，如果不移除，则只能够感受到很微弱的红外信号。说句题外话，可以用拆除截止滤光片的摄像头观察 Kinect 投射出来的红外图案。

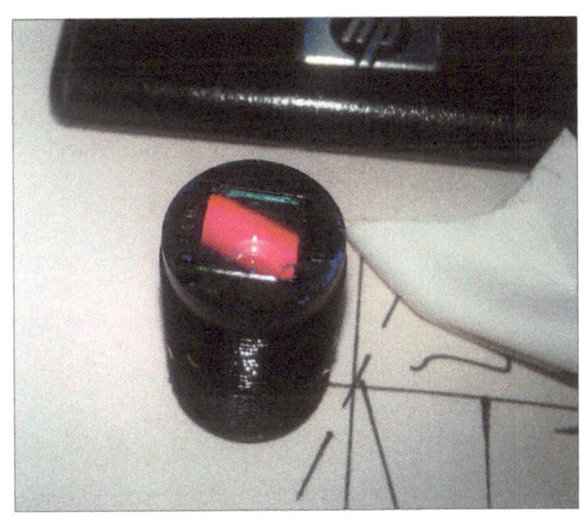

图 9.18 位于摄像头镜头中的红外截止滤光片

其次就是将前面提到的红外低通 / 带通滤光片安装到摄像头中，如图 9.19 所示，这里采用比较山寨的组装方式：用胶布将它固定在镜头前面，其效果也可以接受。

图 9.19 将红外低通滤光片安装在摄像头上

9.4.2 制作激光器、摄像头的固定平台

这里使用了轻质的木板来安装摄像头和激光器（见图 9.20），选择它的主要原因是容易加工。如果有条件，可以考虑使用热胀冷缩率小的金属或者塑料材料来固定。

图 9.20 使用木板作为固定摄像头、激光器的材料

在木板上打孔，保证激光器和摄像头能正好装入（见图 9.21），2 个孔之间的距离是前文提到的 160mm 左右。不过不必很精确，因为它的精确数值可以通过校正得到，这样安装的时候就比较省心。在给激光器打孔的时候要注意角度的问题。

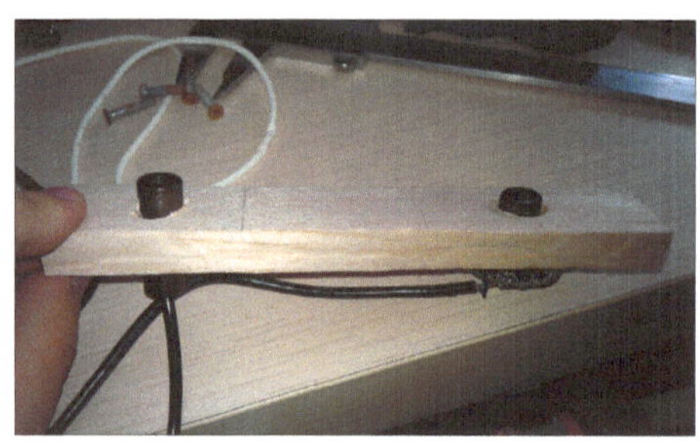

图 9.21 木板打孔后，将摄像头和激光器装入

还要在木板底部打孔并安装螺丝柱，用于固定到舵机转盘上（见图 9.22）。

图 9.22 在木板底部打孔，安装螺丝柱，用于固定到舵机转盘上

9.4.3 底座和舵机安装

❶ 我用了用于安装仪器的塑料盒子作为扫描仪的底座，这类盒子可以在网上找到（见图 9.23）。

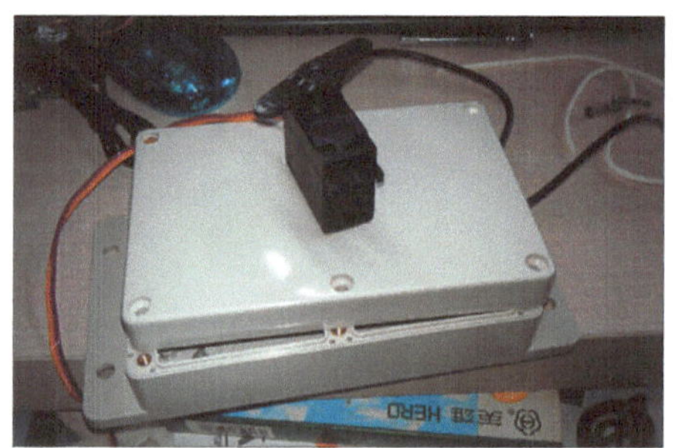

图 9.23 扫描仪底座

❷ 在盒子顶板上开孔，使得舵机能够放进去（见图 9.24）。

图 9.24 在盒子顶板上开孔

3 将舵机嵌入盒子顶板（见图 9.25）。

图 9.25 将舵机嵌入盒子顶板

4 最后将之前的摄像头固定支架安装到舵机上（见图 9.26）。

图 9.26 安装摄像头

9.4.4 电子系统的制作

这里的电子系统，主要功能是从 PC 接收指令，并控制舵机转到指定角度。由于摄像头已经是 USB 接口的，所以这里的电子系统不用去处理摄像头的信号。

目前 PC 外设使用 USB 接口几乎已经成为了一种标准，为了使得设备使用尽可能方便，如果能做到免驱动，就更加完美了。这里我采用了 RoboPeak 机器人团队设计的一款 AVR 开源控制版——RoboPeak USB Connector 来实现这部分功能（见图 9.27）。它使用单片 AVR（ATmega88）芯片通过软件方式模拟出 USB 协议栈，并且使用了 HID 协议，因而无需在 PC 上安装驱动程序。这部分的细节属于固件实现部分，将在后文提到。

图 9.27 RoboPeak 团队的开源 USB 方案——RP USB Connector（蓝色 PCB）

这里列出本制作中电子系统所实现的功能：

实现了一个 HID（Human Input Device）类的 USB 设备，无需第三方驱动程序支持；

支持通过 USB 接口接收指令，控制舵机运转到指定角度；

可通过 USB 指令开启、关闭激光器；

通过一个双米字 LED 显示屏，显示舵机当前的角度；

支持用户通过设备上的按钮手工设置舵机角度。

USB 设备的实现、接收处理 USB 指令等，属于固件范畴的职责，这里将不做讨论，RP USB Connector 的固件已经支持了此部分的基础操作。

9.4.5 米字 LED 数码管的驱动

由于 2 个米字形 LED 含有多个独立的 LED，需要分别独立控制，而 RP USB Connector 上并没有如此多空闲的 I/O 口，这里的做法是很传统的，采用 74HC595 串行转并行输出芯片，RP USB Connector 上通过 SPI 总线进行控制（见图 9.28）。

图 9.28　使用 2 个 74HC595 芯片驱动双米字 LED 数码管

9.4.6　扩充 RP USB Connector

由于 RP USB Connector 的主要功能是作为 AVR 芯片编程器和通用 USB 开发板的，上面并没有舵机控制和激光器控制功能（需要三极管扩流），因此需要做一块额外的电路扩充它的功能（见图 9.29）。该电路比较简单，这里不作介绍，可以参考图 9.30 所示的电路图。

图 9.29　在 RP USB Connector 的基础上做扩充电路

RoboPeak USB Connector 的电路图请参考 2011 年第 11 期《无线电》杂志，或访问：http://code.google.com/p/rp-usb-connector/

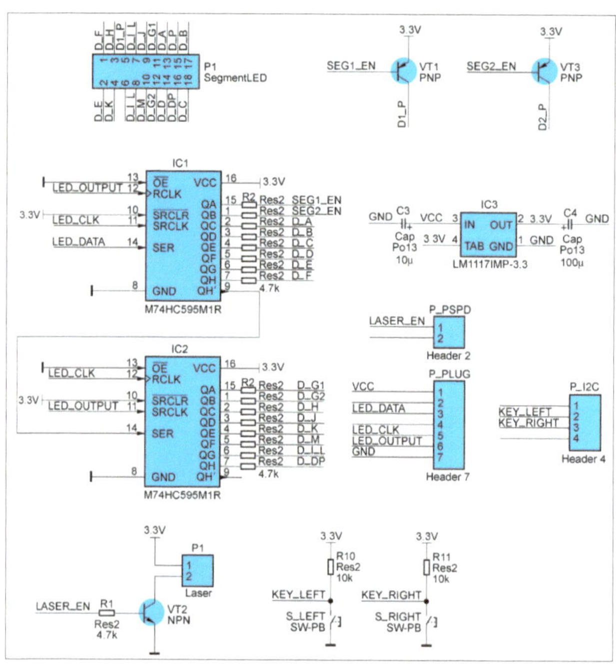

图 9.30　扩充电路 /LED 驱动电路原理图

本制作的所有源代码和电路图托管于 Googe code，请访问如下地址下载：http://code.google.com/p/rp-3d- scanner

演示视频：http://www.tudou.com/programs/view/EB_ValjklCo/

9.4.7 制作角度手工控制面板

这部分做得比较粗糙，主要就是在塑料盒子外加装按钮，如图 9.31、图 9.32 所示。

图 9.31 按钮（正面）

图 9.32 按钮（背面）

9.4.8 总装

最后将所有线路连接起来，并关闭盒子，设备的安装就大功告成，如图 9.33 所示。

图 9.33 总装

9.5 固件以及 PC 通信

这里的固件自然就是运行在 RoboPeak USB Connector AVR芯片上的固件代码了，这里只大致列出实现的思路和原理，具体的细节以及基础知识不做介绍。源代码可以在本制作的 Google Code 项目页面上找到。

9.5.1 固件实现的功能

如前文所述，固件实现了如下功能：

（1）通过软件方式模拟出 USB 1.1 协议栈（使用了 V- usb 库）；

（2）实现了 HID 类的 USB 设备进行通信，在 PC 上无需外驱动；

（3）控制舵机角度；

（4）驱动 LED 数码管显示。

同时，固件代码采用了我之前写的 Arduino- Lite 轻量级 AVR 固件库，因此如果需要使用这里的固件代码，请在 Google Code 上下载并配置 Arduino- Lite。接下来我将挑出一些典型问题进行介绍。

Arduino- Lite 的下载地址：http://code.google.com/p/rp- usb- connector/。

9.5.2 HID-USB 设备的模拟及与 PC 通信

RoboPeak USB Connector 使用的是不含有 USB 接口的 AVR 芯片，因此，USB 通信支持是采用软件方式进行的。所幸目前V- usb开源库已经提供了很优秀的封装。

软件模拟 USB 的优势在于可以降低设备成本（带有 USB 的 AVR 芯片成本较高），缺点是稳定性和速率上不如硬件实现。好在对于本制作，稳定性和速度并不关键。

在使用 USB 接口与 PC 通信时有一个

烦恼的问题是驱动程序。直接为系统编写驱动程序会提升制作的难度，同时对于64位Windows系统，微软要求驱动程序进行签名。目前也有一种可以在用户态实现USB驱动的方案——Libusb，但是在64位Windows系统上，这个做法就不管用了。

这里采用了另一种思路：利用OS自带的USB类设备驱动程序。USB协议中预先定义了几类USB设备的种类，比如Mass Storage就是平时用的移动硬盘，UVC设备常用于实现摄像头，HID设备用于实现键盘、鼠标，往往会自带驱动支持这类设备。这里我使用了HID类设备，理由如下：

（1）协议比较简单，通信单位也是数据包；

（2）支持USB 1.1低速率规范，可以用v- usb实现；

（3）在Windows、Linux、Mac上均可以通过OS提供的用户态API与HID设备通信。

采用了HID设备后，即使在计算机上首次使用本扫描仪，OS也能直接识别，不会要求安装驱动程序或者配置文件，如图9.34所示。

图9.34　本扫描仪在PC上被识别为HID设备

接下来的问题是如何利用HID设备进行通信了。这里的做法千差万别，为了提高通信质量，我使用了带有Checksum校验的、基于数据包的通信协议，将它运行在HID协议之上（见图9.35）。因为本固件是基于RP USB Connector固件的，我直接采用了用于AVR芯片烧录器的STK500v2协议。

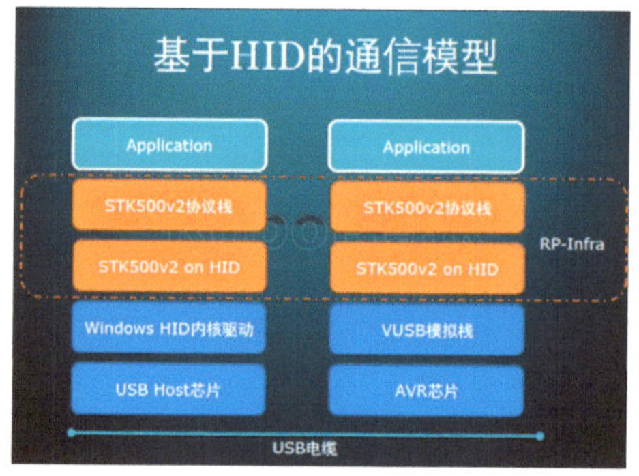

图9.35　本制作的通信构架

9.5.3　舵机驱动逻辑

在AVR上有很多舵机驱动库，我使用的是RoboPeak对Arduino自带舵机库的修改版本，该版本使用Arduino- Lite进行了重写，精度上也较高。但这部分不影响具体效果，在此不多介绍。

9.5.4　数码管驱动逻辑

在RP USB Connector上引出了SPI总线，因此很自然的，我使用SPI协议驱动74HC595芯片，直接通过AVR控制数码管的每个LED，从而支持显示任意的图案。

要注意的是，双米字管的每个字符上相同位置的LED公用信号线，在驱动上需要采用传统的扫描方式，轮流点亮LED。

9.6 图像处理和渲染

9.6.1 图像处理

图像处理部分就是前面所介绍的几个步骤:

（1）获取摄像头原始画面;

（2）通过摄像头校正参数，消除画面扭曲;

（3）提取和识别激光光斑的位置;

（4）将激光光斑的位置代入距离求解公式，算出对应点真实距离。

本制作使用了 OpenCV 库简化图像计算的开发难度，这也有利于代码的跨平台移植。对于摄像头的校正，会在后文介绍。

这部分的细节已经在前面详细介绍了，因此这里给出程序运行中的截图作为示意，见图 9.36。

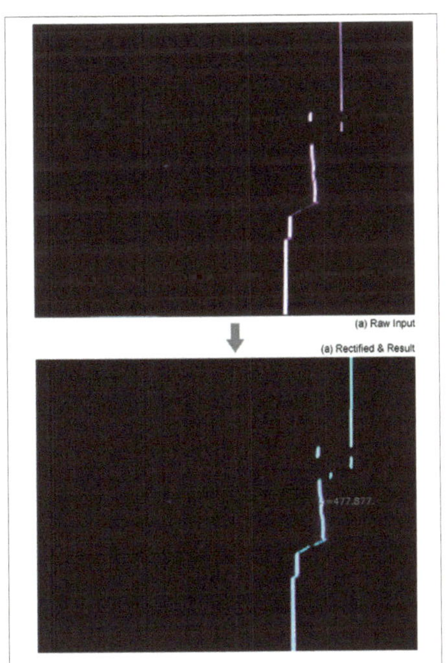

图 9.36 对摄像头画面进行扭曲校正并识别激光点的过程

由于采用了红外激光器，在加装滤光片后，背景光干扰被有效地去除。画面上除了激光光斑外，几乎看不到别的内容。红外激光在摄像头中以偏紫色的色彩显示。

图 9.36 中显示了画面中心点的激光中心坐标值，这样做的目的是用于后期进行测距参数的校正。而使用中心点的原因在前面已经介绍过。

9.6.2 渲染点云

在视频中可以看到实时扫描并显示点云的画面。在明白了扫描原理后，这点就没什么特别的了，都是基本的 3D 渲染技巧，我使用了 Irrlicht 开源 3D 引擎简化了这部分的实现工作。

除了自行编写软件外，也有很多工具可以用来查看 3D 点云，比如开源的 MeshLab、Blender 以及 Matlab。后面我将给出可以在 Meshlab 中观看的点云数据。

要产生可以被这类软件读取的文件很容易，像 MeshLab 支持如下格式的文本点云数据:

```
x1,y1,z1
x2,y2,z2
……
xn,yn,zn
```

9.7 校正

当完成所有制作和 PC 端软件后，就可以进行校正工作了。校正主要分为摄像头校正和测距校正。

9.7.1 摄像头校正

我使用自己打印的Chessboard图案，分别在不同距离和位置下拍摄了不同画面，如图9.37所示。校正工具使用了Matlab的Camera Calibration Toolbox，如图9.38所示。OpenCV也包含了摄像头校正功能，也可以直接使用。

图9.37 用棋盘图在不同位置下拍摄画面

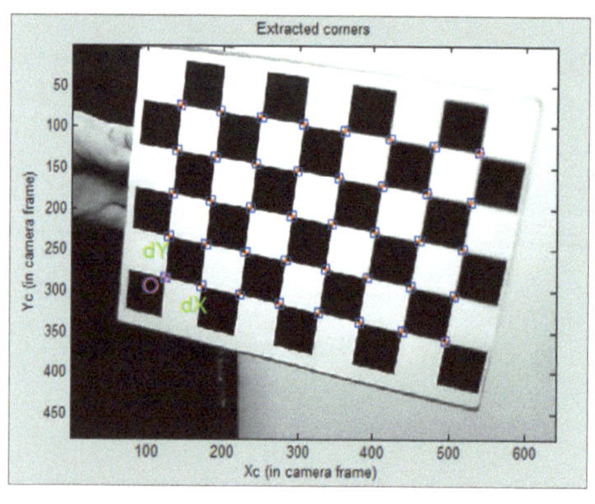

图9.38 使用Matlab进行校正时识别出的Inner Corner

在完成校正后，将得到如下的校正参数:

```
Calibration results(with
uncertainties).
Focal Length:fc=[935.44200
929.73860]?[11.29945  10.64268]
Principal point:cc=[149.00014
233.25474]?[ 17.13538  11.11605]
Skew:alpha_c=[0.00000]?[0.00000]
=>angle of pixel axes=90.00000?
0.00000 degrees
Distortion:kc=[-0.13196  -0.05787
-0.00358  -0.01149  0.00000]?
[0.04542  0.12717  0.00195  0.00565
0.0000]
Pixel error:err=[0.24198  0.25338]
Note: The numerical errors are
Approximately three times the
standard deviations (for reference).
```

对于这里的应用，只需要关心Focal Length、Principal point、Distortion等几组参数。可以使用OpenCV的cvInitUndistortMap/cvRemap读取校正参数并完成画面扭曲消除。

9.7.2 测距参数校正

要开始测距校正，首先要求PC客户端软件已经能够得到激光光斑中心位置。这里给出对画面中心位置激光光斑测距参数校正的过程。至于这样做的理由，已经在前面详细介绍了。其他的参数可以用相同的思路进行。

理想的校正环境是比较空旷的区域，前方有垂直的白墙用于反射激光光斑，并配备高精度的测距仪器参考。我没有这样的条件，也没有必要如此，因此采用了比较山寨的参考设备——卷尺。

图9.39所示的正是在制作本测距仪的过程中进行校正时所拍摄的照片，所需要的设备就是一把卷尺，当然最好能够足够长，

有 5~6m，这样可以校正到较远的距离，一般校正到 5m 是必须的。

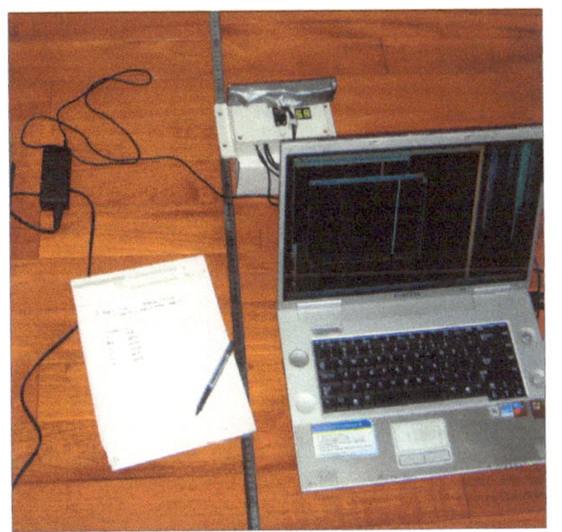

图 9.39　进行测距参数校正

校正至少需要采集 2 个参数：实际的距离值、激光光斑中心点位置。校正采集到的数据自然是越多越好，但一般 6 个以上的点即可。

如下是本制作校正采集的数据：

Dist	X
146.8	14.79
246.8	259.63
346.8	356.72
446.8	420.24
546.8	457.9
746.8	503.58
946.8	528.9
1146.8	546.71
1546.8	567.54
1846.8	576.87
2246.8	586.08
3046.8	597.04
4046.8	604.6
5546.8	611.9

在完成了数据采集后，可以在 MatLab 等工具的帮助下进行曲线拟合。拟合的曲线公式正是前面提到的式(9.4)。从图 9.40 可以看出，采集的数据和理论曲线非常吻合。

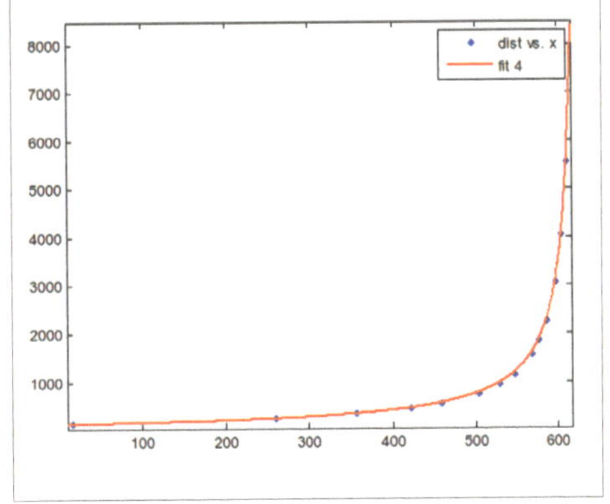

图 9.40　对校正数据进行的拟合

9.8　结果和讨论

本制作的结果在文章开始的时候已经给出了，简单说，就是达到了预期。这里给出了前面图像和视频中出现的我的扫描像的点云数据，可以在 MatLab 中导入察看（见图 9.41），同时也给出了一些额外的图片和视频。

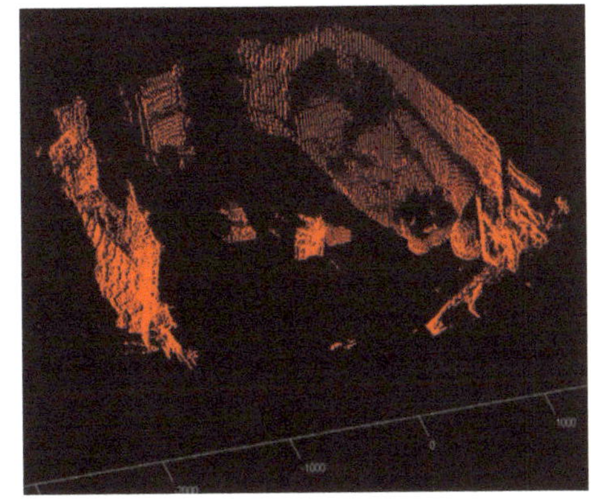

图 9.41　在 MatLab 中查看点云

http://www.csksoft.net/data/pic/3dscanner/sample/face_scan.zip

http://v.youku.com/v_show/id_XMzE4NzY1Nzcy.html

http://v.youku.com/v_show/id_XMzE4MTA0MzMy.html

这里主要看看扫描精度实现的情况。如果之前校正用的基准数据没有任何误差（实际上不可能），激光光点提取算法没有问题，那么实际工作时的误差主要就体现在拟合的曲线与实际的函数曲线的差距。换句话说，就是拟合得到的参数与实际正确的参数（我们并不知道）的差距。当然，上面两个假设实际都是不成立的，不过，我们先假设它们都没有误差，先来分析校正曲线与实际曲线的误差。

表 9.3 是在之前校正中收集的数据基础上得到的，其中 Calc 列的数据是以校正后的拟合曲线，通过式（9.4）的计算得到的测距数据，而 Diff 就是计算得到的距离和真实距离 Dist 的差值。这里的单位除了 X 列外都是 mm。

表 9.3　性能分析

Dist	X	Calc	Diff
146.8	14.79	123.3103843	23.48961566
246.8	259.63	231.8752505	14.92474953
346.8	356.72	328.8075565	17.99244355
446.8	420.24	440.8004392	5.99956081
546.8	457.9	546.254414	0.545586001
746.8	503.58	758.5428124	−11.74281238
946.8	528.9	958.9149139	−12.11491386
1146.8	546.71	1172.910412	−26.11041169
1546.8	567.54	1578.227294	−31.42729368
1846.8	576.87	1862.988106	−16.18810582
2246.8	586.08	2262.96604	−16.16604012
3046.8	597.04	3030.93851	15.86149048
4046.8	604.6	3948.153444	98.64655635
5546.8	611.9	5564.223928	−17.42392847

从数据上可以很直观地看到，在 4046mm 处进行测距时，计算结果和实际值相差了 98.64mm。相比这个，对于近距离的数据，误差也比较大。对于第二个现象，猜测这是由于镜头扭曲造成的。但是，大家可能会有疑问，我不是已经做过摄像头校正

了吗，为何还会有镜头扭曲？这里给出几个可能的解释：

（1）摄像头校正结果存在误差，仍旧有细微扭曲。

（2）摄像头校正也是基于实现设计出来的数学模型，实际情况有很多其他因素均能导致画面扭曲，但它们无法通过目前的校正修正。

（3）红外光的折射率与自然光不同，校正是针对自然光频率范围进行的，因此对于红外光，扭曲依然存在。

实际的情况可能是这些原因中的几种组合。另外，别忘了我们之前做的两个假设，实际它们也是不成立的。在得到了这个误差表后，接下来的问题是：可否继续校正来弥补这个误差？这也是可以做的，至少有了上面的表格后，可以在对应的距离下直接校正出正确结果，不过这样做的有效性还有待验证。

除了测距精度外，这里也提一下扫描的分辨率。前面我提到过目前的舵机可以实现 0.3° 的角度定位精度，但实际上对于近距离物体扫描，这是不够的。目前的设备比较适合进行大范围扫描，这也比较符合它作为激光雷达的用途。

9.9 下一步工作

目前本制作已告一段落，这里说说我的制作动机和下一步打算。其实动机在前面已经提到，就是用于机器人进行 SLAM，这也是接下来我即将进行的事情。当然，其实能做的事情还有很多。

9.9.1 进行多视角扫描，并合成为一个全局点云

商业的扫描仪都会支持这个应用。目前一次 3D 扫描只能采集物体的一个表面，而它的背面则无法扫描。如果对物体的背面也进行 3D 扫描，那就能得到完整的 3D 模型了。

要实现它，可以有两种办法：

（1）旋转物体本身，扫描仪固定；

（2）扫描仪在不同方位扫描目标物体。

第一种方法的实现和原理很简单，第二种方法的核心问题是如何将两次扫描的点云对应起来。除了人工拼接外，实际上也有比较成熟的算法，这类算法被称为 Surface Registration。ICP- Slam 也是采用了这样的算法。

9.9.2 提高扫描精度和速度

更高的精度和速度永远是对这个作品的需求，这就不多解释了。我在原理部分也提到了改善性能的方法。

9.9.3 基于 3D 点云进行物体识别

这个应用就很类似 Kinect 了，其实实现的算法也是相同的。

这里也提一下一个可用的工具和库——PCL（Point Cloud Library）。它也是机器人公司 WillowGarage 推出的开源库，其中包含了可以实现上述扩展的基础库，有兴趣的读者可以尝试。

低成本激光投影虚拟键盘自制攻略

◇陈士凯　RoboPeak 团队

在制作 3D 激光扫描仪的过程中，我偶然在网络上发现有人销售可以投影出键盘画面的激光器组件，并且价格低廉。仔细想来，其实激光投影键盘的原理和 3D 扫描仪一致，于是便产生了 DIY 一个低成本激光键盘的想法。最终，本作品在我完成 3D 扫描仪之后的 3 天内完成了，可见硬件部分的制作并不复杂。虽然完成的时间短，但其中也涉及不少的设计细节需要考虑，于是便写了此文和大家分享我的制作过程。

10.1　简介

相信大家对激光投影键盘应该有所耳闻，它通过光学手段，将计算机键盘的画面通过激光投影到任意平面（如桌面）上，操作者可以像使用真实键盘那样进行输入操作。

图 10.1 所示是由韩国 Celluon 公司生产的激光投影键盘产品，这类产品目前也可以在国内买到，不过因为价格高昂（仍旧在千元水平），我之前并没有买过，具体使用效果也不得而知。有人评价说，因为缺少物理反馈，这样的键盘的使用手感可能不好。

但无论如何，激光投影虚拟键盘还是非常能吸引眼球的，在投射出的键盘影像上输入非常有科技感并且足够科幻。如果自己能以较低成本 DIY 一台出来，那岂不是很好?

图 10.1　Celluon 公司出品的 Magic Cube 激光投影键盘

本文提出的 DIY 激光投影键盘方案可以保证较低的成本（百元左右），并提供较强的性能（30Hz 的输入频率、支持多键输入），并且还有额外的功能——把它当作多点输入设备来使用，比如可以作为绘图板，并能感应手指的压力大小。

在完成本制作后，我拍摄了一段演示视频来展现它的性能，感兴趣的读者可以访问如下地址观看：http://www.csksoft.net/blog/post/280.html。

10.2　原理分析

在具体介绍实现过程前，我们首先需要分析这类激光投影键盘的工作原理并给出解决问题的思路，这样也可方便大家举一反三。首先需要解决的核心问题有两个：如何产生键盘的画面？如何检测键盘输入事件？

10.2.1 产生键盘画面

对于产生键盘画面，可能很多人认为这种画面是通过激光 + 高速光学振镜得到的。这种方式虽然在技术上是完全可行的（见图 10.2），但由于需要采用精密的机械部件，成本非常高，也难以做成轻便的产品。

实际上，在激光投影键盘产品中，这类画面往往是通过全息投影技术得到的。激光器通过照射先前保存有键盘画面的全息镜片，在目标平面上产生相应的画面。这种方式的成本非常低廉，市面销售的激光笔常配备的投影图案的镜头也是用这种原理产生画面的，如图 10.3 所示。

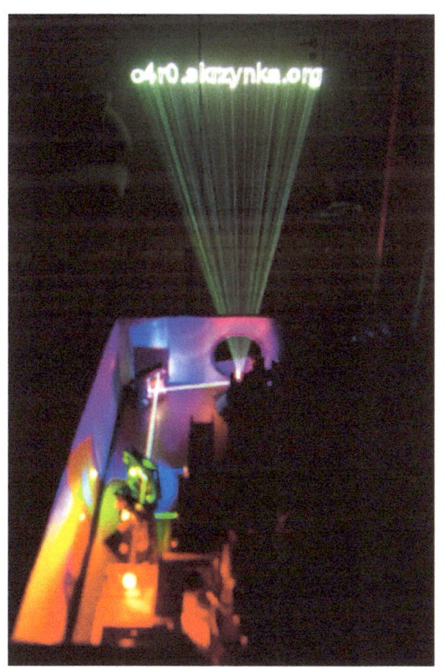

图 10.2 通过光学振镜扫描产生的激光投影画面（图片来自 www.edaboard.com）

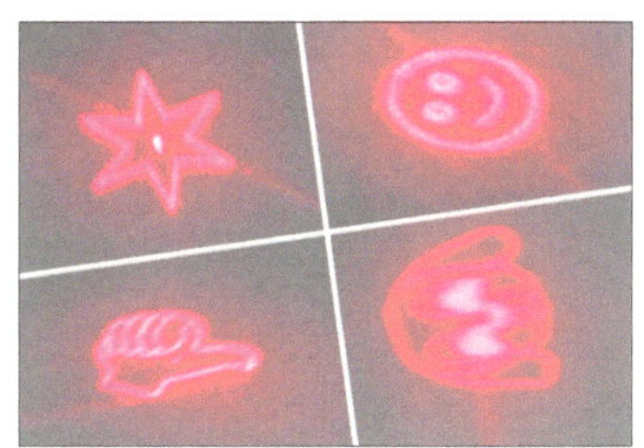

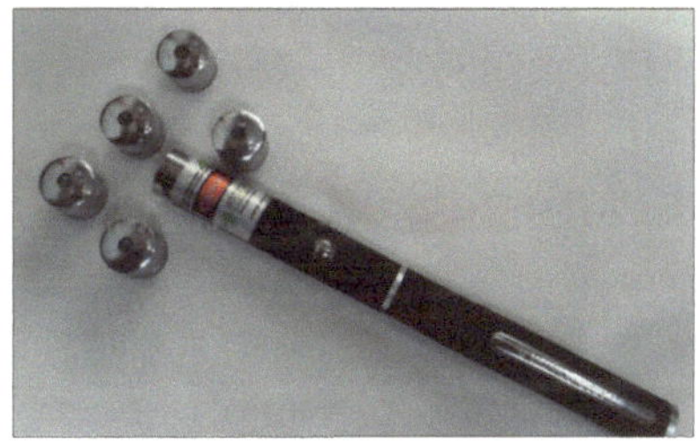

图 10.3 可以投射出图案的激光笔镜头

不过这类全息投影方式对于 DIY 来说并不现实，幸好得益于目前网络的便利——通过网购可以直接买到用于产生激光键盘画面的全息投影设备了，如图 10.4 所示，且成本在 50 元以内。

图 10.4 可以购买到的投影键盘画面的激光器模组

10.2.2 识别键盘输入事件

在解决了产生键盘画面的问题后，这里分析另一个看似简单的问题：如何判断键盘输入事件?

由于键盘画面可以投射在任意表面上，因此传统的靠物理按钮的手段显然是不可能的（否则也称不上虚拟键盘），而是需要以非接触的手段来检测。这里给出了几种途径，它们在技术上都是可行的。

（1）通过计算机视觉的方式，通过图像来识别：通过摄像头捕捉键盘区域的画面并进行分析，判断出键盘输入事件。

（2）通过检测按键发出的声音来判断：这里假设使用者在按键时会碰触桌面，产生一定的敲击声。通过检测该声音传播时间，可以进行定位。国外的一些研究机构已经实现了该方案。

（3）通过超声波雷达手段来判断：通过发射超声波并检测反射波的传播时间差来检测目标物体（手指）的位置。

这 3 种方案国内外均有文献表明可以实现，不过相对来说，计算机视觉方案的硬件较为简单，仅仅需要一个摄像头，因此这里我们采用第一种方式。

图 10.5 所示是本制作早期阶段，摄像头所拍摄的使用过程的画面，基于这类画面进行计算机视觉的运算，就可以得到我们需要的键盘事件。

其实这里涉及两个子问题：

（1）如何判断手指按下的是哪个键?

（2）如何判断手指已经“按到”了对应的“按钮”？

图 10.5　通过计算机视觉的方式识别并判断键盘输入事件

由于人类主要是通过视觉来理解外部世界的，因此可以很直观地想到，只要能够识别并定位画面中手指的位置，第一个问题就可以解决了。这里先不讨论定位本身该如何实现，假设我们的算法已经可以和人脑一样，轻松地在一副画面中找到手指的位置，并用相对于图像的坐标来表示（x，y）。

接下来就要考虑第二个问题，如何判断手指已经“按下按钮”？一个办法是通过捕捉声音，即像前文提到的那样，通过捕捉手指碰触桌面产生的敲击声来判断，但这样会带来额外的问题。

（1）需要额外的硬件和电路，增加了复杂性。

（2）如何将敲击声与画面中真正敲击的手指对应? 比如图 5 中的 5 个手指都可能处于敲击状态，此时难以进行匹配。

（3）其他的噪声也会被当作键盘敲击。

因此这里还是依靠视觉的手段来进行判断。在分析可行方案前，需要明确“按下按钮”的具体指标。我们可以定义当手指碰触桌面，或者距离桌面足够近时为“按下”。那么问题的实质就是我们需要检测出手指距

离桌面的距离 z。在求出该数值后，我们只需简单地判断它小于某一个值，就认为手指已经“按下按键”。

综合起来看，我们需要设计一种视觉处理算法，它可以在一幅画面中找出每个手指相对画面的位置（x，y），以及手指距离桌面的高度 z。事实上我们就是在检测手指的三维空间坐标（x，y，z）了，如图 10.6 所示。

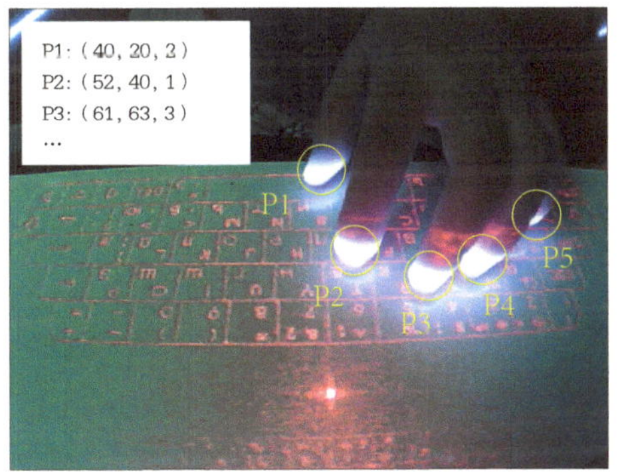

图 10.6 需要设计的视觉检测算法和期望的检测结果

阅读完上一节，相信大家就能猜到具体的实现方式了，其实算法本身就是做三维的激光测距。不过这里我们先按照前文的思路继续分析下去。

做三维测量有多种方式，比如现在可以购买微软的 Kinect 深度传感器。如果不考虑成本，这的确是一种非常有效的方法，可以非常好地解决本文提出的这些问题。另一种类似的办法是使用双摄像头来做双目视觉处理，提取目标画面物体的深度信息，如图 10.7 所示。不过目前这类处理比较消耗处理资源，且校正过程比较复杂，并不适合这里的应用。

图 10.7 RoboPeak 团队曾进行的双目视觉进行深度提取的实验

我们采用与基于三角测距原理的激光测距仪一致的办法，通过主动投射激光来做目标物体的三维坐标检测。在自制的低成本激光 3D 扫描测距仪中，我使用一束线型激光照射目标物体，目标物体的反射光被摄像头捕捉到，利用三角测距原理，可以求出目标物体中被线激光照亮部分的坐标信息。

这里我们将线激光所产生的光线平面与桌面平行，并紧贴在桌面之上，将摄像头放置于激光发射器上方并俯视桌面，如图 10.8 所示。

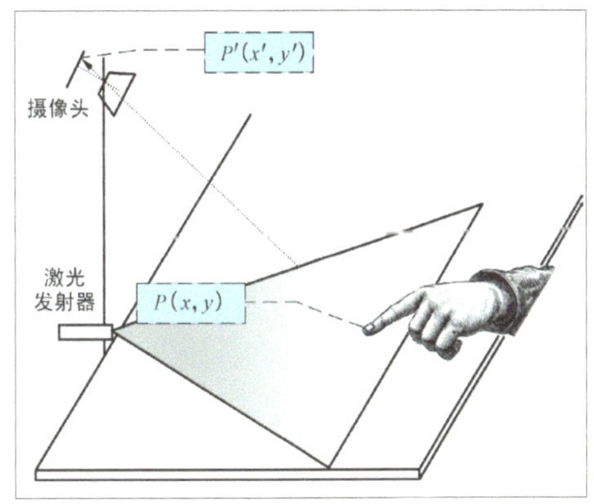

图 10.8 利用激光三角测距原理用于手指空间坐标检测

此时若手指接近桌面，则会阻挡住激光的通路，产生反射，反射的光点画面会被摄像头拍摄到，如图 10.9 所示，这是一个标准的三角测距的结构设置。细心的读者可能已经发现前文摄像头所拍摄到的画面（见图 10.5）中手指尖部的白色光斑，这正是安装了线激光器后，激光被手指遮挡产生的反射效果。

对于这种基于线激光的测距方式，我们可以通过三角关系求出被激光照亮部分相对于以激光发射口为原点、位于线激光组成平面内的坐标 $P(x, y)$。而又因为线激光组成的平面与桌面平行，且在设计上这两个平面是紧贴着的，所以可以近似地认为坐标点 $P(x, y)$ 是位于桌面平面的。

图 10.9 本制作所采用的线激光测距方案

这样的设置具有以下优点。

（1）便于检测指尖：当手指遮挡激光平面后产生了反射，因此会在摄像头画面中出现较为明亮的光斑，可以通过简单的视觉算法来提取指尖部分。

（2）便于检测按键事件：由于只有当手指靠近或者碰触到桌面，才会遮挡住激光产生反光，而在距离桌面较高的位置不会被检测算法察觉，检测按键事件可以做出简化，不需要通过检测手指距离桌面高度来判断。而只要当检测算法检测到手指反光，就可以认为出现了按键事件，且可直接用当前检测到的坐标来进行后续的处理。

值得一提的是，这样的方式对从事多点触摸领域的朋友来说应该不会陌生，有一种称为 LLP（Laser Light Plane）的技术和我们的方式很类似，其原理如图 10.10 所示。

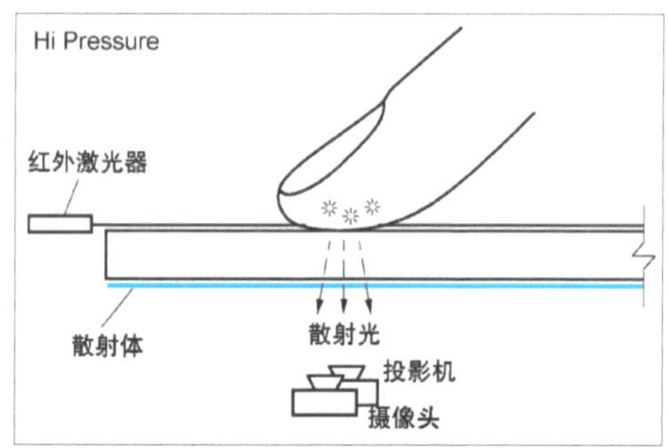

图 10.10 LLP 方式的多点触摸技术（图片来自 www.acm.uiuc.edu）

LLP 技术也通过发射一束线型激光构造出一个光平面，并捕捉手指反光来做多点触摸定位。而摄像头的安装位置也并非一定位于底下，同样也可以安装在与本制作相同的位置。

事实上，本制作采用的激光测距方案的前期处理方式是和 LLP 一致的：提取手指指尖的兴趣点（Interest Point），并转换成相对于摄像头画面的坐标。不过对于多点触摸而言，不需要得到手指在桌面上的精确距离，就好比我们所用的鼠标只需要知道一个相对位移的程度，而不需得到具体移动了多少毫米。但由于我们需要将手指的坐标转换成具体按键的信息，因此还有必要做进一步的处理。

也许有人会说，这样的方法岂不是和之前通过求出指尖的三维坐标的方式的思路不同吗？的确，目前的方式无法直接求得手指距离桌面的高度 z。并且借助主动发射线激光的特性，通过求取 z 来判断是否存在按键事件也显得不必要了。但这并不表示我们无法求解手指距离桌面的高度，在后文我将指出，求出手指距离桌面的高度仍旧是有意义的。

10.2.3 判断并产生对应的按键事件

前面我们已经解决了如何检测手指碰触到桌面时，指尖在桌面平面上的坐标 $P(x,y)$，但这与我们最终要产生对应的按键事件还有一定距离。我们需要建立一个映射机制，通过桌面坐标 $P(x, y)$ 找到对应按键键值，并最终通知操作系统触发一个对应键值的按键事件。

这里的做法与 GUI 系统进行 UI 元素碰撞判断的过程类似。在图形系统中，所有 UI 元素均保存有它们相对于屏幕的坐标值，GUI 系统不停地判断当前鼠标指针位置是否落入了某一个按钮或者选择框的坐标范围内，如图 10.11 所示。

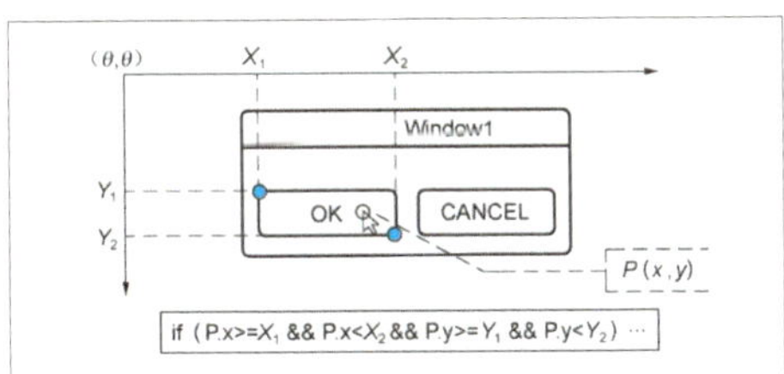

图 10.11 GUI 系统通过对比鼠标坐标和按钮 UI 元素的坐标来判断鼠标是否存在于按钮元素上方

与 GUI 系统类似，我们首先需要建立投射键盘图案中每个按键的坐标信息，然后将指尖相对于桌面平面上的坐标 $P(x, y)$ 映射到键盘图案的坐标系内，进行按键的判断，如图 10.12 所示。

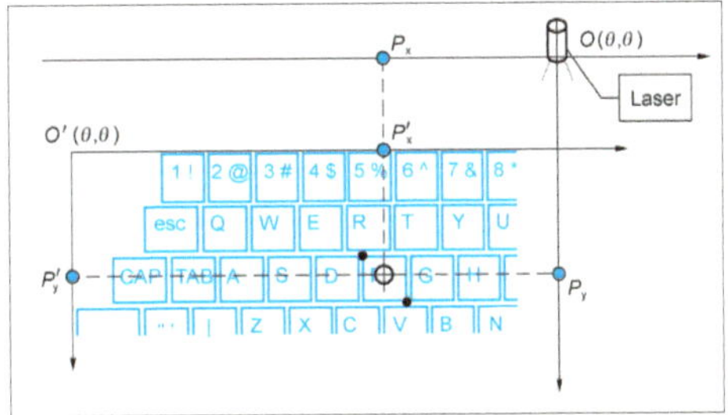

图 10.12 将基于桌面平面以激光器为原点的指尖坐标 $P(x,y)$ 映射到键盘坐标平面，并进行按键判断

上述过程涉及两个步骤。

（1）将以激光发射器为原点的指尖坐标 $P(x,y)$ 映射到以键盘图案左上角为原点坐标的平面内，得到映射点 $P'(x,y)$。该过程用数学表达记作：$P'(x,y) = f_{projection}(P'(x,y))$。

（2）将映射点 $P'(x,y)$ 与事先记录的每个按键的坐标值比对，求得当前对应按下的按键值。该过程记作：$Key[n] = f_{mApping}(P'(x,y))$。

可能有人会问，为何不直接按照以激光发射器原点的坐标来表示每个按键的坐标？这样第一步的映射 $f_{projection}$ 就可以省略了。这的确也可以达到同样的效果，但是由于在组装上会存在误差，不能保证每次制作出来的成品激光发射器与键盘图案投射的位置完全一致，并且单个成品在使用过程中也会因为热胀冷缩等原因，使键盘图案发生偏移。一旦键盘图案发生了移动，则先前以这种方式记录的所有按键坐标都需要重新测量。但如果一开始就以键盘左上角为原点的方式记录坐标，则每次组装完成品或者发生图案偏移后，只需进行简单的矫正，求出一个新的 $f_{projection}$ 函数即可。

对于步骤（2）中的函数 f_{mApping}，一种简单的实现方式是依次按照前文例图中的判断代码对每个按键轮流计算，判断是否被“按下”。这种实现方式简单直观，但是性能较差。对于这类问题，可以使用 Kd- Tree 的数据结构进行快速地查找。

10.2.4 系统框图

前面我们解决了制作激光投影键盘的两个关键问题，这里将最终采用的方案的大致原理做出总结（如图 10.13 所示），方便大家理解。在实现过程部分，将具体就其中的实现细节做出介绍。框图中还包含了本制作的另一个功能——多点触摸绘图板，该部分也将在具体制作过程中介绍。

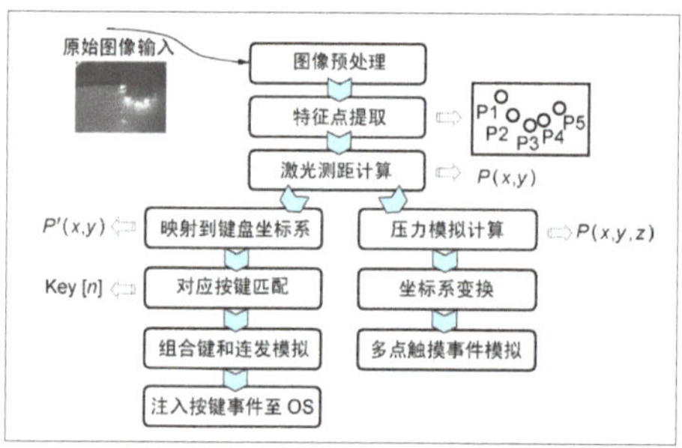

图 10.13　激光投影键盘的系统框图

10.3　激光投影键盘的制作过程

10.3.1　元器件选择

由前面的原理分析可知，本激光投影键盘至少需要摄像头、投射键盘画面的激光器以及一字线激光器。我选用的元器件如表 10.1 所示。

表 10.1　制作激光投影键盘所用的元器件

元器件	核心参数
摄像头	广角镜头，视角 >120°
投射键盘画面的激光器	无特殊要求
一字线激光器	红外激光器，功率 >50mW
红外带通滤光片	800nm 左右光谱带通

对于摄像头，一个比较关键的特性是需要采用广角镜头。目前的 USB 摄像头一般视角在 90° 左右，这样的摄像头需要在很高处俯视，才能拍摄到完整的激光键盘图案，如图 10.14 所示；如果想把本投影键盘制作得小巧，则需要采用广角镜头，视角最好在 120° 以上。

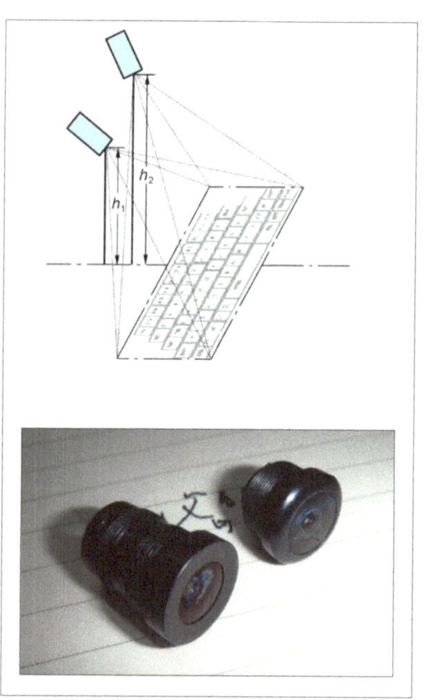

图 10.14　窄视角的摄像头需要安装在较高的位置。实物图为两种不同视角的摄像头镜头，左边为窄视角镜头，右边为广角镜头

除了镜头，摄像头本身没有特殊要求，一般市面上VGA画质的普通USB摄像头即可满足要求。我采用的镜头和摄像头如图10.15所示。

图10.15 USB摄像头模组

投射键盘图案的激光发射器模组前文已经提到，没有特殊要求，如图10.16所示。

图10.16 选用的激光键盘图案投射模组

用于测距的激光发射器只需要使用红外波段的一字线激光器，功率在50mW左右即可，如图10.17所示。出于安全考虑，不要使用功率过大的激光器。采用红外波段主要是为了过滤可见光干扰，简化视觉处理中的兴趣点提取，同时也不会因为手指反射对投射的键盘图案产生干扰。

图10.17 选用的红外线型激光器

10.3.2 摄像头改装

我在上一节中提到过使用红外激光器配合红外滤光片进行测距，可以有效地避免可见光干扰的技巧，在这里也仍旧适用。对此我们需要对摄像头镜头做一些改造，首先拆除镜头上的红外光截止滤光片，如图10.18所示，然后在镜头头部安装红外带通滤光片，如图10.19所示。

图10.18 拆除镜头内的红外截止滤光片

图10.19 在镜头表面安装红外带通滤光片

10.3.3 电子系统的制作

本制作的电子系统比较简单，仅仅涉及给两个激光发射器供电以及通过 USB 电缆连接摄像头至主机，并没有采用任何单片机，这也意味着之前原理部分所介绍的算法将完全在 PC 上实现。这样的优点是大幅降低了制作成本和制作的难度。如果使用的是免驱动 USB 摄像头，在 PC 上使用本激光投影键盘只需要额外运行处理程序即可。缺点是这样的设计无法给手机等不支持 USB 的设备使用。

由于摄像头已经使用了一条 USB 电缆，这里我们直接通过 USB 的 5V 供电来驱动另外两个激光器，电路很简单，如图 10.20 所示。可以看到电路的核心就是一个 3.3V 的 LDO 芯片，可以裁剪一个洞洞板制作，如图 10.21 所示。

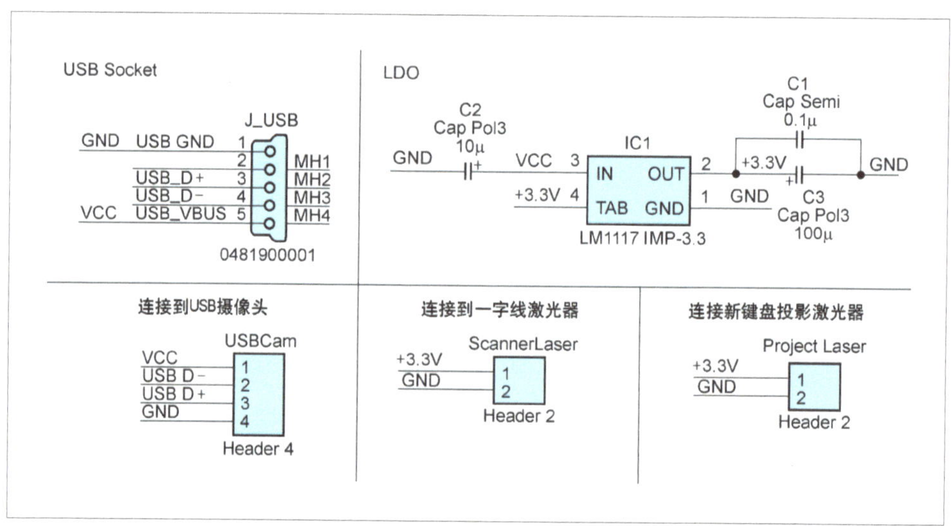

图 10.20 激光投影键盘的电路

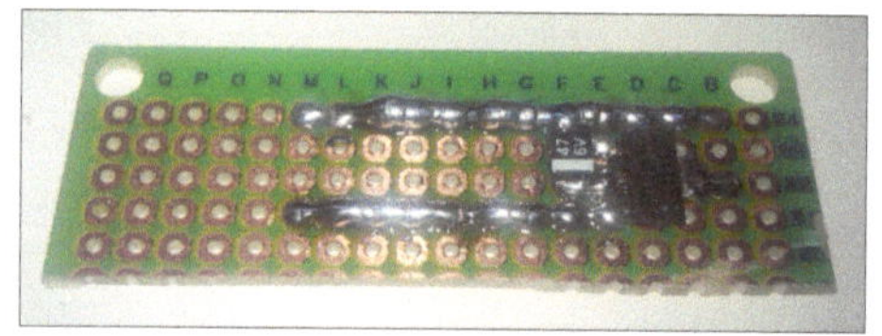

图 10.21 使用小块洞洞板制作简易的驱动电路

10.3.4 总体安装

由前面的分析可以得到如图 10.22 所示的安装结构。

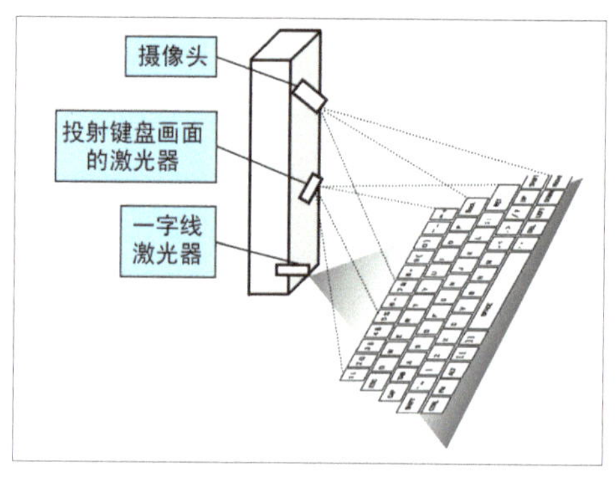

图 10.22 激光投影键盘的结构

其中线型激光器需要安装在设备的最底部并紧靠底部，这样可以保证产生的激光平面能够尽可能地靠近桌面平面。在激光器上方安装投射键盘图案的激光模组，它的高度以能够投射出与常规键盘尺寸大小类似的图案来决定。在最顶端安装摄像头，其高度以摄像头能够完整拍摄整个键盘图案画面为宜。

❶ 我使用一块轻质木材作为安装这 3 个部件的整体支架。将激光器安装在木板最底部，使用热熔胶固定。

❷ 安装图案投射模块和摄像头并尝试点亮。

❸ 在木板背面安装稳压电路板和所有供电连线。

❹ 将木板装入一个牢固的纸盒。

❺ 完成并通电测试。

❻ 在顶部加装一个保护罩，本制作的实体部分就组装完毕了，下期我们将介绍本制作的重点——视觉算法和程序的编制。

10.4 视觉算法的设计和程序的编写

10.4.1 前期视觉处理

由于本制作的视觉处理部分都在 PC 上进行，因此我使用了 OpenCV 库来加速视觉运算代码的开发。在进行原理部分提到的手指尖提取和坐标求解前，需要对摄像头捕获的原始画面做一些前期处理，方便后续的计算。

1. 镜头扭曲矫正

由于使用了广角镜头，摄像头拍摄到的画面会存在比较明显的扭曲，如图 10.23 所示。

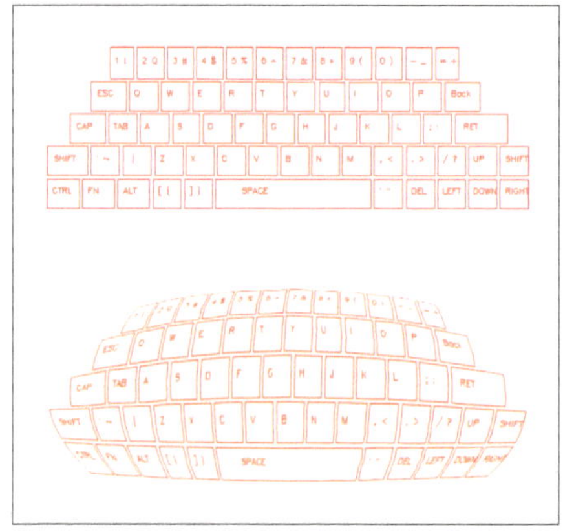

图 10.23 键盘图案通过广角镜头拍摄后产生了扭曲

这样扭曲的画面难以直接进行处理，需要计算出后续需要的坐标信息，因为这种扭曲变换是非线性的。因此这里首先需要对摄像头镜头进行校正。在之前的文章中对摄像头矫正技术进行过介绍，这里仍旧使用 MatLab 的摄像头校正工具进行校正。在 OpenCV 中也提供了相关函数和工具可以对摄像头校正，不过很多人反映相比 matlab 的算法，OpenCV 函数校正得到的结果略差。

在使用 Chessboard 图案完整校正后，可使用 OpenCV 的 cvInitUndistort-RectifyMap/cvRemap 函数通过校正数据将扭曲的画面重新修正，如图 10.24 所示。

图 10.24 将左侧广角镜头的原始画面进行扭曲修正，得到右侧画面

这里有一点需要注意，在先前的安装阶段，我们提到摄像头需要安装红外带通滤光片。但在安装滤光片后，由于可见光都被过滤，之后无法再进行上述的镜头校正，因此这部分的校正工作需要先于红外滤光片的安装。

2. 滤波

由于摄像头镜头加装了红外带通滤光片，可见光可以被有效地阻挡，因此在摄像头捕获的画面上基本只含有手指对红外激光的反射，如图 10.25 所示。

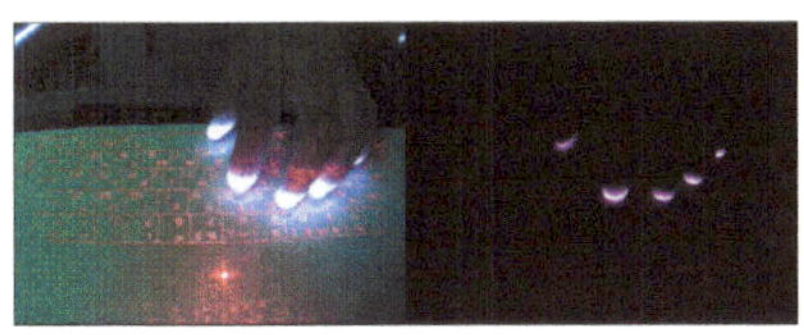

图 10.25　红外带通滤光片有效地过滤了可见光干扰

对于这样的画面，基本上可以直接进行后续的视觉处理，不过一般我们还需要额外进行几个步骤：灰度化、高斯滤波（Gauss Filter）、阈值化（Threshold）和形态学滤波（Morphology Filter）。

灰度化即将原先 RGB 色彩的彩色图像转化成灰度图，因为后续的视觉算法并不关心色彩信息，但需要反射光亮度，使用灰度表示后可以大幅加快处理速度。高斯滤波、阈值化、形态学滤波用于过滤画面中的噪点并且使得反射光斑变得平滑和连贯。如果不熟悉这部分概念，可以参考《Digital Image Processing》一书。这几步操作在 OpenCV 中均有对应函数可以实现。

图 10.26 展现了经过上述滤波算法后，手指尖激光反光光斑处理后的效果。可以看到，原先光斑外围的反射光干扰以及两个比较靠近的指尖之间“粘连”的光斑已经被有效地过滤掉了。通过一系列的滤波过程，我们可以很精确地求出指尖的坐标。

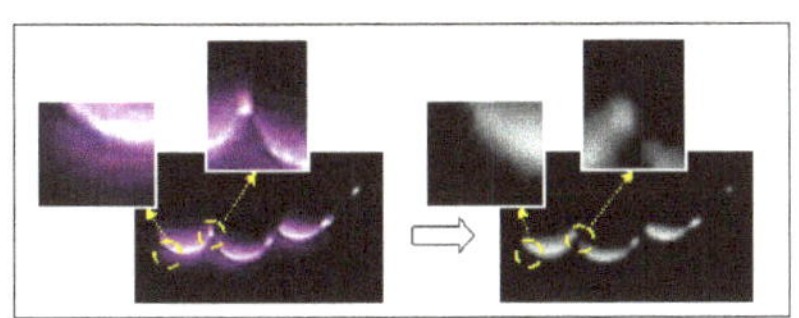

图 10.26　对图像进行各类滤波处理后的效果

10.4.2　兴趣点提取

可以使用 OpenCV 提供的 cvFind-Contours 对先前预处理得到的光斑画面进行轮廓提取，进而求解出每个光斑区域在图像中的位置，如图 10.27 所示。进一步，我们通过质心法并以光斑亮度作为权重，可以大致求解出每个指尖中心的大致坐标。虽然这个中心坐标未必真的在指尖中心，但相比简单的以光斑区域中心作为指尖中心的方法要精确很多。

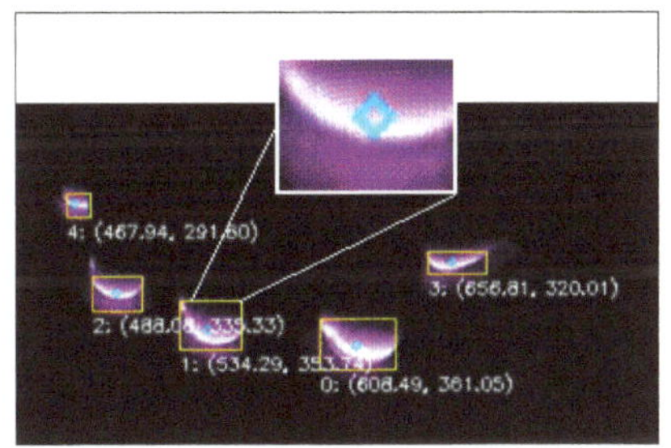

图 10.27　使用轮廓提取手段提取出来的手指区域坐标

10.4.3　手指坐标计算和校正

在得到了手指光斑中心点相对于画面的坐标之后，可以通过三角测距的方法，把手指在桌面平面内的坐标 $P(x,y)$ 求出来。该过程可以类比激光 3D 测距中的算法，如图 10.28 所示。

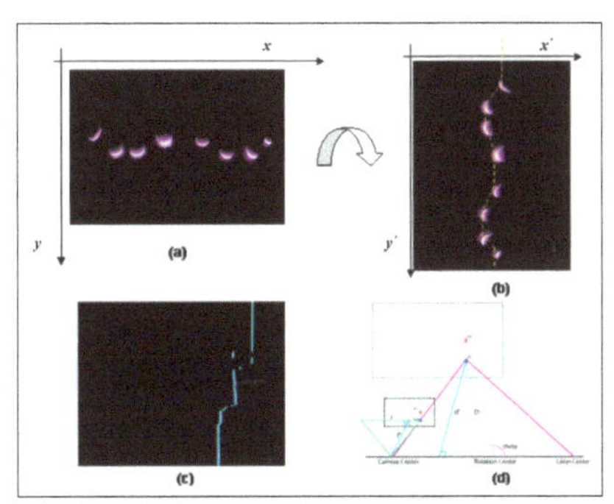

图 10.28　将指尖坐标求解问题转化成 3D 激光测距问题

我们可以把兴趣点画面顺时针旋转 90°，即将图像的 X 轴、Y 轴相互交换，并在兴趣点之间连接起直线，如图 10.28(b) 所示，就会发现这样的画面就和进行 3D 激光测距出现的激光扫描线类似，如图 10.28(c) 所示。因此，我们可以按照 3D 激光测距中推导的公式，求出画面中每个兴趣点的真实坐标（即以激光器为原点，桌面所在平面的坐标系为坐标）。

这部分的具体原理和公式推导请参考上一节。为了能够进行精确的激光测距，我们也需要像上一节中描述的那样对本制作进行校正，可以在投影键盘前方用直尺做测量，并进行曲线拟合，如图 10.29 所示。

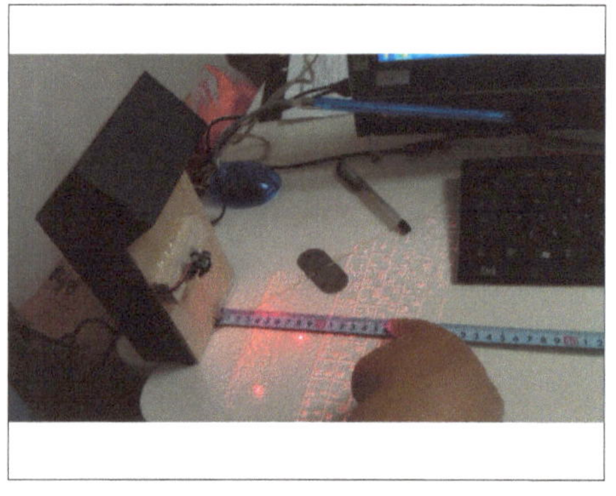

图 10.29 对激光测距部分进行校正

经过本轮运算，我们可以得到先前监测到的兴趣点在桌面平面坐标下的表示，测试坐标值具有了物理意义，均以毫米为单位表示，如图 10.30 所示。

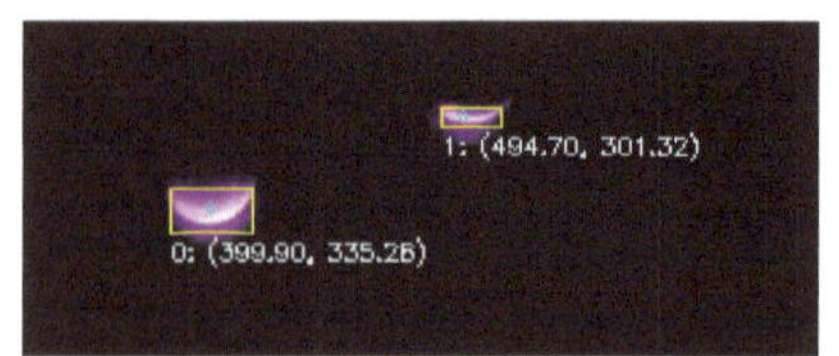

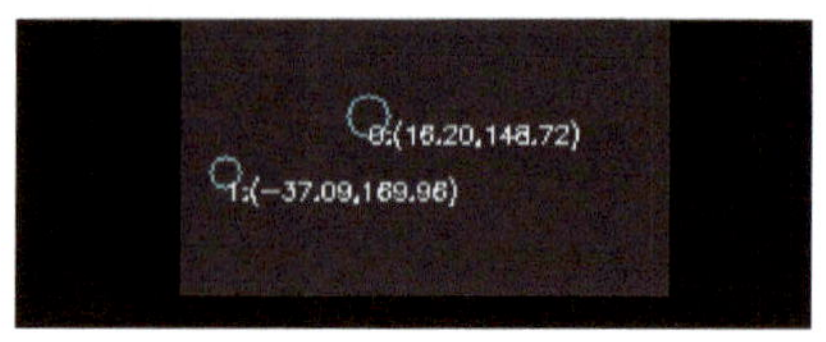

图 10.30 经过本轮运算，测试坐标值具有了物理意义，均以毫米为单位表示

10.4.4 按键映射和校正

在得到了以桌面坐标平面表示的指尖坐标 $P(x,y)$ 后，我们需要再进行校正，得到前文提到的映射函数：

$$P'(x,y) = f_{projection}(P'(x,y))$$

该部分的校正比较容易，可以将手指放置在键盘图案的某几个“按键”上，然后将当前的坐标 $P(x,y)$ 与所“按”“按键”在键盘图案的坐标 $P_{key}(x,y)$ 做一下对比。

在理想状态下，每个 $P(x,y)$ 与对应的 $P_{key}(x,y)$ 都偏差了一个固定的位移量 D。不过由于校正中会带来误差，每次测量时的偏差量 D' 与理想的位移量都存在一个误差偏移 D_{error}。即：$P_{key}(x,y) = P'(x,y)+D'+D_{error}$。

这里我们就可以采用多次测量，并以最小二乘拟合的方式把 D_{error} 给消除掉，得到近似于 D 的一个校正值。因此，这里的映射函数就是：$P'(x,y) = P(x,y)+D$。

另外，这里也需要把键盘图案的坐标事先保存下来。我直接对投影在桌面上的键盘图案进行了测量，并按照如图 10.31 所示的格式保存在程序当中。

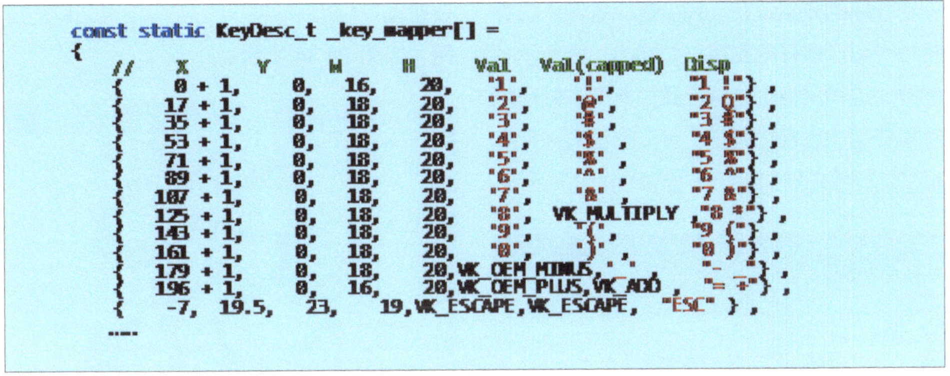

```
const static KeyDesc_t _key_mapper[] =
{
  //    X        Y     W     H     Val   Val(capped)  Disp
  {   0 + 1,    0,   16,   20,   '1',   '!',   "1 !"},
  {  17 + 1,    0,   18,   20,   '2',   '@',   "2 @"},
  {  35 + 1,    0,   18,   20,   '3',   '#',   "3 #"},
  {  53 + 1,    0,   18,   20,   '4',   '$',   "4 $"},
  {  71 + 1,    0,   18,   20,   '5',   '%',   "5 %"},
  {  89 + 1,    0,   18,   20,   '6',   '^',   "6 ^"},
  { 107 + 1,    0,   18,   20,   '7',   '&',   "7 &"},
  { 125 + 1,    0,   18,   20,   '8',  VK_MULTIPLY ,"8 *"},
  { 143 + 1,    0,   18,   20,   '9',   '(',   "9 ("},
  { 161 + 1,    0,   18,   20,   '0',   ')',   "0 )"},
  { 179 + 1,    0,   18,   20,VK_OEM_MINUS,'_',   "- _"},
  { 196 + 1,    0,   16,   20,VK_OEM_PLUS,VK_ADD ,  "= +"},
  {   -7,   19.5,   23,   19,VK_ESCAPE,VK_ESCAPE,  "ESC" },
  ....
```

图 10.31　使用一维数组，保存每个按键中心点的坐标 (*x*,*y*)、按键的尺寸以及按键的键值

在有了上述数据后，一方面我们可以使用 Kd- tree 来快速查找到所按下的按键 ID，即前文所说的函数。

这里的在我的实现中，就是一个 Kd-tree。相比循环查找的 $O(n)$ 复杂度，Kd-tree 可以在 $O(\log(n))$ 的时间复杂度下，找到距离点 $P'(x,y)$ 最接近的元素，因此效率非常高。

目前 OpenCV 中提供了 Kd- tree 的实现，不过我在使用过程中遇到了诸多问题，尤其是它可能会导致程序崩溃，因此我使用了由 Martin F. Krafft 开发的基于 C++ 模板的 Kd- tree 实现 libkdtree++。

得到键盘图案坐标的另一个好处是可以在 PC 上重新绘制出一个软键盘，用于提示当前“按下”的按键，提高使用体验，如图 10.32 所示。

图 10.32　将坐标映射到对应“按下”的按键，并提供视觉反馈

10.4.5　键盘事件模拟注入

在得到用户按下键盘按键的信息后，就要考虑将这些按键注入到当前的系统中，使得我们的投影键盘能够作为一个真正的键盘来使用。这里我没有采用最直接的编写系统驱动程序的办法，虽然那样性能最好、最直接，但会额外增加制作时间。我采用了 Windows 系统提供的 SendInput API 向系统注入键盘事件。

该 API 允许应用程序向整个系统注入任意的键盘事件，在实际效果上，已经和编写

驱动程序的效果没有区别，像系统输入法等特性也可以很好地支持，如图 10.33 所示。另外，这样做也可以保证我们所有的处理程序都在用户态模式运行，可以很容易地把我们的代码移植到 Mac OS 或者 Linux 下运行。

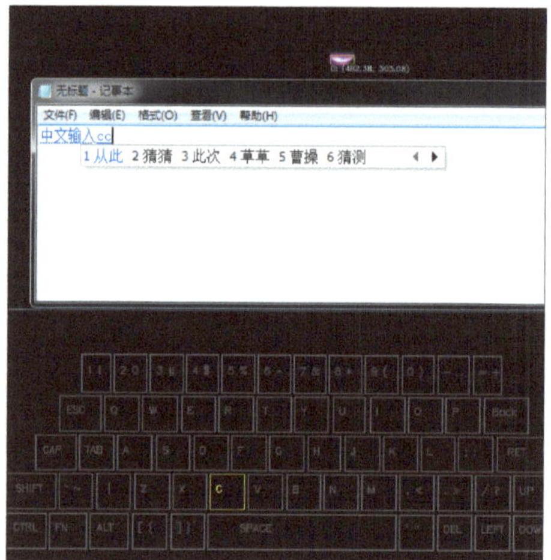

图 10.33　本制作可以很好地使用中文输入法

不过前面我们得到的按下按键信息还不能直接注入到系统，还需要额外处理如下两件逻辑：模拟组合键、模拟连发事件。

对于组合键的模拟其实比较容易，一方面我们的设计可以保证多按键同时输入，对于 Ctrl+C 这样的组合键，不需要做额外处理，只要将当前的实际按键传输给 OS 即可。而对于键盘的功能键，比如 Fn+F1 这种特殊用途的按键，就需要编写程序特殊实现。

对于连发事件，OS 就没有提供什么特殊帮助了，需要我们自己来模拟。

10.4.6　检测手指对桌面的压力与多点触摸板应用

在本制作的介绍视频中，我演示了本制作可以检测出手指对桌面的“压力”，从而在绘图板应用中能够产生不同粗细画笔的应用，如图 10.34 所示。

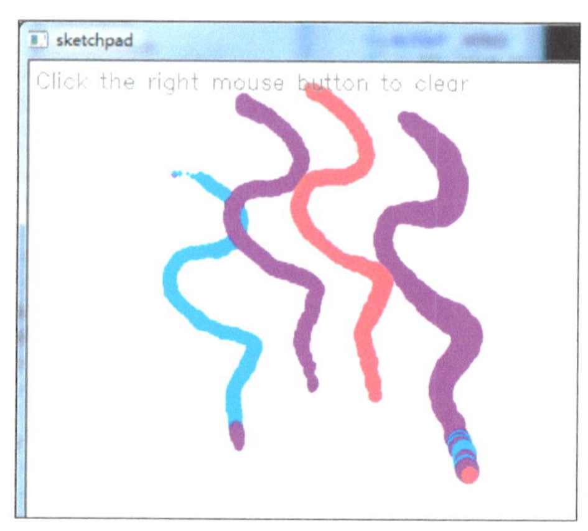

图 10.34　本制作的另一应用——多点绘图板

在图 10.34 中，可以发现绘制的线条的粗细不是固定的，线条的粗细是正是通过估算手指对桌面的“压力”决定的。

在前文原理介绍中已经知道，我们无法真正得到手指对桌面的压力，一切的信息都是通过摄像头的画面捕捉得来的。这里估算的压力，是通过先前兴趣点提取阶段计算出的光斑面积得出的，如图 10.35 所示。

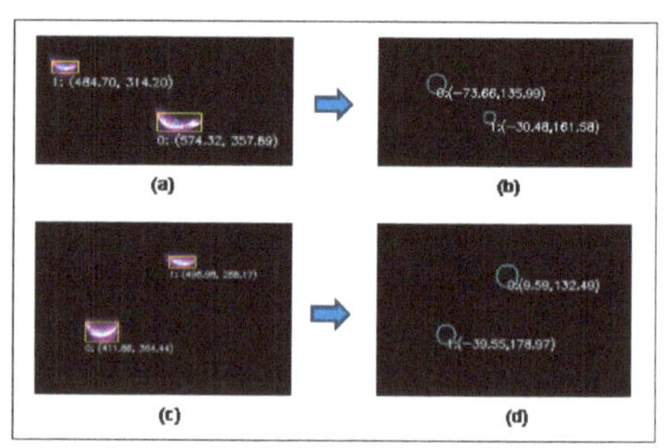

图 10.35　通过兴趣点区域面积估算“压力”

如图 10.35（b）所示，程序使用了不同直径的圆圈表示两个投影点对应手指的不同“压力”。而参考它们所对应的兴趣点尺寸（a）可以发现，面积比较大的兴趣点区域，往往也被认为“压力”比较大（注意两个画面是上下颠倒关系）。

这样的估算其实也有一定的现实依据，因为当手指紧压桌面时候，指尖反射激光的面积会变大。不过直接使用面积大小作为压力大小就会出现问题。就如图 10.35（c）所示，从兴趣点面积看，画面下侧的兴趣点面积显然比上边的大很多。不过这未必是因为对应的一个手指用力压着桌面而另一个没有用力造成的。大家都知道按照投影变换，距离镜头比较远的物体就算尺寸相同，也会显得比较小。在这里，两个兴趣点也是同样的情况，所设计的算法需要考虑到这个问题，得到尽可能真实的“压力”估算，本算法最终估算的两者“压力”几乎一样，如图 10.35（d）所示。

这里采用的手段很简单，因为我们可以通过三角测距原则计算出画面中任意点的真实物理坐标，因此可以摆脱投影变换的干扰。具体做法是除了每个兴趣点中心区域求解对应的物理坐标 $P(x,y)$ 之外，我们对兴趣区域边框上的某一个点也求出它的真实坐标 $P_2(x,y)$。由于 $P(x,y)$ 和 $P_2(x,y)$ 反应了真实世界的两点坐标，用它们之间的距离就可以比较真实地估算出手指的“压力”，如图 10.36 所示。

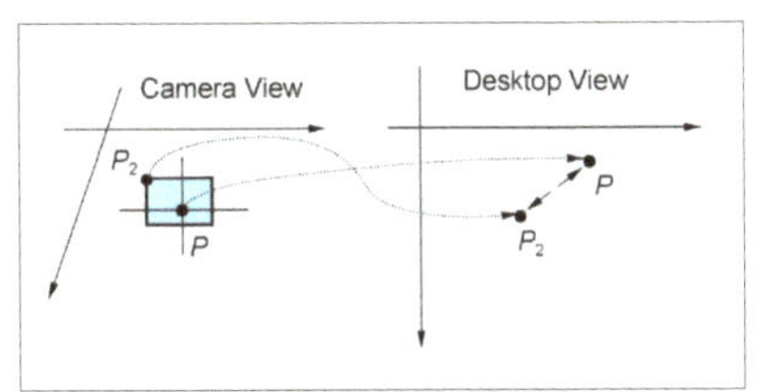

图 10.36 将兴趣点和兴趣区域边缘一点分别进行测距求解坐标，并以物理坐标点之间的距离估算“压力”

10.4.7 程序总体界面和完成图

完成了上述几个核心功能后，我用 OpenCV 的绘图功能做了一个简易的程序界面，前面提到的每个处理状态都会实时在界面中展现，如图 10.37 所示。制作就此大功告成！实际应用时的场景如图 10.38 所示。

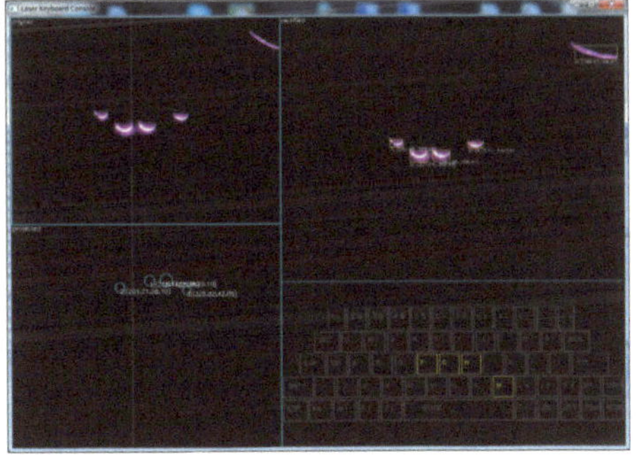

图 10.37 程序界面

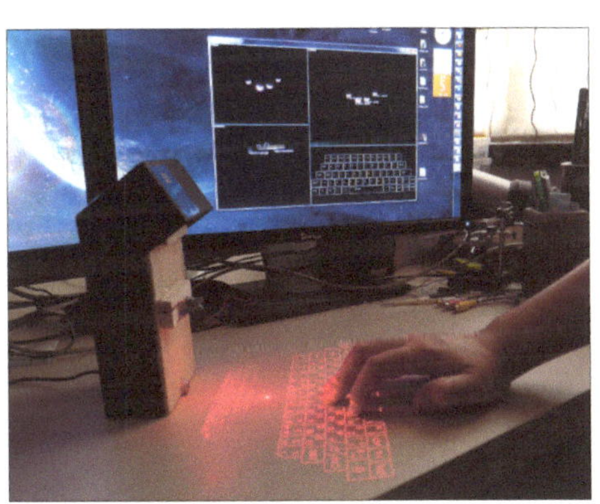

图 10.38 实际应用时的场景

10.5 讨论和下一步工作

10.5.1 成本分析

本次制作的成本还是比较低廉的，所有用到的材料和大致价格如表 10.2 所示，总成本在 120 元左右，相比市场上销售的成品而言，这样的成本是非常有优势的。

表 10.2　制作所用的材料和大致价格

材料	参考价格（元）
摄像头	30
键盘图案激光发射模块	45
红外一字线激光器	30
红外带通滤光片	15
其他电子元器件	3
外壳和木板	5
总计	128

10.5.2　性能评价

虽然制作成本低廉，但得益于在算法上的优势，本激光投影键盘的性能并不差（见表 10.3）。我并没有用过市场上销售的激光投影键盘产品，因此无法与它们做出比较，这里就单独按照我自己的使用感受做出评价。

表 10.3　自制激光投影键盘的性能

性能指标	描述
反应速度	30Hz
最多同时输入的按键（多点触摸点数）	无穷多（软件目前限制在 10 点）
分辨率	0.1mm
最大测距误差	2mm
传输协议	USB

得益于测距算法，该激光键盘可以识别出 0.1mm 的细微手指移动，并且通过校正可以达到 2mm 的最大误差水平。另外理论上通过视觉定位算法，本制作可以支持任意多个按键同时输入。而在输入响应速度上，由于采用的 USB 摄像头是 30 帧 / 秒的，所以本键盘的最快响应频率就是 30Hz，这虽然不敌传统键盘 100Hz 以上的速度，但日常使用是足够了。

不过由于不是实体键盘，无法提供物理反馈，因此无法进行盲打，输入速度也不够快。这点我相信市售产品也有同样的问题。就我们这个 DIY 作品来说，相信它应该是一个成功的作品。

10.5.3　下一步工作

虽然本制作已经圆满达到当初的设计要求，不过还有不少可以改善的地方。这里我就当是抛砖引玉给大家一个借鉴，欢迎大家在此基础上做出更多的扩展。

装置尺寸就有很多可以改进的余地，比如大家会发现本制作的体积要比市售产品大很多，这主要是因为我们采用的摄像头镜头的视角仍旧不够大，需要安装在较高的高度上。

就定位算法而言，其实也有不少可以优化的地方，比如我们未必需要那么高精度的激光定位数据，如果只是简单地作为键盘输入的话，可以降低测距精度，或者完全使用其他算法来实现按键识别的过程。

另外，目前的设计需要在 PC 上进行所有的视觉运算，这样的好处是大幅降低了制作成本和难度，但缺点也很明显——无法在手机等设备上使用。当然，现在的智能手机一般带有 USB OTG 功能，可以外接 USB 设备，同时 OpenCV 也可以在使用 Android、iOS 等操作系统的移动设备上运行，因此本制作仍旧可以通过移植运行在这些移动设备上。不过如果将这些算法移植到嵌入式芯片，比如 DSP 或者 ARM 内，则可以完全摆脱对 PC 的依赖，键盘自身就可处理所有视觉计算并直接输出按键事件，也可以加装 Wi- Fi 或者蓝牙，做成无线传输。其实这并不是个遥不可及的改进，那样的话，我们的制作就足以与 Celluon 的产品竞争了。

谁都可以做微型激光雕刻机

◇孙帅（BH1KZK）

大概 3 年前，我在网上看到了一篇自制激光雕刻机的文章，当时就开始手痒了，准备自己做一个玩。之后我到处找废旧的光驱，记得至少拆了 5 个。有人说 DVD 刻录机的激光器可以使用，但是鉴于拆解激光器的难度，我认为使用更加成熟的成品激光器会更好。不过如果真的资金有限，或者有较多没用的 DVD 刻录机，你也可以取出激光器试试，至少用激光器点火柴还是很好用的。当时连万能的网上也买不到 Easydriver 这个光驱电机的驱动电路，所以只好自己 DIY 了，而后我又忙于工作，最终只能把一堆乱七八糟的零件丢在一个大盒子里放到了柜子顶上。

直到我偶然又在网上看到了一篇关于用激光切割机制作木质结构的文章，而此时我的家人正在准备把我的那些“破烂”（我也不知道该不该加引号，因为也许只有我才认为那些不是破烂。）清理掉，那 5 个可怜的光驱里的配件散落了一地。叮！这时就像电视里演的那样，爱迪生先生的灯泡突然在我头上出现了：“为什么这些材料要被清理掉？为什么不拿它们做一个可以摆在八宝阁上展示我才华的作品？为什么非要冷冰冰的雕刻机，而不是用更自然些的木质来制作？”于是，一个木制的激光雕刻机在我的大脑中渐渐成形！

接下来让我们一点一点地将想法变成现实。让家人也给我们一个“赞”！

11.1 电机驱动电路的制作

互联网是个好东西，虽然知识不会自己跑到我们的脑子里，但很多我们想知道的答案都可以在网上找到。费了些工夫，Easydriver 的电路板图、原理图和元器件清单便出现在了我的面前。这就是开源的好处，我们可以很方便地去学习前辈的经验，制作出更精彩的东西。多交流才能更快进步，不要总是闭门造车。

虽然有了 Easydriver 的相关资料，但是它的 PCB 文件并不是用 Protel 等国内常用软件制作的，而是使用 CadSoft Eagle 这个免费的 PCB 设计软件制作的。所以当我把文件直接发给国内的 PCB 加工厂时，他们都说无法直接使用，还要我自己转换，希望国内的企业能与时俱进一点。

好吧，既然国内的厂商没时间转，只好我们自己动手，问题是这个软件我也才接触不久，不会弄怎么办？有问题就到网上搜！记得我最先使用的关键词是“Eagle 导出可加工文件”，在网上转来转去之后，终于弄明白，转换成 Gerber 格式，PCB 加工厂家就可以直接加工出成品了。

大多数时候，得到的答案并不能直接解决问题，就像现在我知道了应该把 Eagle 的文件转换为 Gerber 格式，但是如何做还是不知道。不过通过之前的答案，我知道了下一个问题该去问什么。这就像一位培训讲师曾经说的：“对于一个困难，我们去问个问题还无法解决困难的话，再对这个问题提出更进一步的问题，这样一个接着一个地去问 4 个问题，解决方法一般就出现在我们面前了。”

当我问了一堆问题之后，一篇非常优秀的文章出现在了我面前：《使用 Eagle 导出国内 PCB 制板商可用的 Gerber 文件》。文章非常详细地介绍了操作过程，有兴趣的读者可以自行查阅，自己找的印象会更深刻。将生成的 Gerber 文件打包，发送给 PCB 厂家，过几天你就能收到你自己制作的 Easydriver 的 PCB 了。零件怎么办？直接发到网上，让卖家给配好不就完了！

接下来才是痛苦的过程：焊接！由于板子大多采用贴片元器件，元器件的个头实在是小得让人头疼，尖头镊子和放大镜是一定不能少的。电烙铁我推荐使用尖头的，越尖越好。焊锡我也是采用比较细的，这样焊锡的用量比较好控制。我的经验是先把贴片的其中一个焊盘焊上少量焊锡，然后用尖头镊子夹着元器件焊上一边并摆好位置，然后再将元器件另一边焊上少量焊锡。当焊接完成之后，一定要用放大镜仔细检查一下，有条件的话可以使用万用表再确认一下焊接情况，在确认没有焊错位置、漏焊、短路等错误之后，才可以上电测试。如果你自己制作电路板完全没有问题的话，可以自己制作，我当时也做了一批（做一个的成本实在有点不划算）。我推荐在制作的过程中做一步测试一步，确定没有问题之后再进行下一步，这样可以在第一时间找到存在问题的地方，一次制作成功，免得组装完成后还要再拆解寻找问题所在。这也是我们做工作坊时总结的经验。Easydriver 的引脚定义如图 11.1 所示。

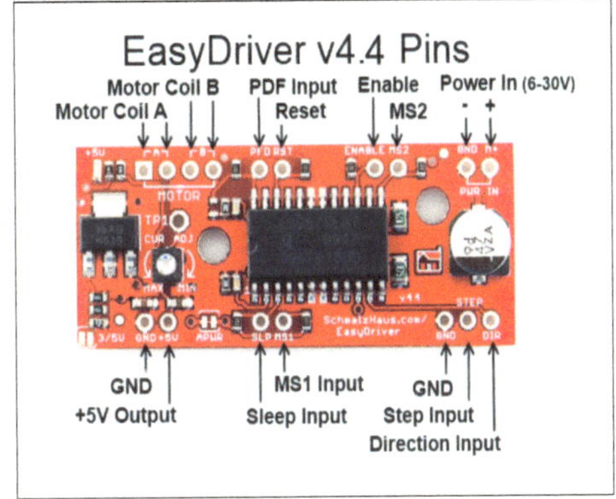

图 11.1　Easydriver 的引脚定义

11.2　电机驱动电路的测试

测试主要是看是否可以通过 Arduino 正常驱动光驱电机（Arduino 板载接口使用定义见图 11.2），通电前要确认一下接线是否正确。测试接线图如图 11.3 所示。这里有个小技巧：在线上贴上标签，会使连线更加简便、快捷（见图 11.4）。

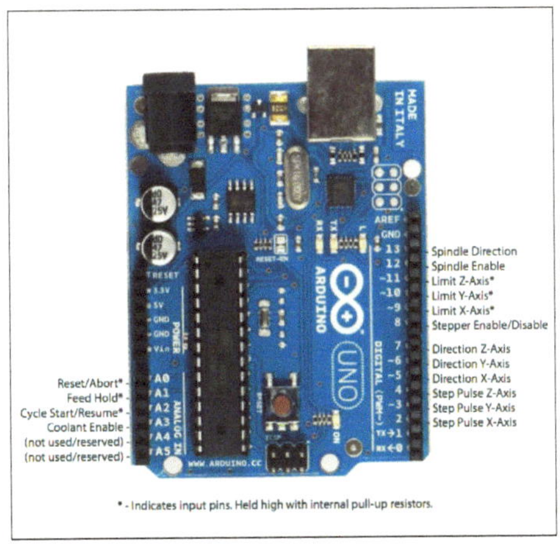

图 11.2　Arduino 板载接口使用定义

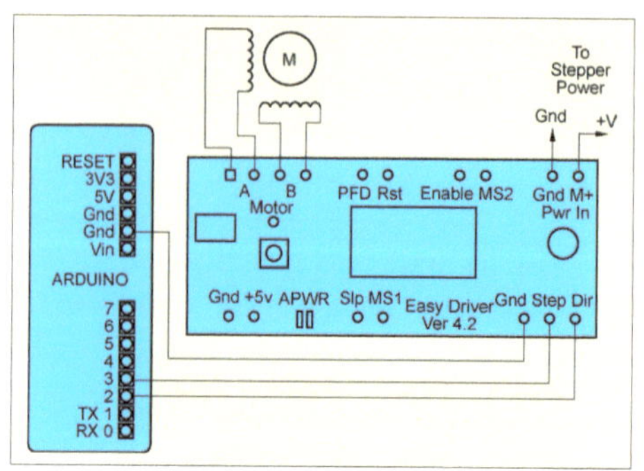

■ 图 11.3　测试接线图

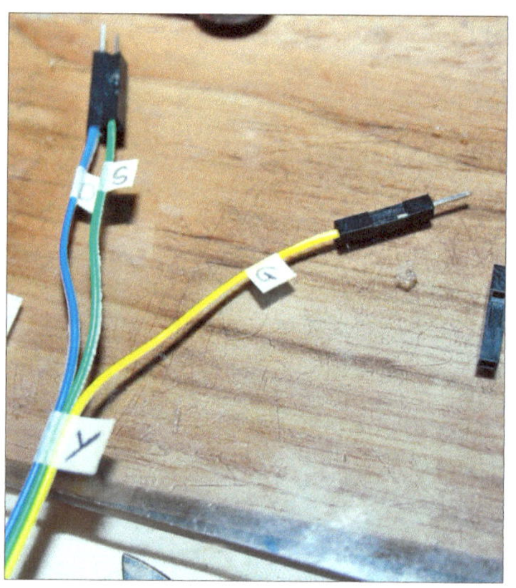

■ 图 11.4　在线上贴上标签，会使连线更加简便、快捷

11.3　木质机身的设计与制作

完成测试后，就已经完成了整个项目的1/3。之后我们就要开始设计木质机身，我使用的是 AutoCAD 软件。首先设计一个可以安放电路系统的基座，将电路系统固定在一整块木板上。然后是电机的行程部分，因为我们使用的是光驱的步进电机，所以可以设计得很小巧，这里采用了很常见的龙门结构。因为激光雕刻机在加工中只通过激光作用在被加工物上，没有像车床、铣床那样的硬碰硬的接触，所以不必将这个结构设计得那么厚重。基础结构设计完成之后，就可以加入你自己喜欢的元素，例如加工平台我喜欢使用像蜂巢一样的六角形孔，这象征着创客们的辛勤创造，你也可以设计出拥有自己风格、独一无二的作品。

整机的结构我设计了两个款式，一个是复古风，看上去古朴典雅；另一个是现代的简约风格，读者可以作为参考（见图 11.5）。

■ 图 11.5　作者和两个版本的微型激光雕刻机

设计完成后就要动手加工了，由于我设计的是拼插结构，对外形尺寸有一定要求，所以选用的加工方式是激光切割，材料使用的是模型上常用的那种木板（见图 11.6）。说到木质机身的制作，在此我不得不提一下北京创客空间和宣国芹的智造工坊。

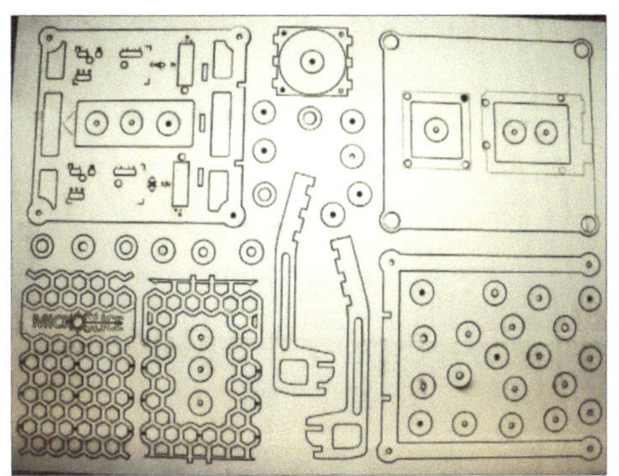

图 11.6　激光切割的部分零部件图

北京创客空间拥有一个开放的实验室平台，让艺术家、设计师、软硬件高手、DIY 达人，甚至普通人都有机会提出他们的想法，认识志同道合的朋友，运用和发展现有的开源和学术研究成果来把这些想法变成现实，并开放成果供他人进一步研究，同时坚持不懈地尝试将创新成果运用到现实生活中。而且，这里也提供独特的学习机会和项目孵化。

创客宣国芹的智造工坊提供了丰富多样的加工设备和入门课程，除了 AutoCAD、Pro /E 等 3D 建模软件课程，也有各种与制造设备相关的操作指导。各种实践课程将帮助你把设计和制造融合在一起，给你提供完整的产品制造经验。

我很庆幸在北京创客空间认识了宣国芹，当我需要用大型的激光雕刻机制作机架时，他毫不犹豫地将我的图纸变成了加工好的零件，在第一时间发给我，而后又参与了激光雕刻机的设计改进工作，给了我极大的帮助。如果没有他，大家将无法见到这篇文章。

零部件的拼接很简单，只要遵循由内向外拼插制作的原则即可。先拼插好部件（见图 11.7、图 11.8），然后将电路安装好（见图 11.9），再统一组装起来即可（见图 11.10、图 11.11）。拼图过程很有意思，记得要亲自动手拼一遍再进行粘合，避免先粘好了后面的步骤，之前的就无法组装了。

整体拼装好后，这就是一件艺术品了，完全可以拿来做摆件，记得向家人炫耀一下我们的成果。至此，我们完成了整个项目的 2/3。

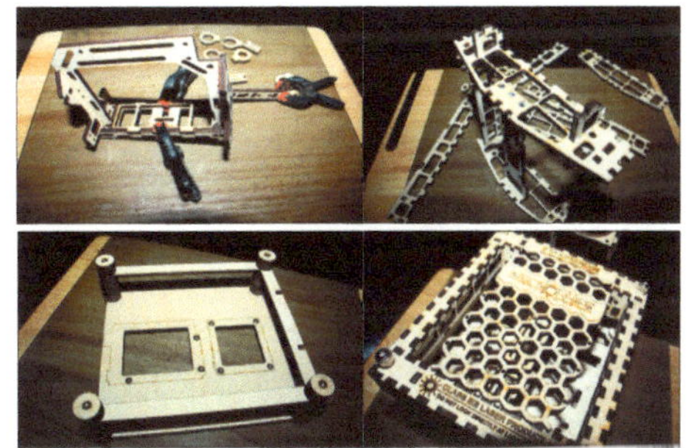

图 11.7　零件拼接和粘贴

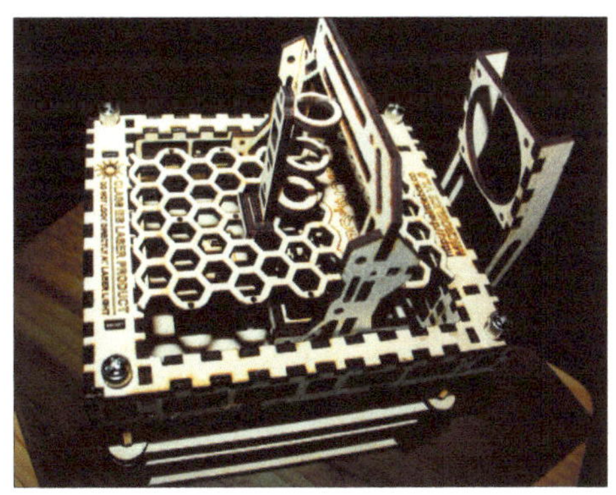

图 11.8　零件拼接和粘贴完成

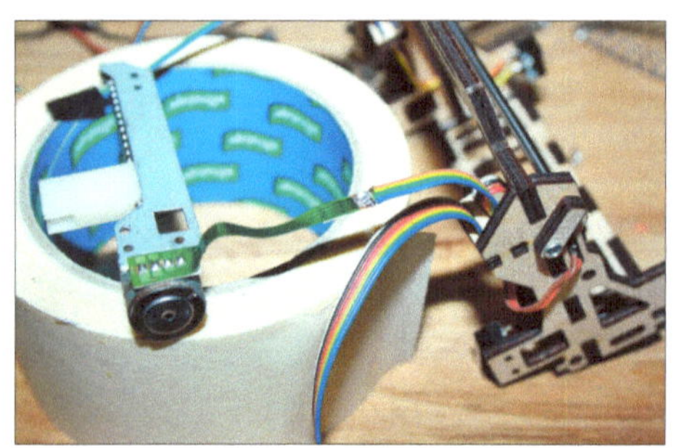
图 11.9　焊接电机引线

图 11.10　龙门 *X* 轴组装完成

图 11.11　手工布线

11.4　设计思路

设备已经组装完成，我们再来了解一下原理与使用。CNC 加工的原理是：点动成线，线动成面，面动成体。激光加工设备就像是一支笔，可以在我们要加工的材料上“作画”。让我们更加详细地描述一下：例如我们要在加工材料上画一个边长 1cm 的正方形，先要拿着笔移动到正方形的起点，然后落笔开始画第一条横线，落笔的过程对应打开激光器的过程，这时我们有了一个点；然后画一条直线，即让其中一个电机运动 1cm（X=1cm）；接着画一条与其垂直的线，即让另一个电机运动 1cm（Y=1cm）；而后再画与第一条线方向相反的线，即换回第一个电机，向相反方向运动 1cm（X=－1cm）；接下来换第二个电机，也向相反方向运动 1cm（Y=－1cm）；最后提笔，也就是关闭激光器，这样一个正方形就画好了。如果我们想画斜线，只需要让两个电机同时动作就可以了。

其实这就是机械加工的基础语言，我们只要告诉机器两个条件：一个是要往哪个方向运动，另一个是运动多少距离。这样机器就能按照要求制作出我们想要的作品了。了解了这个过程，你就学会入门级别的 G 代码了。G 代码还有画圆等更多命令，有兴趣的读者可以自行实验。

这个微型激光雕刻机可以运行标准的 G 代码程序，所以一些机械加工软件生成的 G 代码加工文件都可以使用，需要注意的就是一定要设置好加工的尺寸，毕竟这台机器可以加工的尺寸范围相对于大型的 CNC 设备来说还是比较小的。如果加工出的作品有问题，或者在加工时机子总是“嘎嘎嘎”地响，一般是软件设置的加工尺寸超出了机器所能加工的极限尺寸。

我们还要让这个激光雕刻机能够听懂我们的语言，所以需要一个处理器，一个微型的电脑——单片机。单片机还要有很多的外围电路才能正常工作，弄不好还容易烧毁，为了使项目更加简单，我们使用当下流行的 Arduino 作为处理系统，它所要做的工作就是将我们编写的 G 代码转换为对应的电信号，让电机知道往哪个方向运动，运动多少步数。

如何让我们设计图上的 1mm 在设备上也同样运行 1mm 呢？我们需要知道步进电机一步转多少角度，这在网上一搜资料就知道了。例如我们采用的光驱的步进电机的单步转角是 18°。很大是吧？没关系，我们还有 Easydriver 驱动，它可以将电机的单步转角进一步细化。通过 Easydriver 的说明可以知道，这块驱动板可以将步进电机的一步细分为 1/4、1/8 或是 1/16，这样最小可以得到的单步转角为 1.125°，相信这已经足够了。

这里我们有个简单的公式：

每毫米动作步数 =360÷ 电机的单步转角 × 驱动板细分数（16/8/4/1）÷ 螺杆螺距（每转行程）

举个例子，若步进电机单步转角为 18°，EasyDrivers 细分为 8 微步（MS1 和 MS2 连接到 +5V），螺杆螺距为 3mm，则电机每运行 53.33 步，激光器实际行走的距离是 1mm。

当你制作自己的机械结构时，可以根据你使用的步进电机和螺杆计算出机器的参数。

如果你是头一次做，我推荐两个比较简单的软件供你使用。设计和生成 G 代码使用 Inkscape，这是一个开源的矢量图形编辑器，功能类似 Illustrator、CorelDraw 或 Xara X，使用 W3C 标准的可缩放矢量图形（SVG）的格式存储文件。将代码从电脑传给激光雕刻机则使用 Grbl Contrller。这两款软件的具体使用方法可以在网上找到。

11.5 整机测试

在正式运行前，请测试电机运动方向是否和软件设置一致，若不一致，请调换接线顺序。如果测试时发生步进电机过热的情况，请按如下办法解决。

这个简化的系统上并没有使用 Easydriver 上的休眠功能，所以当我们接通电源时，电机即使没有转动，事实上也已经有工作电流，所以在不加工时请拔掉电源。

有时我们加工一个作品，只用了几十秒，电机就已经发热严重了，烫得都没有办法用手摸了，这有可能是因为供给电机的电流太大了，我们需要按照 Easydriver 的说明，用万用表测量着来调节 Easydriver 上的可调电位器（见图 11.12）。这个电位器的调节标准可能因所使用的电机不同而不同，所以请根据实际情况进行调节。电流过大时，电机非常容易发热；电流过小时，电机转动没有力量或无法正常转动。

图 11.12 电路调整中

整机运动测试完成后，我们就可以开始调试激光器的焦距了。焦距的调整关系到能否在工件上留下加工痕迹，所以非常重要。切记，这一步一定要佩戴防护眼镜才可以进行操作！

调试的过程其实很简单，将一块牛皮纸放到加工平台，一定要放平。然后戴上防护眼镜，打开激光器，这时可以看到激光在牛皮纸上的投影，一般是个圆形。之后我们调节激光器最前端的旋钮，这个旋钮可以向左或者向右旋转，你可以随意向一边旋转，但要注意不要将调节旋钮完全旋出，以免激光器内部部件丢失。要调到什么程度才算最好呢？就像我们玩放大镜点火柴那样，投影的点越小越好。我的经验是：戴着护目镜看，牛皮纸有烟产生了就很好了。调整到最好时，会看到投影不是一个红色的点，而是一个很亮的白点。

关于可加工的材料，目前我们已经尝试过的材料有 A4 打印纸、牛皮纸、木材、皮革、吹塑板、亚克力板等各种材料（见图 11.13、图 11.14），你也可以尝试各种其他材料，但一定要用尽量平整的材料，否则有可能发生雕刻深度不一致的情况，因为激光器对焦时就等于已经设定好了一个加工的平面范围。

我推荐使用深色的材料进行加工，这样材料反射激光，消耗的能量更少，激光的能量效率更好。都调整好后，就可以载入代码、放好纸板、接通机器 USB 线和电源，尽情地享受创作的乐趣了。我的最好记录是在火柴棍上雕刻英文单词，期待看到大家的作品！

图 11.13 正在测试雕刻效果

图 11.14 正在加工中

注意事项

（1）测试及调试激光器时，必须要戴防护眼镜，没有专用的，也至少要戴上焊工的防护眼镜，以免激光伤害眼睛。

（2）为延长激光器使用寿命，请在不加工时关闭激光器。

（3）禁止长时间点亮激光器，以免激光器过热烧毁。激光器过热也将直接导致激光器寿命快速减少，应尽量避免长时间开启激光器，如有必要请增加散热装置。

（4）严禁用激光器直射人和动物的眼睛！直射将造成不可修复的损伤，切记！

11.6 未来的改进

当无线这么盛行时，为什么我们做的东西还要有数据线？微型激光雕刻机将考虑采用蓝牙、Wi- Fi 等无线数据传输方式。

我们有一个东西要做好多个，为什么每一回都要占用电脑，我的电脑在加工时还要玩游戏呢，难不成让我傻等着？我们可以做个能直接读取 SD 卡、U 盘中文件的微型激光雕刻机，甚至弄个手机的 App，直接在手机上画出图形，就可以传到机器上雕刻出来。

我们做出了这样小巧玲珑的激光雕刻机，虽然可爱，但是只能加工比较小的作品，为什么我们不做个大一点的呢？我们正在努力，让大家像买一件拼插家具一样简单地制作一台桌面型激光雕刻机。

演示视频

http://v.youku.com/v_show/id_XNjM2MzUzMjM2.html

12 1000 元自制并联臂 3D 打印机

◇赵义鹏

3D 打印机是一种增材制造技术，通过对原材料逐层打印的方式来构造物体。3D 打印机依照结构划分，可分为串联组合机构型和并联组合机构型。下面先简单说说这两个机构的区别。

市场上最常见的 3D 打印机采用的是串联组合机构（见图 12.1），即打印机的 3 个运动机构顺次相连。如果将最开始的机构固定，那么只有一个机构与执行末端相连。图 12.1 中的 3 个杆代表 3 个运动机构，A 点代表运动末端，B 代表最开始的机构。

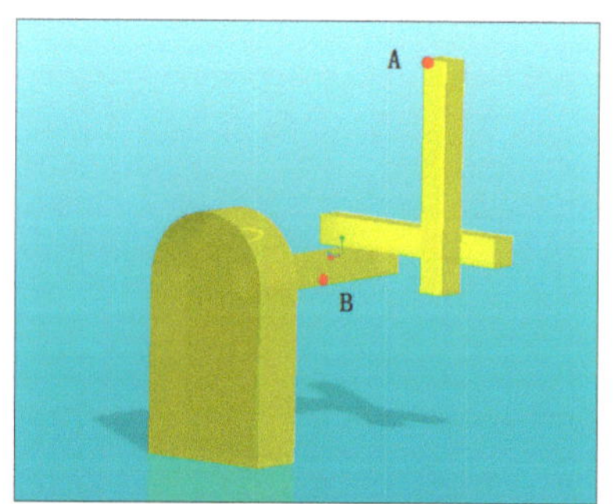

图 12.1 串联组合机构示意图

相对于串联组合机构而言，并联组合机构就是每个机构都直接与运动末端相连（见图 12.2）。图 12.2 中底下的圆盘代表机座，上面的圆盘代表运动末端。这样的组合机构，缩短了单个机构和执行末端的距离。

使用并联组合机构的 3D 打印机又称并联臂 3D 打印机。并联臂 3D 打印机相比于串联组合机构的打印机，打印速度更快，结构更简单。实际上最吸引我，并让我决定制作并联臂 3D 打印机的，还是它独特、优美的结构。我用了将近 3 个月的时间做的打印机如图 12.3 所示。

图 12.2 并联组合机构示意图

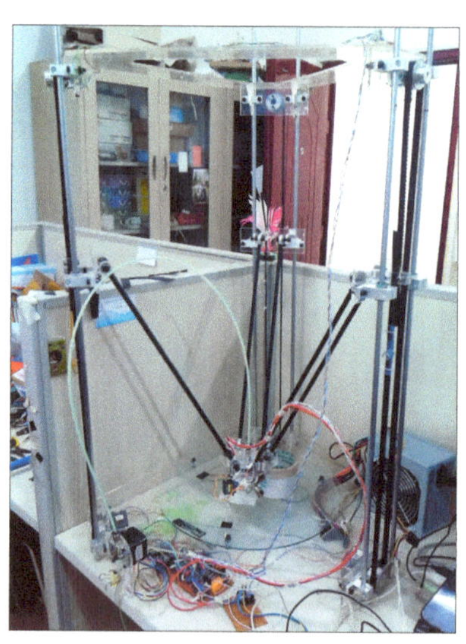

图 12.3 并联臂 3D 打印机

12.1 结构篇

在着手制作打印机之前，我先在网上找了很多资料，了解了主流的 3D 打印结构设计，但是关于并联臂打印机的资料却很少，仅有一些图片资料。于是，我也就依葫芦画瓢，硬着头皮直接上马了。下面介绍一下我的制作经验。

首先用3D 制图软件制作了一个模型（见图 12.4），用于查看各个设计是否合理。在这个设计中，机架用 5mm 厚的亚克力板和硬质光轴制作。亚克力板分为上板（见图 12.5）和下板（见图 12.6）。上板上设置方孔，用于安装肋板和同步带轮；下板与上板类似，只是安装的是同步电机。

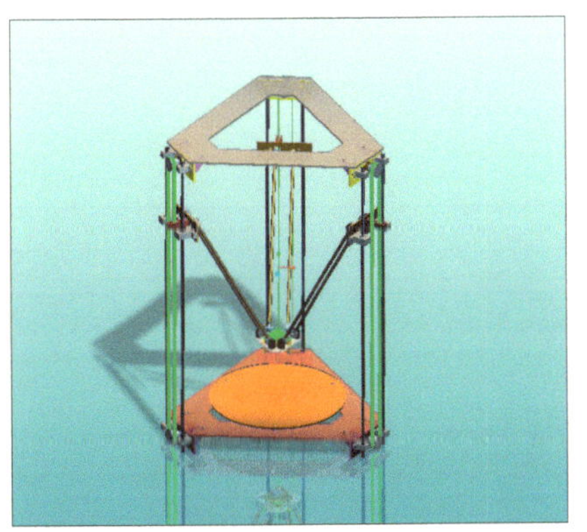

图 12.4　打印机的 3D 模型

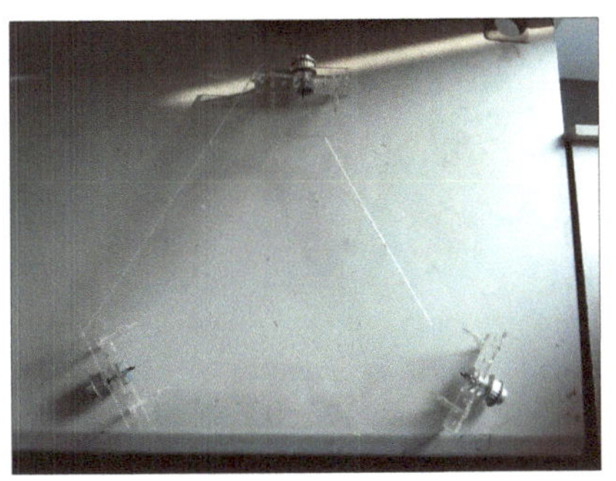

图 12.5　上板

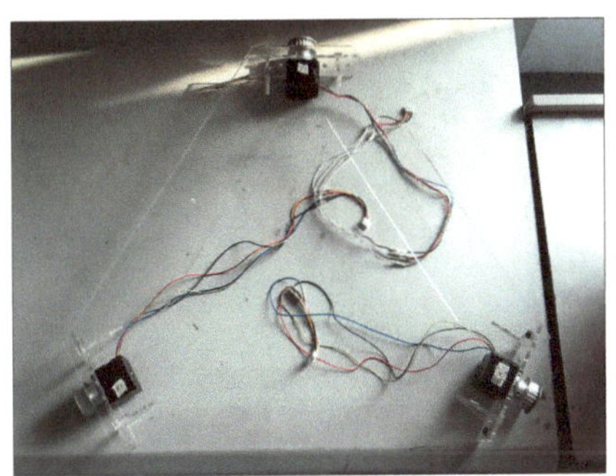

图 12.6　下板

步进电机座都是用亚克力板做的，然后用专用胶水将其粘接到一起（见图 12.7、图 12.8）。这样做很简洁，不需再添加其他零件。唯一的缺陷就是，一旦用胶水粘好，就不能再修改了。

图 12.7　步进电机的安装

图 12.8　上板同步带轮的安装

上、下两个板通过光轴连接起来，而要固定光轴，需要很大的压力才行，不然就会打滑，固定不住。所以光轴连接件采用标准件——光轴支撑座（见图 12.9），这样会省去很多麻烦。在连接上板、下板之前，先将直线轴承和轴承支座套在光轴上（见图 12.10）。连接完成的机架如图 12.11 所示。

在上板、下板之间安装同步带及同步带上的移动板（见图 12.12）。由于长时间运行会导致同步带变松，在同步带上要安装一个简易的张紧装置，可以调节张紧装置上的弹簧，使得同步带松紧适宜。

图 12.9　光轴与光轴支撑座

图 12.10　直线轴承和轴承支座

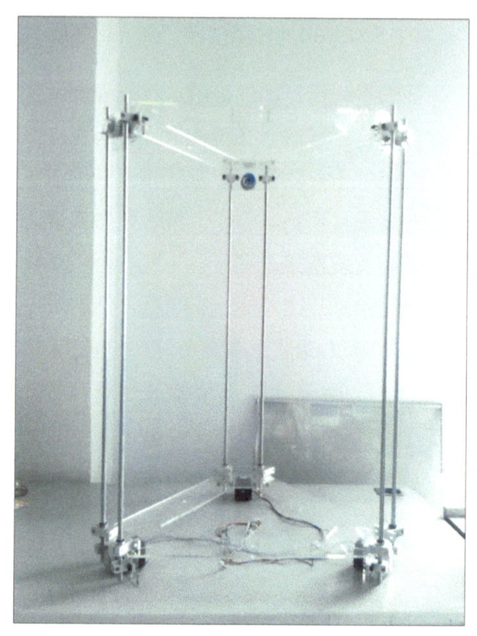

图 12.11　机架的安装

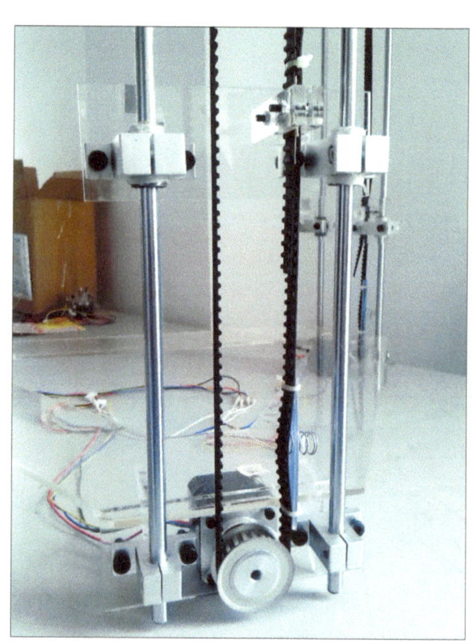

图 12.12　同步带及移动板

在下底板上需要安装一个圆形玻璃板，用作承物平台（见图 12.13）。玻璃板采用 3 点固定，并在固定处加设调高弹簧，用于调整玻璃板的水平度。由于我手头没有耐温美纹纸和其他耐温材料，所以暂时在玻璃板上贴上医用胶带，当作打印底面。

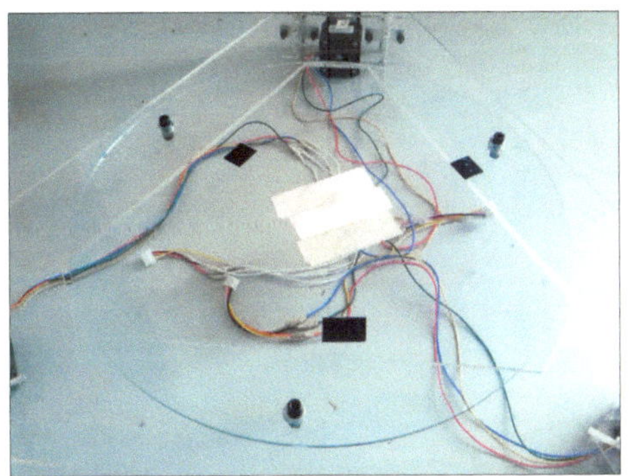

图 12.13 圆形玻璃板

移动平台可以先单独连接，它的骨架也是用亚克力板粘制而成的（见图 12.14）。在骨架上加装垫片、加热头、舵机、风扇等部件（见图 12.15），就构成了移动平台（见图 12.16）。

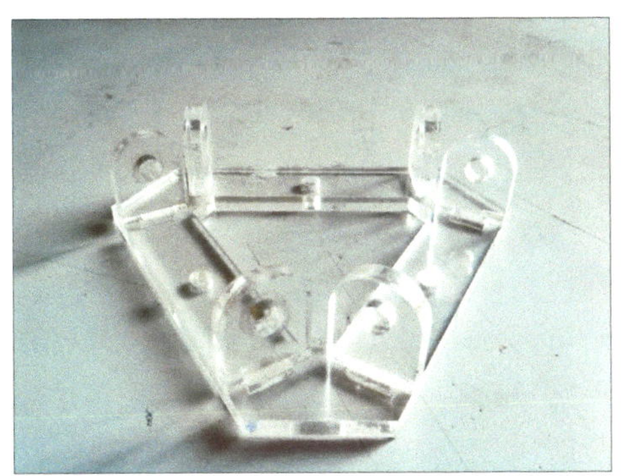

图 12.14 移动平台骨架

移动平台与机架的连接，是通过并联臂（见图 12.17）实现的（见图 12.18）。我参考了一下别的作品，绝大多数并联臂都是用碳纤杆和一种小球铰做的。碳纤杆固然好，就是有点贵，我尝试用了竹碳杆，结果还是可以的。至于那个小球铰，我一直没找到成品，最终就用普通的大球铰代替了。

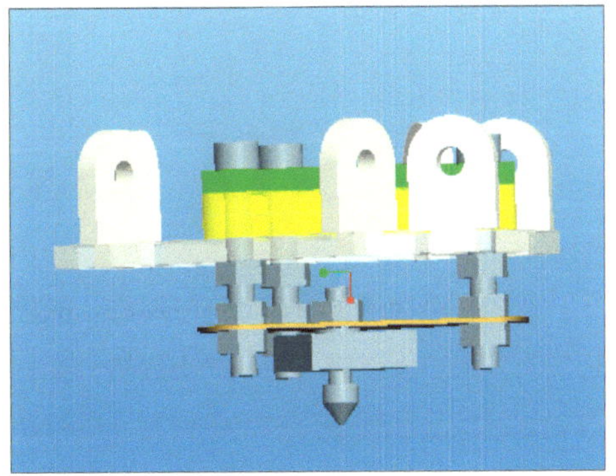

图 12.15 移动平台的主要部件

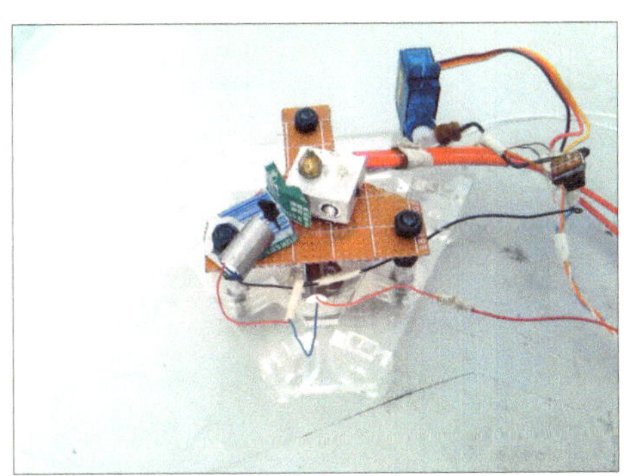

图 12.16 移动平台

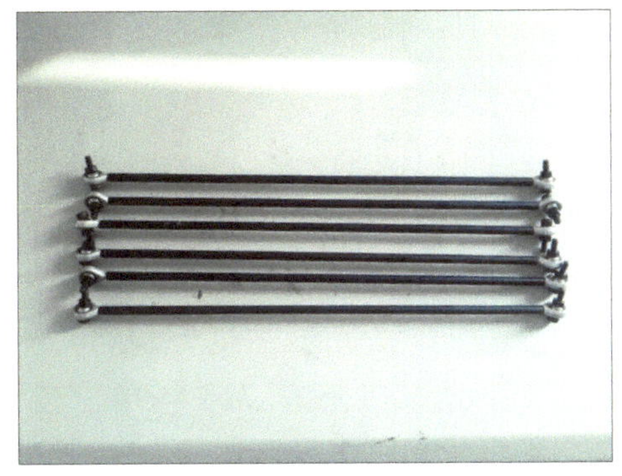

图 12.17 并联臂杆

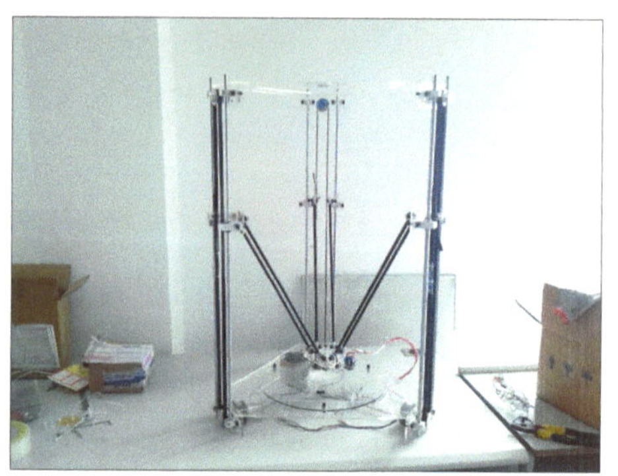

图 12.18　连接并联臂

此时，机器的大体结构已经成型，但是还没有安装挤出装置。对于挤出装置，我一开始设计的是用铜齿轮挤出线材时，尽可能让铜齿接触线材。这样就导致在铜齿轮处，线材曲率半径过小，挤出线材阻力变大，因而经常出现送料打滑的现象，最后不得不放弃这个设计。后来，我用做机架剩下的边角料简单做了个挤出装置（见图 12.19），经过测试，这个装置工作稳定。

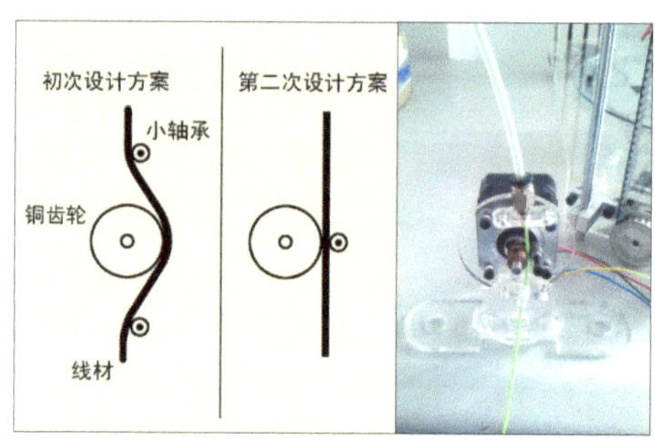

图 12.19　挤出装置

最后，连接控制电路，整机基本上就做完了（见图 12.20）。这是我首次设计机器，尽管大体结构还是仿制的，但是所有的细节都是自己设计并改进的。在这个过程中，遇到了很多问题，不过还好，靠着自己的兴趣，就这么一步步走下来了。

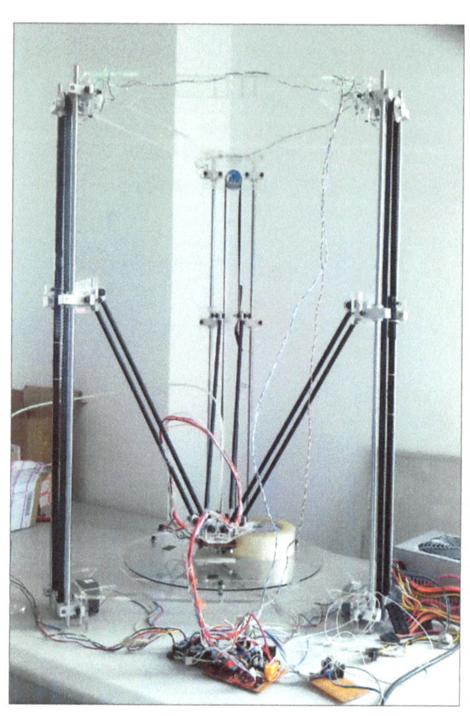

图 12.20　完成图

12.2　控制篇

上面主要讲解了如何制作并联臂 3D 打印机的机械结构，下面再来谈谈它的控制。

根据我前期调研的结果，得知商品化的 3D 打印机所采用的控制板大多基于 ATmega 单片机，没有采用 STM32 的。我对 ATmega 基本上没有什么认识，但是对于 STM32 还是玩过一阵，于是打算用 STM32 控制，顺便还可以学习数控加工指令。

12.2.1　系统工作流程

整个控制系统的流程如图 12.21 所示。

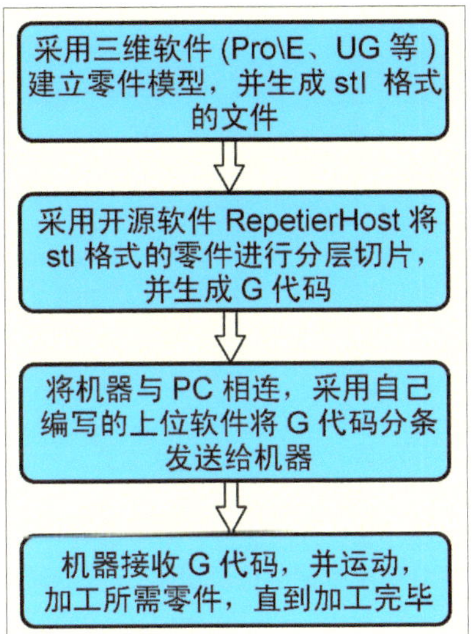

图 12.21　系统流程图

为了打印零件，首先用 3D 软件生成零件。这些零件的表面可以用三角形面来表示，这种表示方法就是 stl 文件格式所采用的。生成 stl 文件，主要是作为一个中性文件，作为不同切片软件的标准识别方式。

将生成好的 stl 文件在 RepetierHost 中进行分层处理，变成机器能直接识别的 G 代码。图 12.22 所示为对一个方盒件进行切片处理。

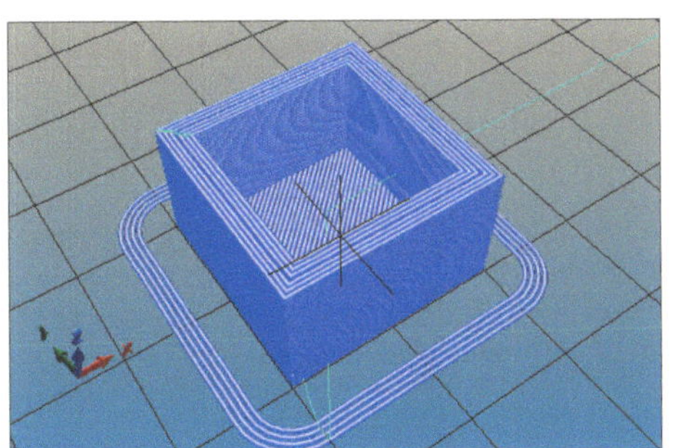

图 12.22　对一个方盒件进行切片处理

之后采用 Visual Basic（以下简称 VB）2010 编写上位机，采用串口通信的方式，将 G 代码分条发送给机器。机器接收到加工指令后，进行分析转化成加工运动，将熔化的 PLA 线材分层打印，直至加工成完整零件。

12.2.2　底层电路的设计

底层电路的设计采用模块化连接，这样极大地减少了设计和焊接电路的工作量。模块连接如图 12.23 所示。

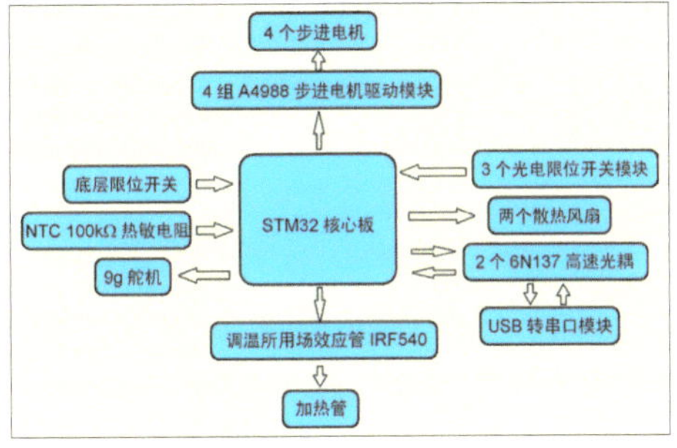

图 12.23　模块连接

中心器件为 STM32 核心板，核心板整合了 STM32 最小系统。它采用 8MHz 的外部晶体振荡器，经过内部倍频，频率能达到 72MHz。这样的运算速度完全可以控制机器的运行。机器的电机选用 42 步进电机，所采用驱动芯片为 A4988。A4988 能直接驱动小功率两相四线步进电机，最高能进行 16 细分。A4988 内部含有电流快速衰减电路，很好地抑制了电机发热，比原来采用 L298N 驱动效果好得多。目前它的价格为 10 元左右，是性价比很高的步进电机驱动芯片。

在打印机的顶部有 3 个光电限位开关，主要用于开机使用时，保证每个同步带运行到相同高度。底层的限位开关用于检测底面，保证打印机运动底面与机器承件底面一致。由于在底部的限位开关比加热头的高度要低，因而加热头接触不到承件底面，所以加设了一个 9g 舵机。要检测底面时，可以让舵机将底层限位开关放下来；检测完毕后，再将开关放到高处。

3D 打印机采用的塑料线材为 PLA。PLA 属于晶体，它的熔化温度为 200℃左右。在打印零件时，需要保持温度的恒定。测温传感器选用 NTC（负温度系数）100kΩ 热敏电阻。该电阻在 25℃时，电阻为 100kΩ。温度与电阻的关系大致可以描述为：

$$Rt = R \times \mathrm{EXP}(B \times (1/T1 - 1/T2))$$

其中，Rt 是热敏电阻在 $T1$ 温度下的阻值，R 是热敏电阻在 $T2$（常温）下的标称阻值，B 是热敏电阻的材料常数，EXP 是 e 的 n 次方，$T1$ 和 $T2$ 的单位是 K（开尔文）。

加热管原本是要选用 12V 30W 的，可是由于在开启加热管时，功率跳变太大，会直接导致电机误动作。在加大滤波稳流电容后，效果有所改善，但是偶尔还有误动作，所以暂时选用了 24V 30W 的加热管。由于还是采用 12V 的电源，输出功率只有原来的 1/4，即 7.5W。这样尽管加热慢了，但是没有原来的干扰。调温采用 PWM 方式，所用的控制管为场效应管 IRF540。

在送料的过程中，加热头要对材料进行加热。但是加热的线材长度不能过长，不然就会使线材在管喉中变软，导致管喉堵塞。其原理可用图 12.24 表示。

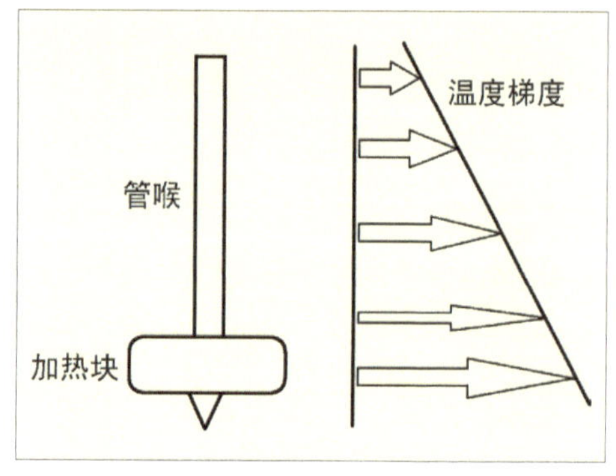

图 12.24　加热头加热时线材受热情况

管喉为铁管，导热能力很强。如果管喉过长，就会使温度梯度拉长变缓。所以要尽量减短管喉的长度。经过反复试验，我最终将管喉长度定为 5mm，刚能加一个固定螺母。管喉的上端接入聚四氟乙烯管。聚四氟乙烯管有很好的耐高温和自润滑特性，导热能力差。在管喉和聚四氟乙烯管的连接处加入一个散热风扇，在此处温度梯度很陡峭，热量上传被阻断。另一个风扇安装在加热管底部的挤出头的下方。由于 200℃的 PLA 线材从加热块流出后，还是熔融状态，需要快速冷凝，才能形成致密、平整的零件断面和表面，快速冷凝就用风扇散热。

最后是机器的通信设计。通信采用 USB 转串口模块，将数据与 PC 进行对接。为了节省成本，电源采用的是普通台式机主机电源。这个电源的 GND 与 USB 的 GND 有 0.5V 的压差，这就导致在高速通信（57 600bit/s）时，会出现乱码。为此，我加入了两个高速光耦 6N137。制作完毕的电路如图 12.25 所示。

图 12.25　制作完毕的控制电路

12.2.3　程序设计

程序设计包括两部分：一部分是底层 STM32 代码的编写，另一部分是上位机 G 代码发送的设计。

STM32 代码所用的编译环境为 Keil uVision4。要编写底层代码，包括 STM32 的内部硬件初始化、机械结构参数初始化、加工参数初始化、串口通信识别与指令执行等。STM32 内部初始化可分为系统时钟初始化、I/O 初始化、定时器和串口的初始化。STM32 的系统时钟可以设置为 72MHz；I/O 的设置有控制电机驱动芯片、温控驱动、舵机和风扇的推挽输出，读取热敏电阻的浮空输入，串口的推挽和上拉输入等；定时器和串口要进行初始化及其中断向量的设置。

机械结构参数初始化包括步进电机的步进角、同步带齿距、机架结构、挤出齿轮直径和线材直径等参数的确定。串口从 PC 接收到的指令都是字符串形式的 G 代码，STM32 将这些字符串转换成相应的指令，并执行相应的动作。加工参数初始化主要是速度的设置。由于直接采用 RepetierHost 的速度运行将会出现很大的振动，所以加入了速度上限阈值，防止运行过快。对于执行 G 代码命令，主要就是使送丝和走刀一致。G 代码主要命令格式如下：

```
G1 X10.920 Y-13.440 E25.21437
```

此命令代表运动到（10.920，-13.440）的位置，同时送丝的总量达到 25.21437mm。采用的运动方式为：先记录上一次的位置信息和送丝量，然后用这一次的相应值与之相减。机器能运动的最小距离为 0.1mm，将生成的距离差值除以 0.1，便得到运动次数。STM32 使用定时器，在指定时间内定向运动这么多次，即可完成指令的执行。

要编写的控制程序的流程如图 12.26 所示。

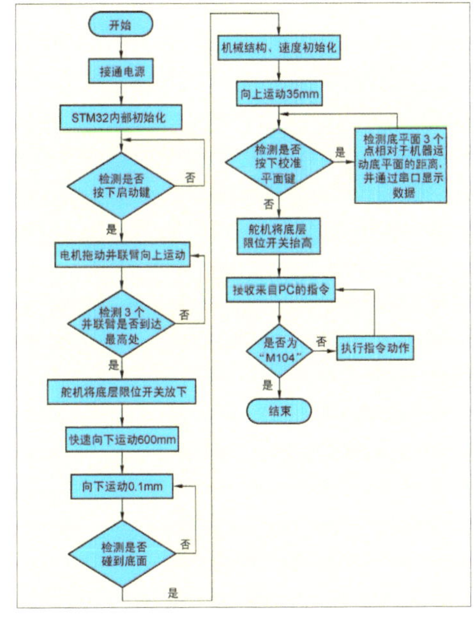

图 12.26　控制程序流程图

上位机的编写采用 VB 2010。VB 2010 集合了串口这一控件，极大地方便上层软件的编写。编写的代码包括 Gcode 格式的文件读取、指令的分行发送、等待底层指令执行完毕标志等。Gcode 格式的文件的读取可采用“打开文件”这一控件，将 Gcode 读到内存中，然后将代码放到富文本框中显示。为了方便显示打印状态，进而增加了指令的动态显示，即显示当前正在执行的指令和已经执行过的指令，并对已执行指令条数进行统计，显示打印进度。

图 12.27 所示为编写好的上位机，红色字体的为已执行完毕的代码，蓝色字体的为正在执行的代码，黑色字体的为未执行的代码。

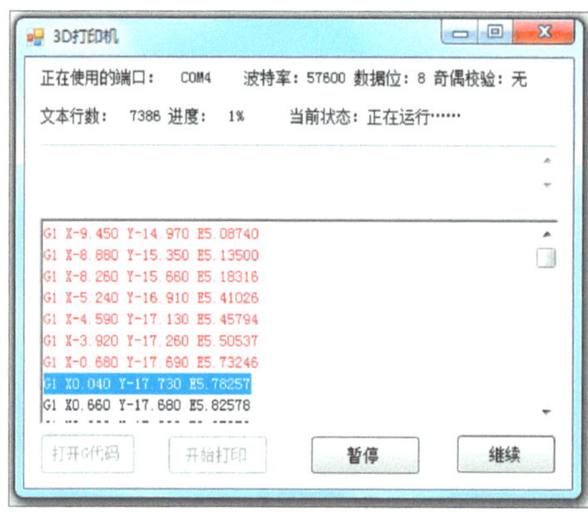

■ 图 12.27 编写好的上位机

12.3 总结

此并联臂 3D 打印机主要是为练习使用 STM32 做嵌入式开发、掌握 3D 打印技术的要领而开发，整台机器的成本为 1000 元，属于低成本机器。现在这台机器能够方便地打印出简单几何形状（见图 12.28）。

■ 图 12.28 3D 打印成品

它还有很多缺点，比如刚度不够、精度不足、断丝不当、只支持在线打印等，这些问题还需日后完善。

用蜡质耗材进行 3D 打印

◇张巍

目前桌面级 3D 打印机能够使用的耗材通常只有 PLA 或 ABS（FDM 类型）、光敏树脂（SLA 类型），而要想实现金属材料的 3D 打印，在家庭条件下几乎是不可能的。对于金属材料 3D 打印，目前使用最多的技术是 SLS（选择性激光烧结），其设备尺寸和造价不是一般人能够承受得起的。

而我们可以通过一种变通的方式实现金属材质的 3D 打印——打印蜡模后，再用失蜡铸造法得到金属材质的成品。下面介绍我如何使用一台普通的家用级桌面 3D 打印机（国产 FDM 类型，售价不超过 5000 元）实现此过程的。

13.1 蜡质打印耗材的制作

首先，我需要将打印头中的原有耗材残料去除，并在加热棒和热电偶上涂抹一些导热硅脂，以改善其恒温性能。其过程较为简单，就不赘述了。接下来，展示一下我是如何制作蜡质打印耗材的。

蜡通常给我们的感觉是比较脆，强度相对较低，很容易断裂或变形。可能会有很多人觉得它不适合用于制作FDM耗材。实际上，有一些蜡质材料，具有很不错的韧性和强度，其物理特性非常适合用于制造 3D 打印耗材。我选用的蜡质原料是用于首饰加工的蜡珠，它看起来就像图 13.1 所示的样子。

图 13.1　用于首饰加工的蜡珠

但是，如何把这些蜡珠变成长长的蜡丝，以实现 3D 打印呢？看到经常使用的热熔胶枪，我有了一个不错的想法——首先将这些蜡珠融化，再浇铸成直径 1.5cm 的蜡柱，然后通过一个加热挤出设备，得到直径 1.77mm 的蜡丝，随后就可以将其用于 3D 打印了。其制作过程如下。

1 首先铸造蜡柱，粉色的是在网上买的用于制作手工皂的硅胶模具（直径为1.5cm）。

2 图示为铸造出的蜡柱，很像我们平时使用的热熔胶棒吧？

3 用雕刻机加工挤出头。

4 挤出头金属部件加工完成，其内部形状很像一个子弹头，初始直径为1.51cm，最后的挤出孔直径为1.8mm。

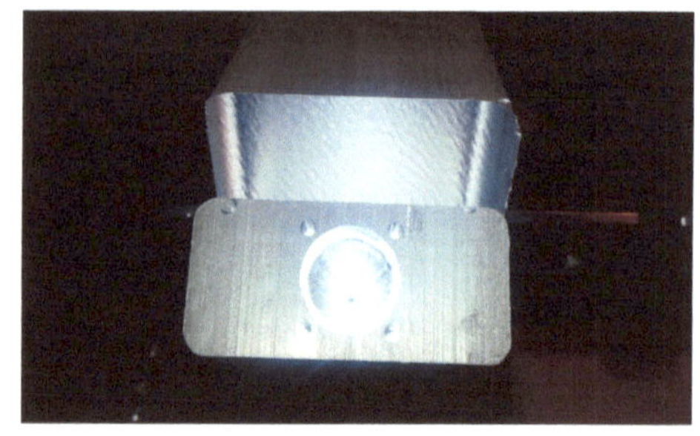

5 用聚四氟乙烯棒加工防溢出部件。如果不加此部件，会导致在挤出耗材时，大量的蜡从上面溢出。

6 如果没有防溢出部件，在挤出过程中，大量的蜡会从上面溢出，导致严重浪费且操作不便。

❼ 图示为最后完成的挤出装置工作时的样子。挤出头上安装了两个 12V 加热棒和一个 Pt100 热敏电阻，通过一个温控器控制固态继电器，实现恒温控制。加热温度控制在 60℃。

❽ 一根蜡柱经过挤出，变为一卷成品耗材，最上面那一小节是挤出过程中产生的废料。

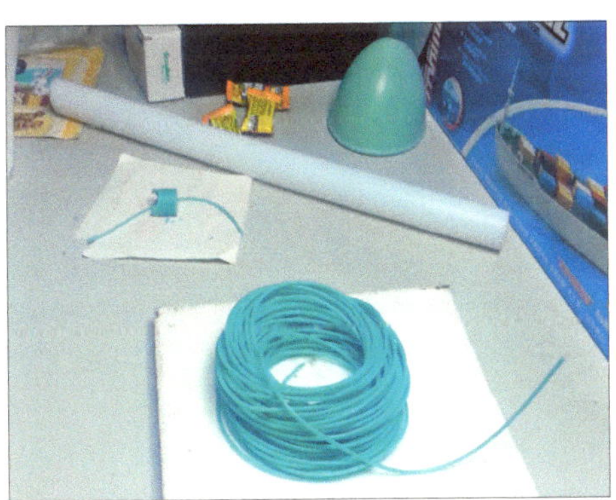

13.2　打印蜡模并失蜡铸造金属物品

❶ 接下来就可以开始打印了。切片软件我选用的是 MakerWare，具体参数通过第三方软件 ProfTweak 进行调节。要注意的是，打印喷头温度设置为 67℃，耗材直径设置为 1.7mm（由于加工过程中的收缩，实际得到的耗材直径在 1.7mm 左右），打印速度设置如图所示，要比 PLA 等材料慢一些，否则耗材容易卡住。还有一点要注意的是，点击设置窗口中的“Show All Profiles Settings”按钮，对底板加热温度进行设置。我测试时使用的底板温度为 56℃。按照新的配置生成打印文件，复制到 SD 卡或直接连接打印机进行打印。根据经验，使用 SD 卡打印的效果会好一些，不会发生打印机与 PC 通信异常，导致打印中断的情况。

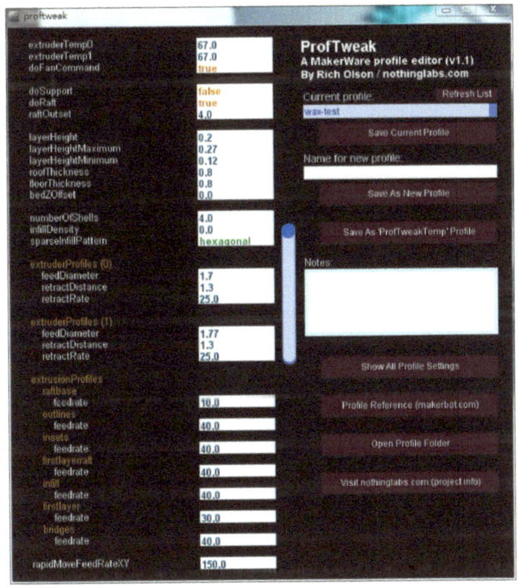

❷ 实际打印中，请注意我使用的临时性耗材供应方式。

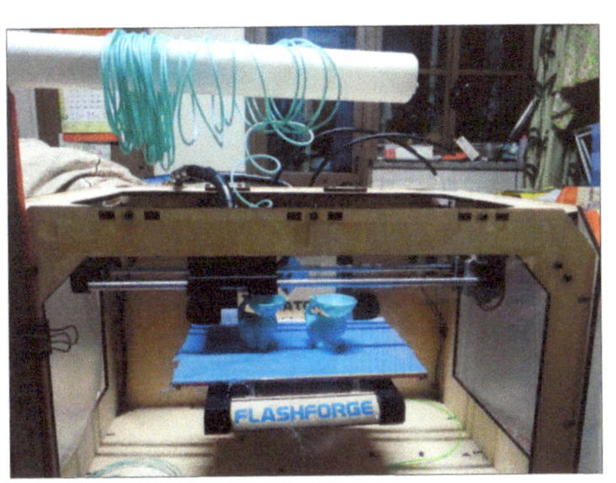

3 打印完成，得到很可爱的两只蜡质小猫。

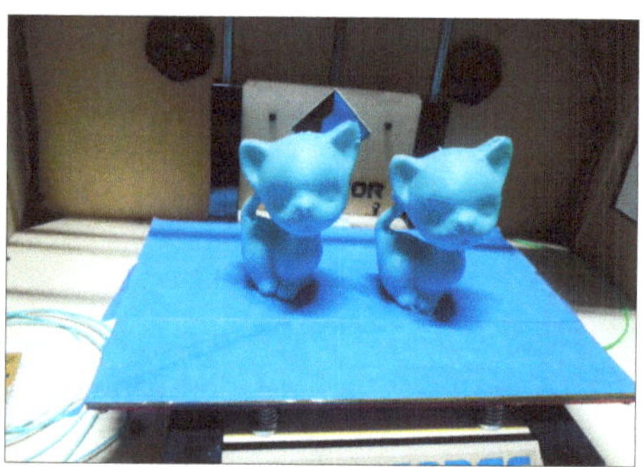

4 接下来，我们来试验如何将蜡模铸造为金属物品。先来一个简单一些的——一个“杯具”（没想到，后面真的悲剧了）。

5 用火焰抛光一下蜡模，然后用蜡线和蜡柱将其固定在铸铃的橡胶底座上。这里由于经验不足，导致将来由蜡线形成的铸道太细，进而为将来的悲剧埋下了伏笔。

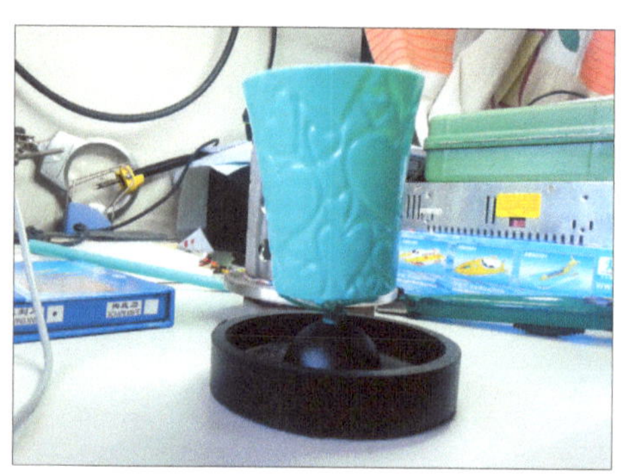

6 将底座连同蜡模装入铸铃后的样子。

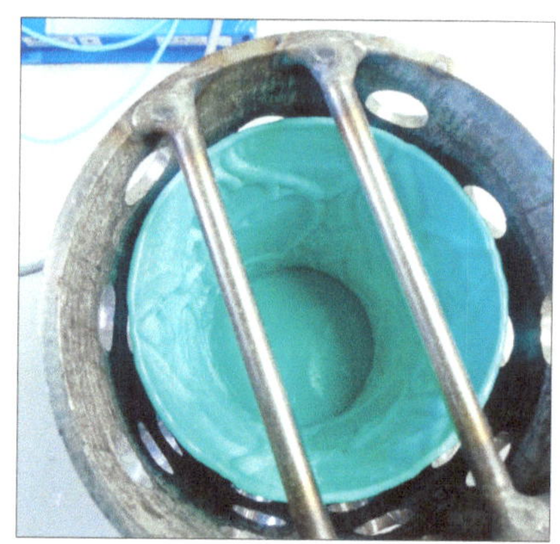

7 随后浇入调好的石膏，再抽真空消泡。

8 入炉脱蜡后烧结石膏。

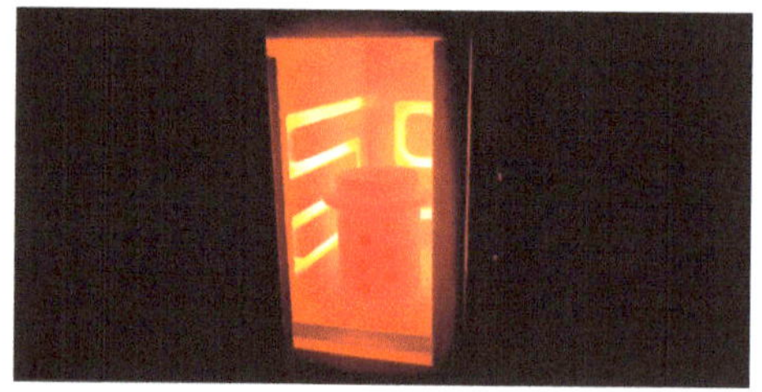

9 最后进行铸造。

⑩ 由于前面提到的原因，最后只铸造完成了蜡模的一部分，得到了 3 个“异形”。

⑪ 不过从铸件完成部分来看，很多细节还是不错的，由此证明只是铸造工艺有失误，整个思路还是行得通的。

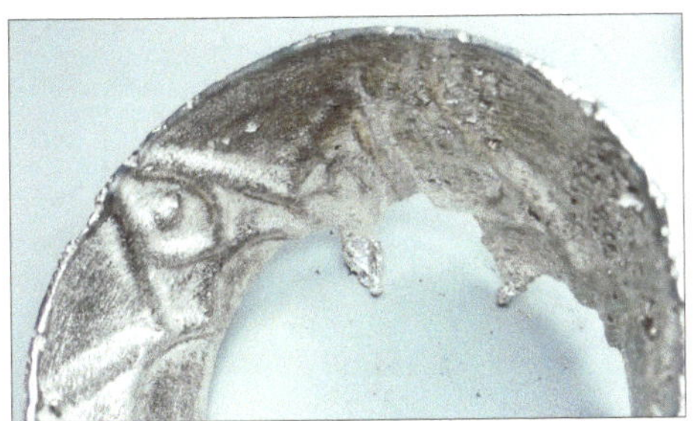

⑫ 后来我又打印了一个完全一样的杯子，为了防止出现上次的问题，这次使用了较大的铸道，最后得到的铸件，效果还是比较理想的。

13.3 用蜡质耗材制作 PCB

蜡质耗材仅仅可以用于制造蜡模吗？其实它还有一个很有创意的用途——用来制作 PCB。我对此进行了初步测试，效果还可以。具体过程如下。

❶ 首先将 PCB 图生成为 3D 模型，然后在 MakerWare 中生成打印文件。要注意的是，打印层厚要设置为 0.4mm，不要使用任何支撑和模型底板。具体的一些参数可以根据实验结果进行调节。在打印过程中，要注意在完成第一层时中断打印过程。

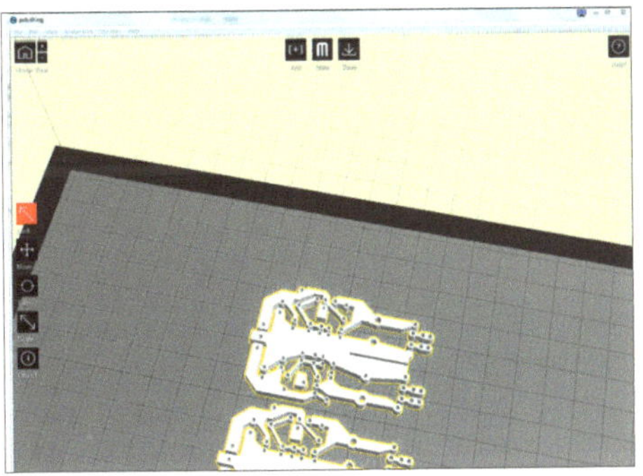

❷ 在覆铜板上进行打印。

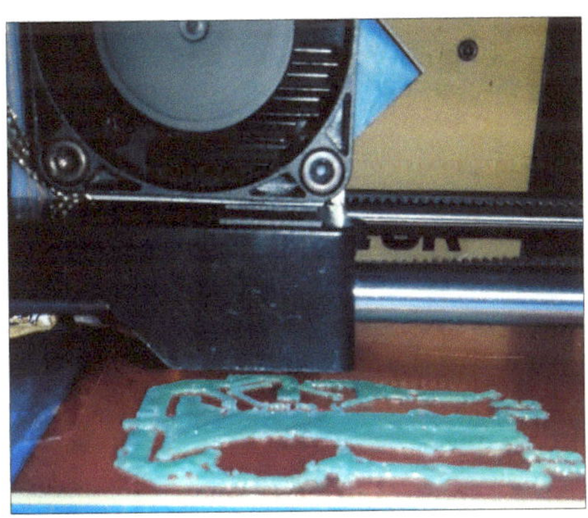

3 打印出来的 PCB。上半部分是为了测试线宽而中断了打印过程留下的样子。

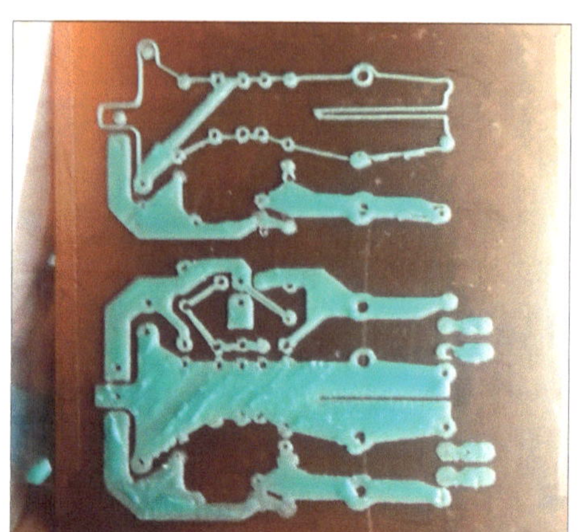

4 蚀刻完成后的样子。

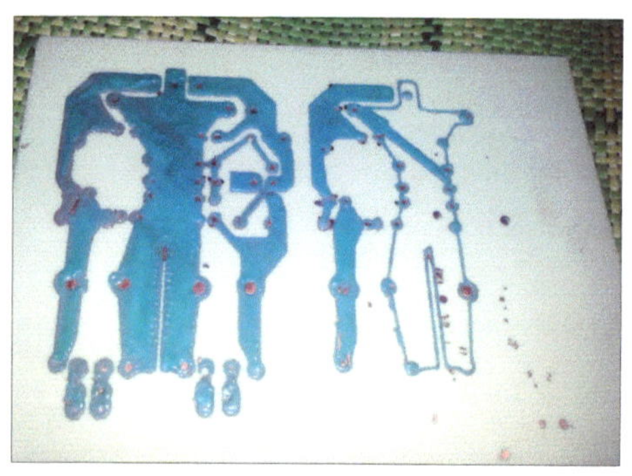

5 在蚀刻过程中，最好用毛刷轻轻刷过 PCB 以消除焊盘等位置的气泡。在蚀刻完成后，有两种方法去除蜡质：一种是使用热风枪加热 PCB，然后用纸擦掉融化的蜡；另一种是将 PCB 放入冰箱冷冻室，将蜡冻硬后直接抠掉。图示为用冷冻法除蜡，效果不错。

6 蚀刻完成的 PCB 细节。

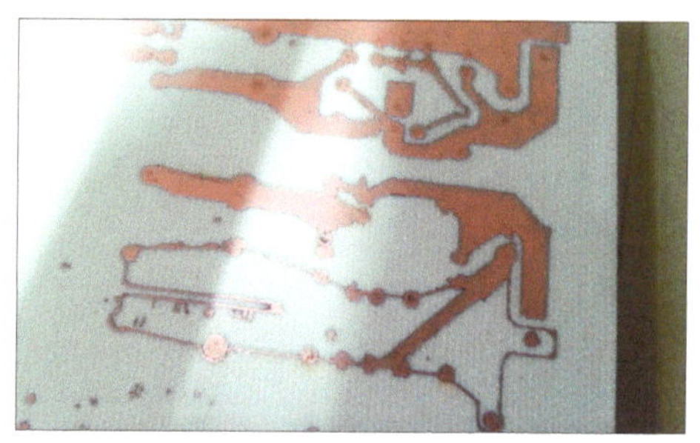

可以看到，用蜡质打印法制作印制电路板的思路也是行得通的，而一些具体的设置参数还可以进一步优化。由于现有的 3D 打印机切片软件并不是非常适合打印 PCB 的，最好为此开发一款特殊的打印软件，相信其打印效果能够得到很大的提高。

至此我们看到，通过引入一些创意性的想法，3D 打印机可以实现更多有趣的功能。

14 Kinect 人机交互入门

◇梁宇

这篇文章不敢说是什么大作，只是笔者自己的一点感悟、一点当初的倔强。倔强在哪里呢？最初，我学习 Kinect 时完全是迷茫的，不但走了没有必要的弯路，还折磨了自己好久。不知道你有没有这样一种心情，做什么事情都很茫然，毫无头绪，然后只能靠自己。更无奈的是，Kinect 的资料完全是英文的，国内也没有个像样的组织或者论坛讨论这个。就在那个，不，是那几个煎熬的晚上，我发誓，我要是成功做出来了，就一定要写一篇教程，救出那些像我一样茫然的人（热泪盈眶）。

我认为从事 Kinect 的开发，没有必要去大量地查 MSDN，了解 Windows API 接口，在 C# 或者是 C++ 环境下写不是很人性（个人认为）的代码。Processing 是面向对象的很强的开发环境，很适合快速开发，Processing 语言也是很人性化、很自然的人机交互语言，所以我选择了 Processing（当然其中也少不了我的 C 语言水平较差的原因）。

14.1 我将带领大家做什么

（1）基于 Kinect 的体感直升飞机，它的控制权属于你的躯体，如图 14.1 所示。

（2）基于 Kinect 和 Processing 的体感双足类人形机器人（《铁甲钢拳》看过吧？），如图 14.2 所示。

图 14.1　基于 Kinect 的体感直升飞机

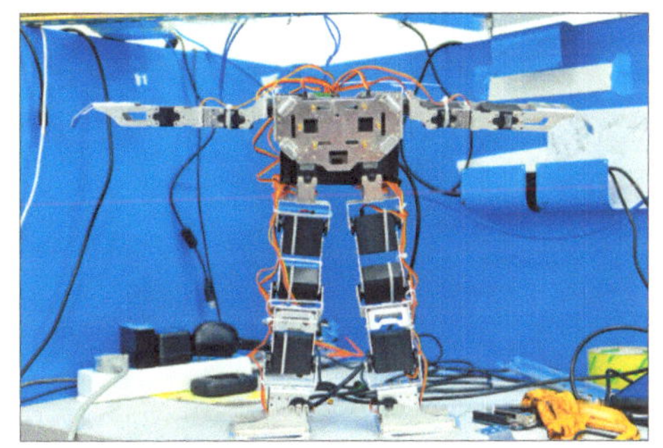

图 14.2　基于 Kinect 和 Processing 的体感双足人形机器人

阅读适合的人群

如果你对硬件开发感兴趣，对算法感兴趣，对新事物充满好奇心，对软件编程有着深深的沉迷，对大学的生活不想浑浑噩噩地度过……都可以参加进来。

你最好对 Kinect 有比较基础的了解。

你需要具备基本的 C 语言知识，注意只是"基本"就行，不用了解太深。

你需要具备关于硬件的原理、结构、

电路等的基本思路，大体来说，就是你要具备这样的本领：看见一个模块，你要大体知道它能做什么；就算不知道，你也有意识想去知道，并且很快能通过找资料的方式驱动这个硬件；或者是你有很强烈的想法（虽然没成功驱动），这样就足够了。

14.2　Kinect 的硬件构成及原理

Kinect 一定是硬件了，硬件一定是死的，我们要使用它，就要给它注入灵魂，让它为我们工作。直接为我们工作的是操作系统，也就是平时所说的 Windows、Mac OS、Linux 之类，这样我们就需要一个桥梁，起到促进两者沟通的目的。在多种需求的大趋势下，桥梁应运而生，产生了中间产物 SimpleOpenNI，同时也有 Windows Kinect SDK，两者在原理上是相同的。具体说明请看图 14.3，通过图说更好理解，也更节省时间。

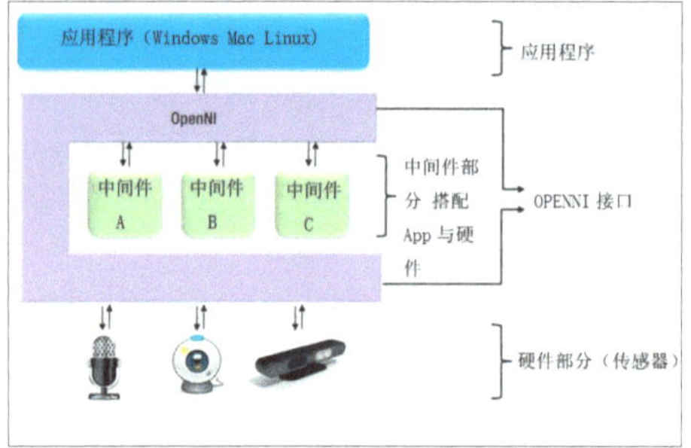

图 14.3　Kinect 软件构架层次图

对硬件感兴趣的朋友一定会很好奇，Kinect 是用什么芯片的，原理是怎样的，这里我也要简单说说，因为本人也对这方面有着发自内心的好奇心。

Kinect 是微软发布的体感传感器，最初主要用于 Xbox，硬件原理框图如图 14.4 所示。这台设备之所以被设计制造，是因为微软想让人们完全脱离手柄，更轻松地与游戏互动。Kinect 发布后不久，计算机上就出现了可以不依赖 Xbox，直接调用 Kinect 数据的库。Kinect 由网络摄像头和深度摄像头组成。网络摄像头记录彩色视频，输出一个二维数组，二维数组在每一帧中包含来自被映射物体的 RGB 值。深度摄像头由一个输出红外线的发射器和一个读入反射的红外线并计算每个像素有多远的摄像头两部分组成，会输出一个包含每一帧距离的二维数组。

设计传感器芯片的厂商是 PrimeSense，PrimeSense 是一家以色列的三维传感芯片厂商，在运算、图像解析、数据处理方面鼎鼎有名。它的产品不能被复制，以处理速度快、稳定性好、价格昂贵著称。另外，SimpleOpenNI 也是 PrimeScene 发起的，当然这个是非营利的、开源的。PrimeSense 为微软提供了其三维测量技术，在 PrimeSense 公司的主页上提到其使用的是一种 light coding（光编码）技术。不同于传统的 ToF（飞行时间）或者结构光测量技术，light coding 使用的是连续的照明（而非脉冲），也不需要特制的感光芯片，而只需要普通的 CMOS 感光芯片，这让方案的成本大大降低。Light coding，顾名思义就是用光源照明给需要测量的空间编上码，说到底还是结构光技术。但与传统的结构光方法不同的是，它的光源打出去的并不是一幅周期性变化的二维图像编码，而是一个具有三维纵深的“体编码”。这种光源叫作激光散斑（laser speckle），是当激光照射到粗糙物体或穿透毛玻璃后形成的随机衍射斑点。这些散斑具有高度的随机性，而且会随着距离的不同变换图案。也就是说，空间中任意两处的散斑图案都是不同的。只要在空间中打上这样的结构光，整个空间就都被做了标记。把一个物体放进这个空间，只要看看物体上面的散斑图案，就可以知道这个物体在什么位置了。当然，在这之前要把整个空间的散斑图案都记录下来，所以要先做一次光源的标定。标定的方法是：每隔一段距离，取一个参考平面，把参考平面上的散斑图案记录下来。假设 Natal 规定的用户活动空间是距离电视机 1~4m 的范围，每隔 10cm 取一个参考平面，那么标定下来，就已经保存了 30 幅散斑图像。需要进行测量时，拍摄一幅待测场景的散斑图像，将这幅图像和保存下来的 30 幅参考图像依次作互相关运算，会得到 30 幅相关度图像，而空间中有物体存在的位置，在相关度图像上就会显示出峰值。把这些峰值一层层叠在一起，再经过一些插值，就会得到整个场景的三维形状了。

关于 Kinect 只提示到这里，不懂的地方望自行以 Google 搜索（在搜索前沿科技、代码方面，请信赖 Google）。

14.3 需要的基本器材及准备

硬件原理框图如图 14.4 所示，需要准备以下器材。

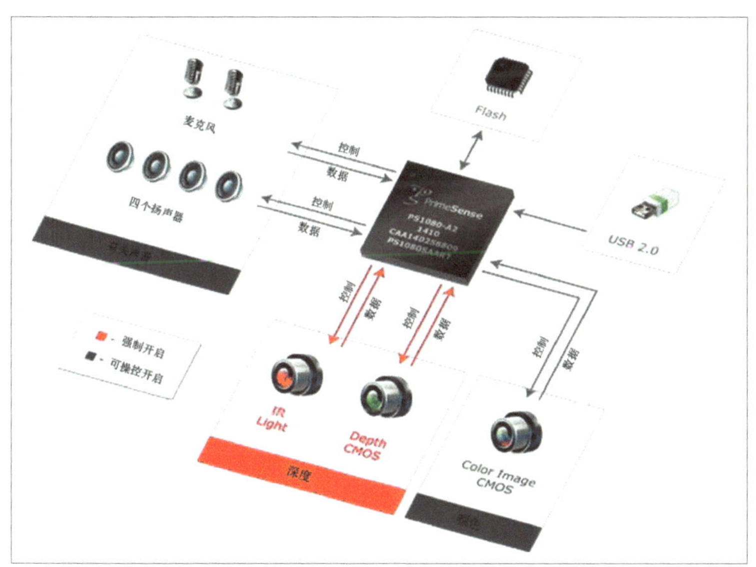

■ 图 14.4　硬件原理框图

（1）Kinect for Windows 一个，最好是开发者版本的，价格在 1700 元左右，因为这样显得很专业；也可以是华硕的体感器，叫作 Xtion Pro，要便宜一些，价格在 1000 元左右。

（2）笔记本电脑一台，用来打游戏的就行，配置不需要很高，因为不吃资源。

（3）通畅的网络，网速在 100kbit/s 就可以。

（4）其他硬件可以自行选择，单片机可以是 51、AVR、Arduino、ARM、树莓派等，因为最主要的用途就是和它们通信。

14.4 开发平台搭建

接下来就要说一下安装方法了，在此以Windows平台为例，与操作系统位数无关，版本推荐Windows 7以上。

14.4.1 SimpleOpenNI 0.27版本Processing平台搭建

总体来说，Kinect开发有3种解决方案：Kinect for Windows SDK+Visual Studio、OpenNI+Visual Studio、SimpleOpenNI+Processing，我们的解决方案是第三者。因为OpenNI消耗资源比较少，比Kinect for Windows SDK有更大的灵活性。

首先需要下载Processing，如果发现报错，那么你可能是把Processing放在文件夹下了，这是不可以的，一定要放在磁盘的根目录下。如果你发现下载之后打不开它，那么可能是你没搭建Java环境。解决起来很简单，只要安装Java SDK就行了，现在的版本是JDK 1.7了。

运行Processing后，你不能马上开发Kinect，因为还要安装一个库，这个库可以理解为Processing的插件。

如果下载了Kinect for Windows SDK（见图14.5），那么先卸载它。个人理解这是驱动程序的原因，因为不同API、不同的开发者对于函数、类的写法和思想是不同的，底层的中间介质（驱动程序）就会不同，如果都安装的话，就会出现问题。

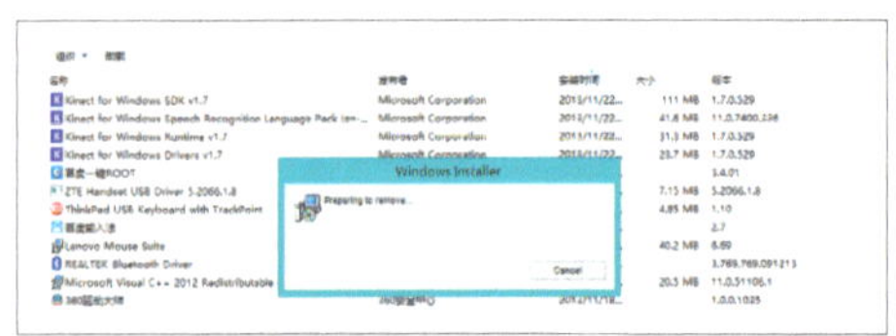

图14.5 请卸载Kinect for Windows SDK

Kinect for Windows SDK卸载完毕后，记得先插上Kinect，然后再安装OpenNI的SDK。我们应该感谢ZigJSOpenNI，因为他们整合了复杂的驱动搭建过程，这对初学者来说具有很大意义。

这时可能会报错（见图14.6），但并不代表不能安装，解决的方法就是重启机器，开机之前不断按F8（笔记本电脑应该是按FN+F8）。F8会带你进入一个比较好玩的模式，黑纸白字，第一项就是安全启动，然后是最后一次正确配置，在这里选择禁止驱动强制签名，然后回车。启动后再次安装OpenNI SDK，出现如图14.7所示的提示，一定要点击“始终安装此驱动程序软件”。当然，有的电脑直接可以安装OpenNI SDK，不会报错，那你就幸运了。成功安装驱动后，效果如图14.8所示。

图14.6 可能会出现的错误提示

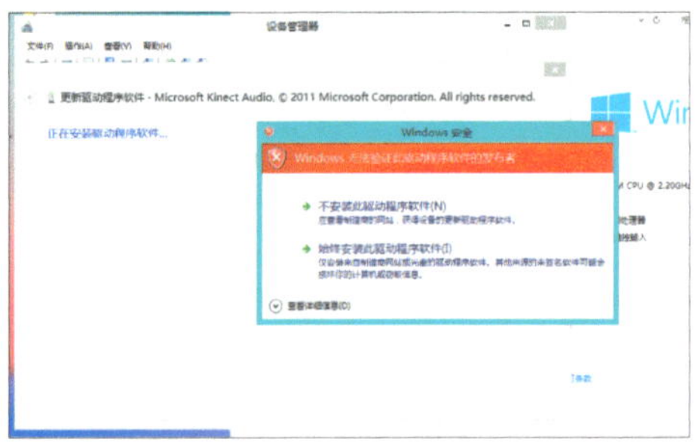

图14.7 点击“始终安装此驱动程序软件”

■ 图 14.8 安装成功

14.4.2 SimpleOpenNI1.96 版本 Processing 平台搭建

首先下载 Kinect for Windows SDK 1.8（1.7 也可以）和 SimpleOpenNI 1.96，直接安装 Kinect for Windows SDK 1.8。打开 Processing 2.1，SimpleOpenNI 1.96 便可以正常使用。

SimpleOpenNI 1.96 和 0.27 有一些 API 接口不太一样，但都很简单，按照 Example 里面的 User 这个例子修改就可正常使用。

相互比较两者的不同点，不难发现 0.27 版的例程较 1.96 版多了一句初始化：context.enableUser(SimpleOpenNI.SKEL_PROFILE_ALL);（见图 14.9）。

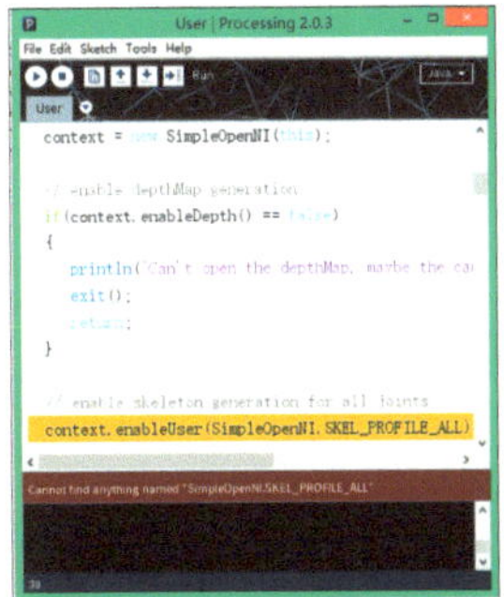

■ 图 14.9 0.27 版工程移植到 1.96 版出现的报错信息

这句 enableUser 确定的是被检测者是以什么模式进入 Kinect 视野的，有 SKEL_PROFILE_ALL、SKEL_PROFILE_UPPER、SKEL_PROFILE_LOWER 这 3 种模式。SKEL_PROFILE_ALL 模式显示使用者的全身体感信息，SKEL_PROFILE_UPPER 模式显示使用者上半身体感信息，SKEL_PROFILE_LOWER 模式则只显示使用者下半身的体感信息，这样便于分析出单独身体部分的运动状态，排除其他身体部分带来的视觉干扰，便于做前、后期测试，能极大地提高工作效率。而在升级的 1.96 版中，这些模式被取消了，不再有分离的说法，这让我感到很奇怪，不知道开发者是怎么想的。

0.27 版平台下的工程，如想移植到 1.96 版平台，就要注意修改这句函数。修改方法很简单，只要将其删除就可以了。

解决这处报错后，还有另一处报错（见图 14.10）。这处不像前一处那样，是由于初始化的不同导致的不兼容，这处的方法没有变化，只是函数 void onNewUser(int userId) 的变量由 int userId 变成了 SimpleOpenNI curContext 和 int userId，也就是被检测对象的个数没有太大变化，可以支持多人，但是对象的代词发生了改变，curContext 才是当前对象的称呼。个人感觉这个也没有太大必要，改变这句函数的原因很可能是对全局对象的申请更为方便吧。解决办法是用 1.96 版 User 例程里的 onNewUser 函数取代 0.27 版里的。

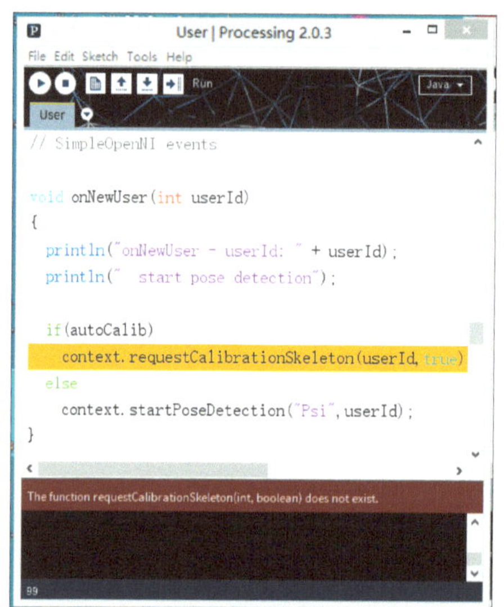

图 14.10　0.27 版工程移植到 1.96 版出现的报错信息

类似的报错还有多处，解决办法也是用 1.96 版里的相同函数替换掉 0.27 版里的，这样就会兼容了。

14.5　实例测试

点击 Processing 的图标就可以运行了，然后点击 File→Example→Library→OpenNI→SceneDepth 打开实例，结果如图 14.11 所示。

接下来就要学习 Processing 的语法，学会与 Processing 对话，让它去执行自己的命令。Processing 语言相对别的语言来说更人性化，交互更自然。这里一定要推荐一本书——《*Starting with Processing*》，中文版叫《爱上 Processing》。相信看完这本书之后，你一定会充满想法，迫不及待地去挑战一下自己的。

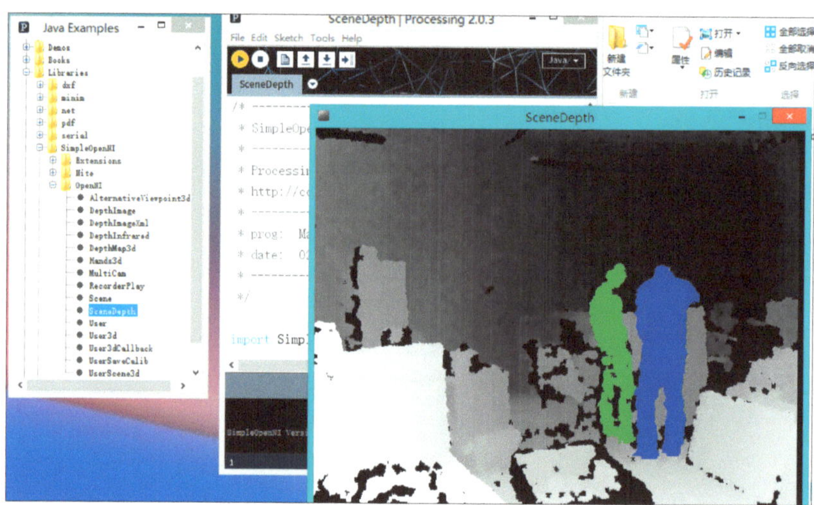

图 14.11　在 Processing 中打开实例

学习新东西的过程不是很爽，因为人类都有个共性——对未知事物有恐惧之心，怕这怕那，其实心之所向，金石为开，年轻人要时刻充满斗志和激情，才不枉青春过。

14.6　基础教程

14.6.1　用 Kinect 绘制深度图

Kinect+OpenNI 允许用户获得深度

图像，一个红外发射头负责发射红外线，另一个负责接收，这样就可获知被影射物体离摄像头有多少个像素点，也就是有多远。在 Processing 里，每一个工程被称为 sketch，而不是一般软件中的 Project。因为 Processing 的程序运行起来更像是画家在纸上画的草图，素描风格明显。

为了让深度图在电脑上显示出来，获得用户想要的数据，我们就必须导入 OpenNI，目的是导入打包好 OpenNI 数据，所以首先导入数据包（库的思想）。

```
importSimpleOpenNI.*;
```

接下来我们声明一个全局对象 context 来和 Kinect 取得数据联系。

```
SimpleOpenNI  context;
```

然后我们来看看 setup( ) 函数。要知道 setup( ) 函数里的所有内容只执行一遍，而且只是在程序一开始的阶段才被执行。

```
void setup()
{
  // 建立新的对象
  context =new SimpleOpenNI(this);
  // 使能深度影响
  context.enableDepth();
  // 创建一个这样的尺寸，它可以保证装
下深度的一切信息
  size(context.depthWidth(), context.
depthHeight());
}
```

我们来看一下 Draw( ) 里面的函数，draw( ) 函数是无限循环运行的，频率是 60 次 /s。

```
void draw()
{
  //不断更新来自 Kinect Camera 的数据
  context.update();
  //绘制深度图
  image(context.depthImage(), 0, 0);
}
```

其中 Context.update() 函数对每一帧的数据都有更新动作。运行该 sketch 的结果如图 14.12 所示。

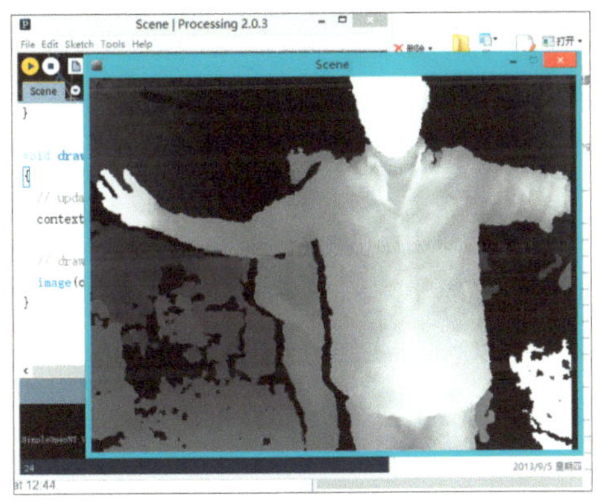

图 14.12 程序运行结果

如果知道了深度信息，你有什么想法？这个问题很值得在这里停下仔细地思考一下。如果你现在没有太多想法，在接下来的案例中我要求你必须有自己的想法，就算不会编写代码，也要用嘴说出个一二三来，这样才不枉看到了这里。

14.6.2 绘制人体躯干

就像先前说过的，Kinect 卖的无非是算法，景深摄像头的作用是结合算法投射出人体深度信息，红外接收 / 发射头用来接收人体实时的动态信息，以便 Kinect 不断更新信息，达到动态效果。Kinect 在深度图中绘制出如 14.13 图所示的人体躯干，就是如此实现的。其实 Kinect 并不认识人体，是用算法把人体分成多个点，并把人体对象抽象成三维坐标的。

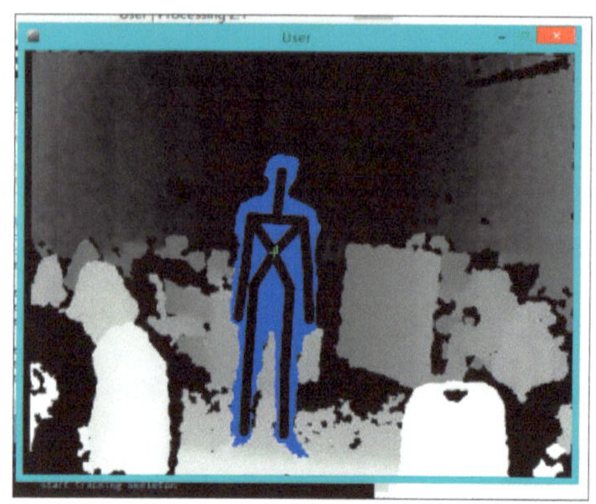

图 14.13 绘制人体躯干

对于 Processing 的使用，最开始不会少了对于对应库的调用，然后设立对象、初始化系统（包括窗体大小、背景颜色、激活对象），接下来进入主函数 draw()。主函数是一直运行的，这里包括不断刷新在人体对象上找到的点 HEAD、TROSO、SHOULDER、HAND、ELBOW、HIP、KNEE、FOOT。当然，除了头（HEAD）和躯干（TROSO），以上数据点都是分左右的。在 SimpleOpenNI 0.27 版中，FOOT、HAND 点是不精准的，因而计算 HAND 点到任何点的距离都是不稳定的。笔者曾计算过 RIGHT_HAND 点到 RIGHT_ELBOW 点的距离，理论上不论对象怎么动作，距离永远都是定值，但实际上会有很大波动。至于新版，我还没试过，希望问题能得到解决，给开发者更大空间。

在知道点的情况下，我们就可以用线段来连接点，线段的粗细、颜色可以自定义。在 Processing 里，keyPressed() 函数是用来扫描键盘的，当有键盘被按下，程序就会进入 keyPressed() 里执行相关程序，因此我们称 keyPressed() 函数在全局进行扫描，触发条件为有键盘上的按键被按下。同样的，在 SimpleOpenNI 环境下也有类似 keyPressed 的函数，这个函数叫作 drawSkelekton()，它用来绘制人体。其实绘制人体的目的就是为了直观地看出人体的动态，当然对编程来说，这没有太大影响。

drawSkeleton() 函数在全局进行扫描，触发条件就是 onStartPose(String pose, int userId)，而该函数的内容为连接各个点的绘制函数 context.drawLimb()。各点为 HAND、NECK、HIP、ELBOW、TROSO、SHOULDER、KNEE、FOOT，之间的连接关系为 HAND 连 NECK、NECK 连 SHOULDER、SHOULDER 连 ELBOW、ELBOW 连 HAND、SHOULDER 连 TROSO、TROSO 连 HIP、HIP 连 KNEE、KNEE 连 FOOT。每个连接都用一句 context.drawLimb() 来实现，例如连线头部和脖子可以写成 context.drawLimb(userId，SimpleOpenNI.SKEL_HEAD，SimpleOpenNI.SKEL_NECK);。

你可以尝试连接不同点，绘制出不同风格的人体躯干。图 14.13 所示是一种绘制方式，图 14.14 所示又是另外一种绘制方式。

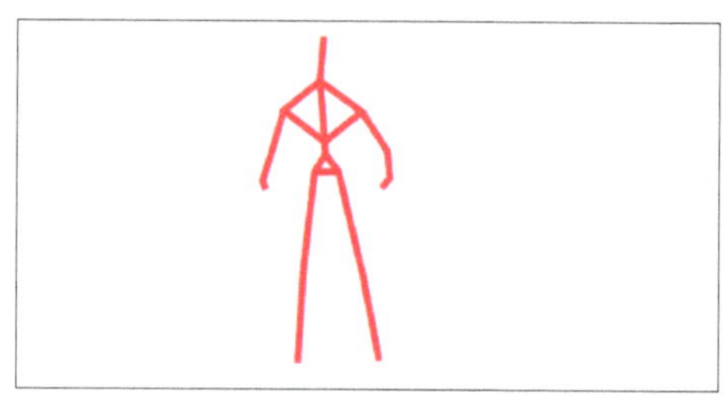

图 14.14 人体躯干的另一种绘制方式

14.6.3 3D 空间中两点距离的计算与应用

首先普及一下关于 3D 空间距离计算的

知识。在 3D 空间里，距离的计算和我们在高中时学的向量计算是一个道理，下面从 1D 和 2D 空间说起。

如图 14.15 所示的一条直线上的两个点，x_1 的坐标为 2，x_2 的坐标为 9，二者距离 $d=|x_1-x_2|=7$。

图 14.15

图 14.16 所示的直线由两个点构成，(x_1, y_1) 和 (x_2, y_2) 的坐标分别为 (2,6) 和 (8,1)。

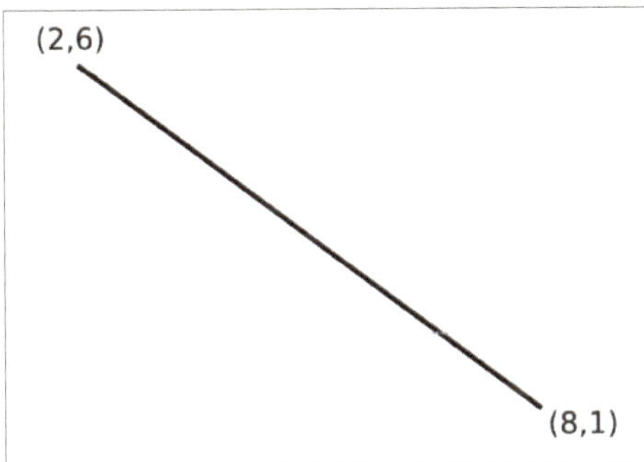

图 14.16

我们为图 14.14 添加一些辅助线，如图 14.17 所示，可以导出如下所示的公式：

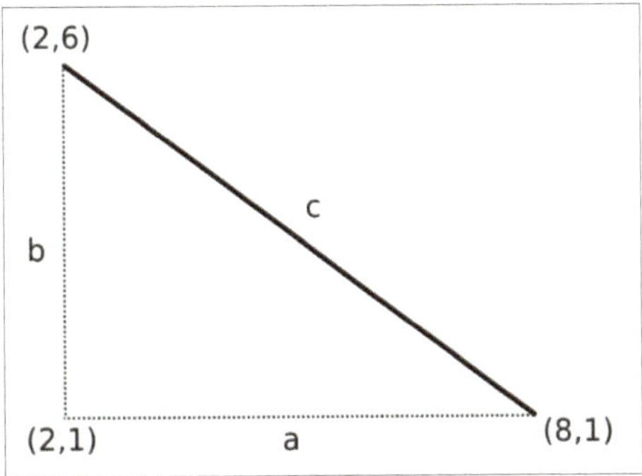

图 14.17

$c^2=a^2+b^2$（直角三角形关系）

$a=|x_1-x_2|$

$b=|y_1-y_2|$

$c^2=(x_1-x_2)^2+(y_1-y_2)^2$

$c=\sqrt{(x_1-x_2)^2+(y_1-y_2)^2}$

这就过渡到 2D 空间距离了。

3D 空间中无非是多加了一个坐标 z，(x_1, y_1, z_1) 和 (x_2, y_2, z_2) 两点的距离为：

$d=\sqrt{(x_1-x_2)^2+(y_1-y_2)^2+(z_1-z_2)^2}$

那么怎么在代码里实现 3D 空间中两点间距离的计算呢？首先定义一个新的函数 distances3D( )。

```
void distance3D(PVector point1,
PVector point2){}
```

在函数里，我们要添加一些变量来储存 x、y 和 z 的值，还需要一个变量来储存计算出的距离，也就是返回值。

```
float diff_x, diff_y, diff_z;
//储存 x、y、z 的值
float distance;
//储存最后的返回值（也就是距离）
```

接下来计算两个点之间的 x、y、z 坐标的差值。

```
diff_x = point1.x - point2.x;
diff_y = point1.y - point2.y;
diff_z = point1.z - point2.z;
```

之后就是简单的计算并返回计算结果了，变量 distance 用来存储计算结果。这个函数可以赋值其他变量，供自己设计的系统使用。

```
distance = sqrt(pow(diff_x,
2)+pow(diff_y, 2)+pow(diff_z, 2));
return distance;
```

我们现在假设可以得到左右手两点间的距离，然后可以制造一个长方体，这个长方体的宽度一定，长度就是两只手间的距离，那么效果就是手的动作会带来长方形长度的变化，这就是一个小应用。HNAD 点采样不准在此没有太大的影响，原因笔者尚且不知，但是采样单点信息抖动值很大，如果想强调精度，把 HAND 换成 WRIST（手腕）即可。

看完这个例子千万别无动于衷，这回你一定要有好的想法，比如你想获得键盘映射来操控键盘，获得鼠标映射来控制鼠标，或者直接获得图形映射来控制图形变化……或许你能写出个好玩的游戏。我觉得《贪吃蛇》的平台移植会很简单，所以以后一定要试一试，最终的结果就是用手势控制蛇的运动方向，从而控制蛇去吃更多的食物。

体感遥控直升飞机的制作

◇梁宇

很早的时候我就在做飞机的体感控制，最开始做的是四旋翼飞机，后来因为四旋翼飞机飞行的稳定性、安全和成本等诸多问题，我放弃了四旋翼方案。直升飞机相对于四旋翼飞机的最大优点就是更容易在空中悬停，这对于体感控制来说很关键，更便于测试。四旋翼飞机不是不可以悬停，只是成本太高，控制难度也要明显高于直升飞机。这一期我带领大家分析和制作体感直升飞机。

15.1 通信

直升机的控制方法有两种：间接控制遥控器和自制遥控器直接控制。当然，后者的控制精度、实时性、操作难度要远高于前者。第一种控制方法说白了就是自制一个摇杆，不过这个摇杆也不是普通的摇杆，具体应该叫可编程数字电位器，再说白了，就是可控电阻，大家看一下图15.1就懂了。

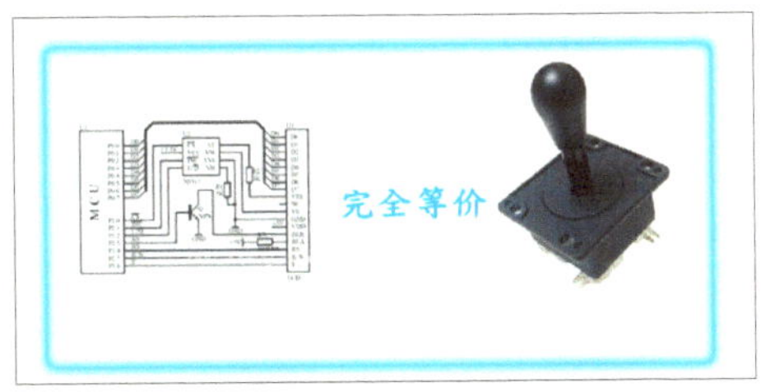

图15.1 用两片数字电位器芯片代替摇杆

第二种控制方法的大致原理就是截获飞机和遥控器的通信，也就是类似于当年一战、二战时截获电报的感觉。这个通信信息是不会公开的，就像当年战时，电报密文不会人手都有一样，但只要知道基本原理，就不难得到截获方法。

首先你要了解发射、接收信号都是要有芯片的，它们仅仅负责传送数据、接收数据。芯片的通信，最简单来说会有RXD、TXD引脚，此外还有芯片必不可少的GND引脚，只要知道了这3个引脚的位置，就可以接上PL2303芯片，直接到电脑上打开串口，然后让芯片工作，进而找到合适频段，截获数据，过程如图15.2所示。

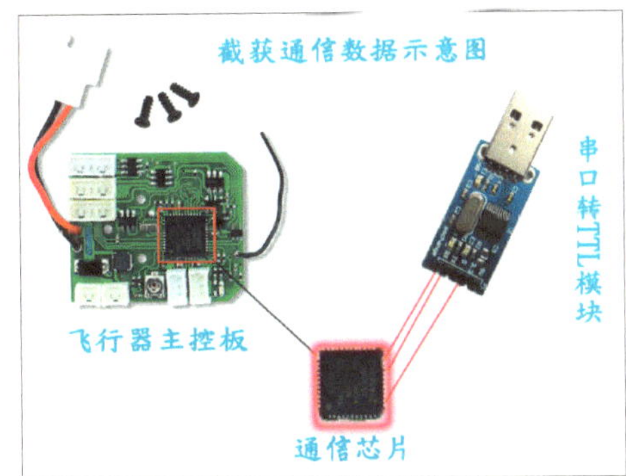

图15.2 截获通信数据原理示意图

不过原理看着很简单，但是实施起来会遇到如下问题，往往很难解决。

（1）连接好电路后，无法确定波特率，不同波特率会收到不同数据。

（2）接收到数据后，无法找到规律，不能总结出通信协议。

（3）通信为了稳定、更易于控制，往往是双向的，这样就增加了截获难度。

以上几点都是硬伤，数据截获成功率极低，所以后来我沮丧地放弃了，选择了间接控制遥控器的方法。

当然，遇到以上问题，勇敢的人完全可以通过自己开发主板，制作飞控来解决。

15.2 间接控制遥控器

间接控制遥控器的方法还是比较靠谱的，接下来说说怎么实现。我们要做的事情如图 15.3 所示。

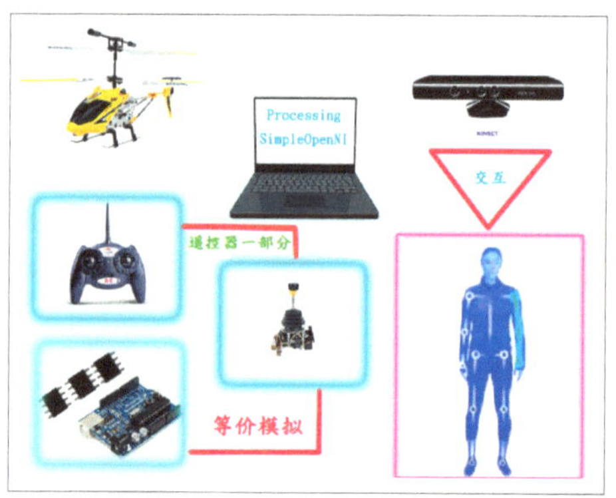

图 15.3　间接控制遥控器要做的事

（1）拆开直升飞机遥控器，把原来的模拟电位器（摇杆）拆下来，保留焊点。拆好之后，注意找个小盒子，装好螺丝、元器件，这绝对是个好习惯。

（2）仔细阅读 X9313WP 数字电位器的芯片手册，注意芯片各个引脚的功能、基本电路的搭建方法。

（3）编写下位机程序，让 X9313 阻值听你的指挥，也就是说，当 Arduino 驱动数字电位器时，接到某某指令后，数字电位器动作，改变阻值。这就涉及通信的问题了。

（4）在Processing 下编写上位机程序，调用SimpleOpenNI 库，得到Kinect 数据流，获取人体信息，这些信息转化成通信信息，即上文所说的某某指令，传递给 Arduino。

（5）然后开始测试，基本上就成了。

以上过程说得都很轻松，其实也真的不难，关键是编程。

15.3 数字电位器的使用方法

首先说如何用 Arduino 控制数字电位器。数字电位器可以完全替掉摇杆，既然飞机遥控器都拆了，那就做点什么，尽快让遥控器“出院”吧。

X9313 数字电位器是 DIP 封装的，一共 8 个引脚，如图 15.4 所示。Vcc 是高电平接入端，Vss 是负极接入端。R_H/V_H、R_L/V_L 和 R_W/V_W 相当于滑动变阻器的 3 个抽头（见图 15.5），其中 R_W/V_W 是活动抽头，介于 R_H/V_H、R_L/V_L 引脚之间运动，掌控着 R_H/V_H 和 R_W/V_W、R_W/V_W 和 R_L/V_L 之间阻值的变化。X9313WP 型号的电位器是 10kΩ 的，也就是 R_H/V_H、R_L/V_L 之间的电阻是 10kΩ。数字电位器是 32 阶的，意思就是将 10kΩ 分成 31 份，每份大约 330Ω。也就是说，电位器在动作时，精度是 330Ω。从图 15.6 中可以清楚地看出 R_H/V_H、R_L/V_L、R_W/V_W 之间的变化关系，其中 R_W/V_W 被传输门的开关控制着，开关的有规律闭合、断开会引起阻值的明显变化，这就达到了电阻数控的目的。

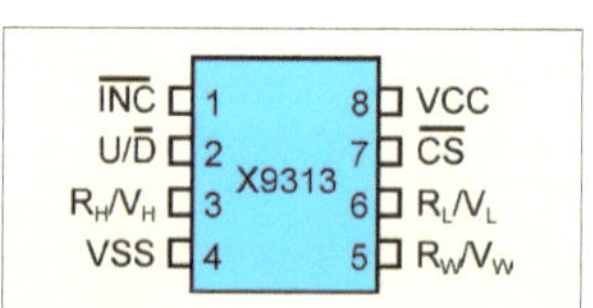

图 15.4　X9313 数字电位器的引脚

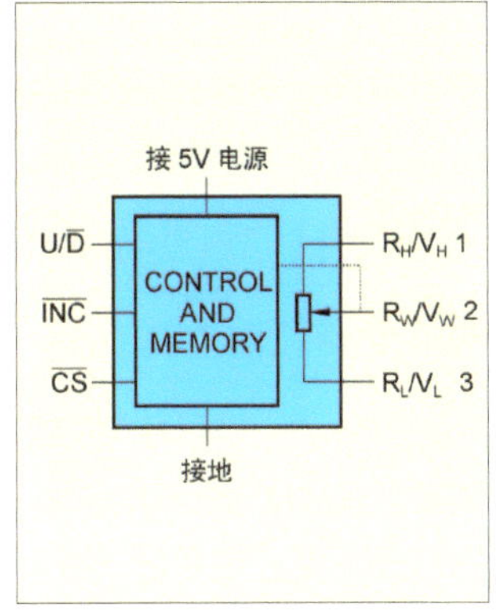

■ 图 15.5　X9313 原理框图

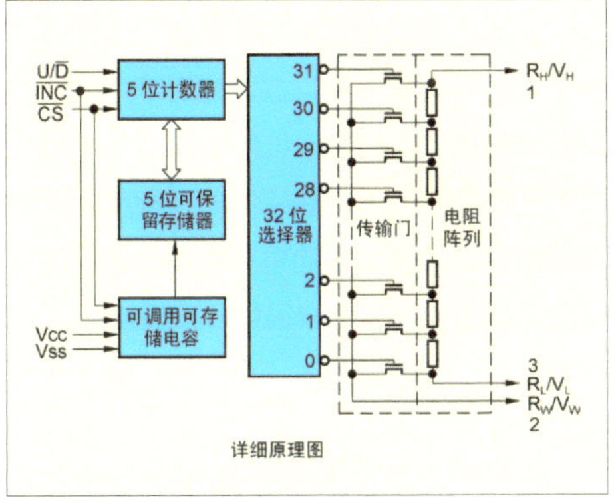

■ 图 15.6　X9313 详细原理图

$\overline{INC}$、U/$\overline{D}$、$\overline{CS}$ 为 3 个控制端。$\overline{CS}$ 为片选端，当 $\overline{CS}$ 为低电平时，X9313 被选中，此时才能接收 U/$\overline{D}$ 和 $\overline{INC}$ 的信号。$\overline{INC}$ 在一个脉冲的下降沿使计数器的数值增减 1，是增还是减由 U/$\overline{D}$ 端输入的逻辑电平决定。如果 U/$\overline{D}$ 为高电平，则滑动端向 R_H/V_H 端滑动，R_W/V_W 与 R_H/V_H 间的电阻值减少 1 阶，也就是 330Ω；反之，如果 U/$\overline{D}$ 为低电平，则滑动端向 R_L/V_L 端滑动。但是要注意，滑动端 R_W/V_W 不会一直滑动下去，滑动到边缘也不会再循环滑动回来。如果你想储存滑动后的电阻值，可以让 $\overline{CS}$ 和 $\overline{INC}$ 变为高电平，计数器的值就被存储。

写到这里，大家应该可以看懂以下的向上滑动（增大阻值）的函数了。其中 digitalWrite(x，y) 用来控制引脚 x 的电平高低。

写到这里，大家应该可以看懂这样的函数：

```
voidup( )// 定义一个增大阻值的函数
{
    digitalWrite(cs,LOW);
    // 低电平选择芯片
    digitalWrite(ud,HIGH);
    // 上升沿会触发向上移动滑动端事件
    digitalWrite(inc,LOW);
    //INC 是低电平时才会触发，移动方
向由 UD 决定（高上低下）
    delay(1);
    // 延时的目的是给 X9313 足够的时间
反应（一个机器周期就够了）
    digitalWrite(inc,HIGH);
    // 为向上滑动做好准备
    digitalWrite(cs,HIGH);
    // 高电平取消片选，即停止动作，同
时为储存数值做准备
}
```

同理，向下滑动（减小阻值）的函数只要把部分电平值改一下就能写出了。

```
voiddown( )
{
    digitalWrite(cs,LOW);
    digitalWrite(ud,LOW);
    digitalWrite(inc,LOW);
    delay(1);
    digitalWrite(inc,HIGH);
    digitalWrite(cs,HIGH);
}
```

接下来难题就出现了：怎么定位，也就是怎么把数字电位器的阻值定到你想让它停下来的位置？你首先会想这样做，定义一个函数，比如 Set_R()，它返回空值、有参量，即 voidSet_R(int i)。其中“i”就是挡位的数值，它是整数，且可从 0 到

31 变化。

那内部的结构怎么办呢？设定挡位要有一个标准，也就是参照物，没有参照物的话，挡位的数值根本不成立。参照物设为起点或者终点都可以，因为我们可以使滑动端很轻松地滑到这两个位置。

```
intcount=0;
intcount2=0;
voidSet_R(int i)
{
   if(count2==0)
   // 死活都要进入循环的
   {
      while(count<32)
      // 清零预动作，任何时候 count 
都会小于最高档位 32 的
      {
         down();// 执行挡位下降函数，
阶梯性降低挡位（一次一挡）
         delay(20);// 芯片手册上明
确写着 20μs 为最低反应时间
         count++;//down( ) 函数执
行 32 次
      }
/* 以上步骤就是为了找到参照系，这样便
于挡位的确定，如果你现在想定位挡位 8，
那么只要执行 up( )8 次就行了，以此类推
*/
      count=0;
      // 接着进入变化挡位状态
      while(count<i)
       //i 的值代表你打算定位的挡位值
      {
         up( );
         delay(20);
         count++;
      }
      count=0;
      count2=1;
      // 此函数只执行一次，达到目的即止
   }
}
```

这里只说基本功能了，要想把代码有机地组合起来，就得仔细考虑、细心斟酌，建议这样操作：在我给的思路下，自己写全代码，完美驱动 X9313WP，然后扩展到驱动 3 个 X9313WP。当然，我会在提供下载的程序中给出参考答案的。

15.4 搭建测试平台

我经常去 YouTube 看一些科技类的视频，深深感到我解决问题的方法还不够科学，所以我打算构建一个科学的测试平台，顺利地完成预期目的。方法科学了，问题自然就会少。具体思路如下：我们想看到数字电位器的变化，可以看万用表的数值，但是万用表不是很好固定，而且数据的变动太快，也不容易察觉，当数字电位器增加到 3 个时，我们还不得不用 3 块表来同时观察度数。我们选择了通过直流电动机来观察转速变化，配合万用表使用，效果很好，原理如图 15.7 所示。

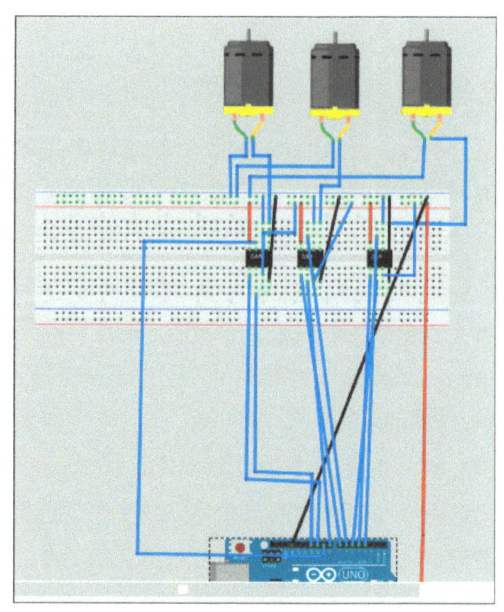

图 15.7 测试平台原理图

图15.7表达的意思很简单，就是通过程序控制电机的转速。如果觉得转速不易观察，可以安装上齿轮或者是冰棍杆、橡皮泥之类的。连接原理图如图15.8所示。

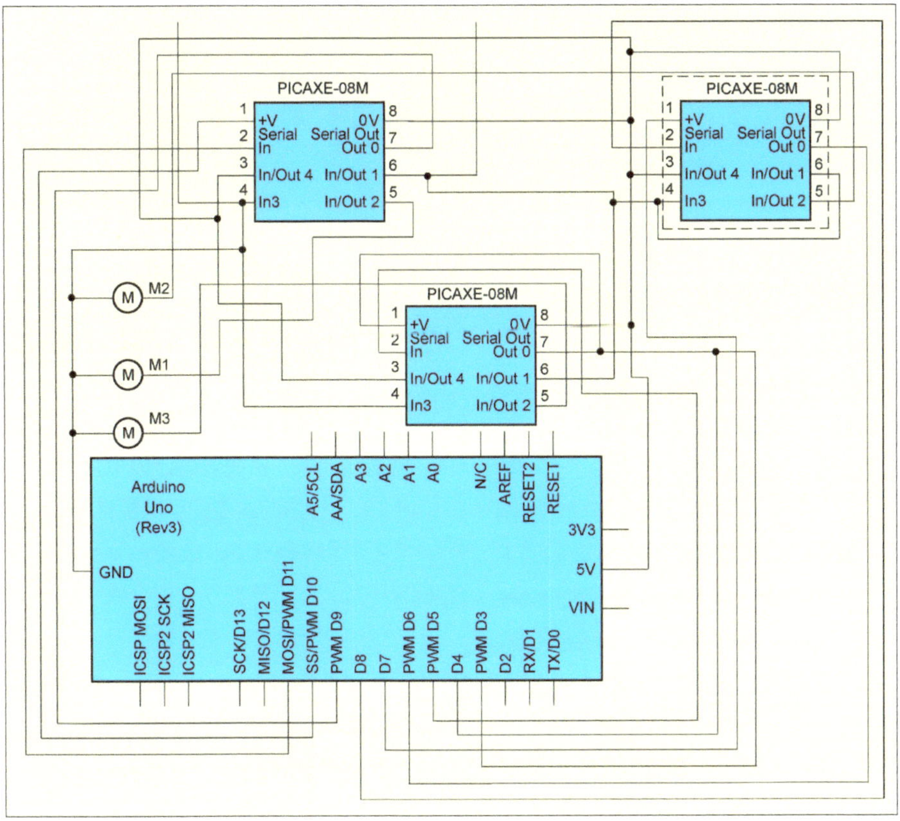

图15.8　测试平台电路图

如果感兴趣，经济条件也允许的话，可以制作一块专门的电路板，我设计的Arduino数字电位器拓展板如图15.9所示。

这个平台搭建好之后，就可以测试很多程序了。其实在电路搭建上还有个需要注意的地方，那就是电阻、电容的问题，适当加上会提高电气的稳定性，不加也可以，但可能会影响一些程序的稳定性。推荐在将$\overline{\text{INC}}$、$\overline{\text{CS}}$、U/$\overline{\text{D}}$接单片机之前串联10kΩ电阻，在RH/VH、RL/VL两端分别如图15.10所示连接电容，这样会明显降低噪声，稳定性也大大增强。

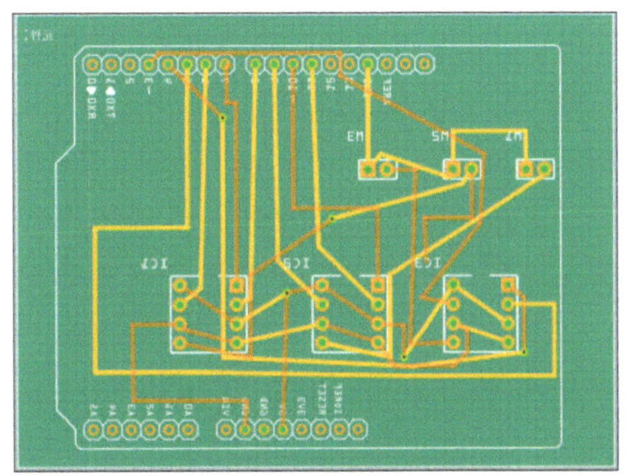

图15.9　Arduino数字电位器拓展板

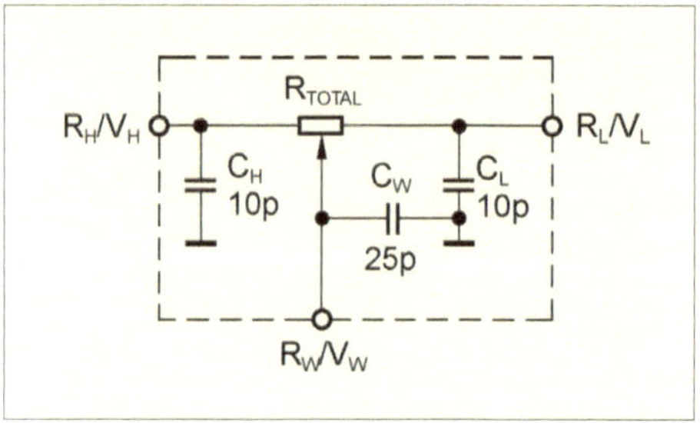

图 15.10　为 RH/VH、RL/VL 端连接电容

当你搭建好测试平台之后，就会发现自己省了很多时间，效率大大提高。其实解决问题的高效方法就是建造科学的操作平台。我以前调试人形机器人时，上半身的调试很简单，因为不必去考虑平衡的问题，也不怕机器人会摔倒。当我很开心地解决了上半身的运动之后，一个让人头疼的问题立刻就困扰我了，那就是如何调试下半身。要知道下半身的调试是很复杂的，最容易遇到的就是平衡问题：机器人在调试过程中一定会摔倒。傻傻的我，竟然没想到把机器人吊起来就可以很高效地调试。当我想到这点时，我马上想起曾经在 YouTube 上看到的调试一款工业机器人的视频，他们就是采用轨道加悬吊的方式来调试。

这里依然可以通过搭建调试平台来高效地解决问题，思路就是数控数字电位器，通过程序，人为地控制 X9313WP 芯片的电阻输出。控制方式如图 15.11 所示，有两种可选（当然不止两种）：一种是利用电脑向 Arduino 输入指令，Arduino 接收到对应的指令，就会命令 X9313WP 芯片输出对应的既定阻值；另一种是通过键盘输入，Arduino 接收键盘信息后，改变 X9313WP 芯片输出的阻值。后者调试起来更方便，前者更考验编程的能力。

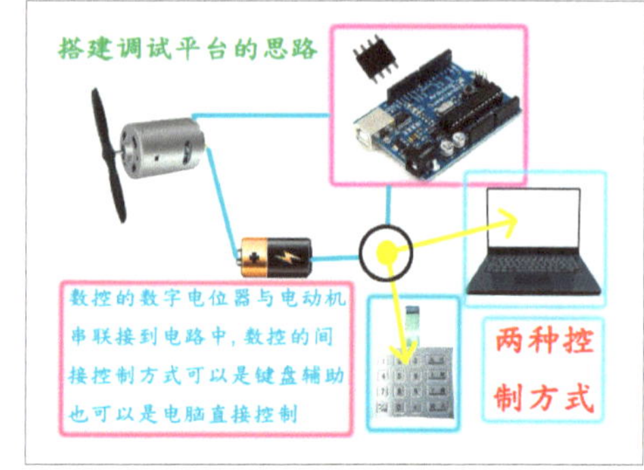

图 15.11　搭建调试平台的思路

15.5　上位机程序及 Kinect 算法设计

想要飞起来，首先要确定以下几点。

（1）飞行方向对应的手势是什么。

（2）手势确立后，还要做到手势间不会相互干扰，即手势独立、指令独立。

（3）实现起飞前的“对码”，即在正常遥控器上动作为上下拉动摇杆，在手势操作上有对应动作替代摇杆动作。

（4）稳定控制，不至于脱控。

（5）安全停机并退出程序。

我设计了一个操作界面，如图 5.12 所示，其中圆圈内的手可以跟随自己的手势动作，到达不同区域有不同的对应指令，以保证飞机飞行控制的方便。

图 15.12　飞行控制操作界面

图 15.12 描绘的是用操作者的右手在图像界面里运动，粉色标尺位置对应不同指令，平衡位置相当于飞机的常态状态，反映在实际操作摇杆上，就是图 15.13 所示的状态（图 15.13 右手操作部分相当于图 15.12 中的状态）。

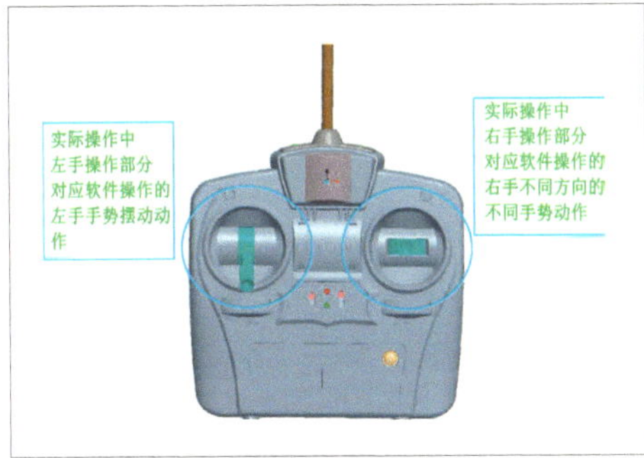

图 15.13　对应的实际操作摇杆

以上信息只解决了左右、前后飞行的问题，但是直升飞机在三维空间飞行，还要添加上下飞行（油门）的操作。这个操作由左手来完成，左手的摆动控制飞机的油门大小。

上位机软件界面如图 15.14 所示。右手的位置可以确定直升飞机的飞行方向，中央的圆圈为对码区域，即常态区，当飞机要起飞时，手的位置一定要调整到圆圈内部，相当于遥控器处于常态的样子。左侧的红色进度条代表油门大小。在 Kinect 中，油门的大小采用变量 get_angle 来控制，get_angle 值的获得方法为：构造左手腕部、左侧肩部、左侧臀部 3 点形成三角形，位于三角形肩部的角的角度即为 get_angle，将其大小映射（map 函数）到油门的大小，就可以形象地控制飞机的油门大小了。

总体来说，飞行器的身体姿态综合控制方法如图 15.15 所示，由右手控制飞行方向，左手制造的角度大小控制油门，制造角度的方法就是左手靠近身体与远离身体。

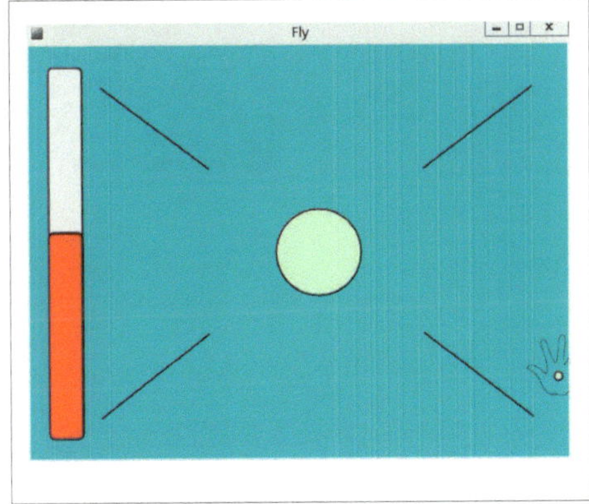

图 15.14　上位机软件界面

人体在 Kinect 中可以用 enableMirror() 函数来激活镜面关系，也就是说左、右手的位置可以在 Kinect 中调换。图 15.15 可以视为从背后观看人的动作，也可以视为采用 enableMirror() 函数后，以左手控制飞机的油门，以右手控制飞机的方向。

最终效果请看视频（http://v.youku.com/v_show/id_XNjQ1NDU0MjMy.html，见图 15.16），唯一的区别是，这个视频演示的是初版的程序和算法，我在这篇文章中讲述的是新版本的算法和程序设计。

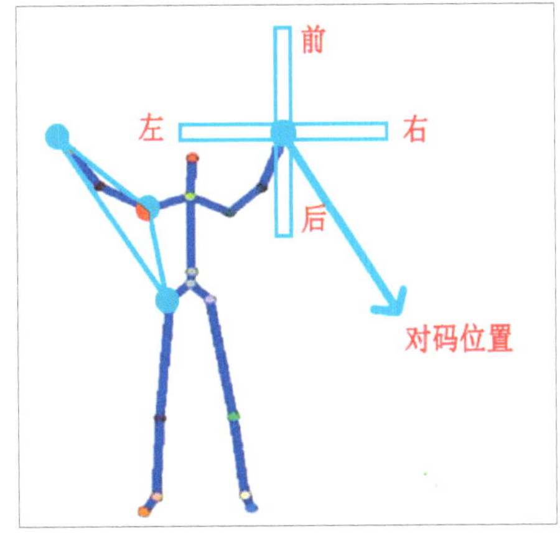

图 15.15　飞行器的身体姿态综合控制方法

图 15.16　实际操控直升机

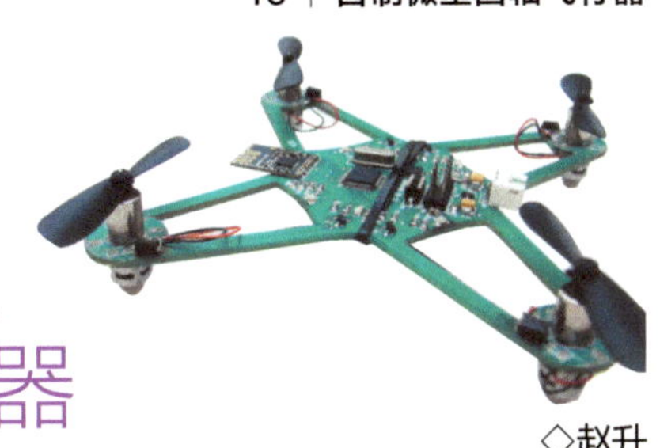

自制微型四轴飞行器

◇赵升

从小我就有一个向往蓝天的梦，相信很多人也和我一样有着飞天梦，那蔚蓝的天空，是最纯净的自由。无意间在网上看到有关于微型四轴飞行器的内容，就深深地被它小巧灵活的身影所吸引。在一番了解之后，我发现微型四轴飞行器更倾向于电子技术的应用，而对机械结构要求简单。最重要的是它成本很低，比起动辄成千上万的飞行器航模来说，微型四轴飞行器对每一个带着蓝天梦的电子爱好者有强烈的吸引力。本文将为大家分享我的低成本的微型四轴飞行器的制作过程。

自制一款能够平稳飞行的微型四轴飞行器需要很多硬件和软件的支持，且我希望自制 PCB、传感器、飞控软件，甚至遥控系统。我的设计思路是先从硬件（见图 16.1 和表 16.1）做起，使用 STM32 主控芯片，配合 MPU6050 陀螺仪传感器，构建惯性导航平台。再用无线射频将遥控数据传输给飞行器，控制飞行器姿态。软件用到惯性导航的知识，采用相对比较简单的捷联惯性导航，控制各个电机转速。遥控器是利用某低端遥控器改装的，使用 AD 采集遥感信号，再用无线射频以特定的格式将数据发送给飞行器。

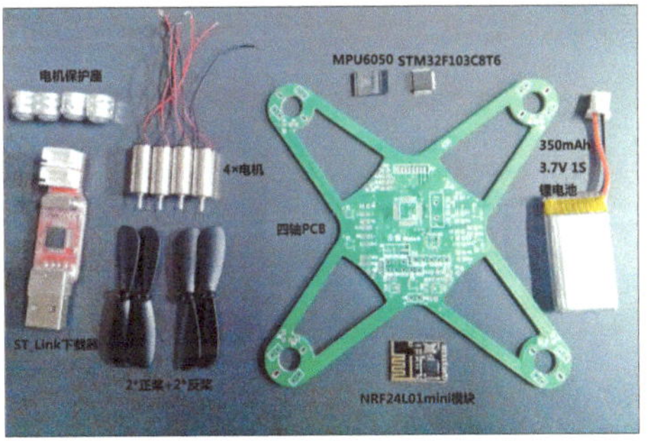

■ 图 16.1 制作微型四轴飞行器所需材料

表 16.1 硬件清单

硬件清单
STM32F103C8T6 芯片
NRF24101 2.4GHz 无线射频模块
MPU6050 六轴陀螺仪加速度计芯片
四轴 PCB
空心杯电机 7×16
螺旋桨 46mm 2× 正桨 +2× 反桨
电机保护底座
ST-Link 下载器
1S 3.7V 锂电池
电阻、电容、MOSE 管、LED 灯……

16.1 元器件准备

16.1.1 控制芯片——STM32F103C8T6

说实话，在做四轴飞行器之前，我是 ARM 的“菜鸟”，即使到现在，ARM 水平也不怎么样，所以读者尽可大胆看下去，对电子的狂热才是最重要的。图 16.2 所示是四轴飞行器的 STM32 控制部分的原理图。STM32F103C8T6 有 37 个快速 I/O，对需要安装多个传感器的四轴飞行器来说十分有用，比如控制无线通信 NRF24L01 的 SPI 接口、MPU6050 的 I²C 接口、4 个电机的 4 路 PWM 接口、多路 LED、UART 接口等。STM32F103C8T6 内部众多的资源使四轴飞行器使用一片芯片即可完成控制，这也是微型四轴飞行器成本低和重量轻的重要原因。

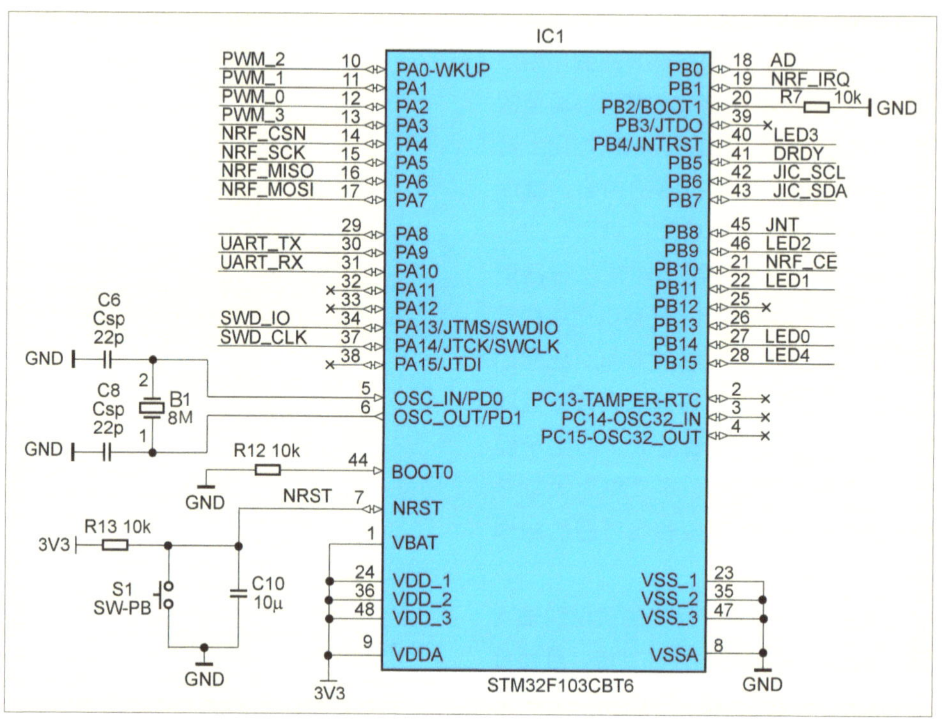

■ 图 16.2　STM32 控制部分的原理图

16.1.2　六轴陀螺仪加速度计——MPU6050

有人可能会问，加速度计不就是测量各轴加速度的吗，对加速度的值进行简单的转换就可以得到飞行器的姿态了呀？对的，你和本人最初的想法是一样的。但是，飞行器在飞行过程中不可能一直平稳，如果有外力作用（比如风），容易导致飞行器向一侧偏离，加速度计的数据就不准确了。这时，就需要有陀螺仪对各轴的数据进行校正，从而输出准确的飞行姿态值。其实，加速度计和陀螺仪有很多种选择，比如加速度计 ADXL345、陀螺仪 ITG3200 等，都可以实现四轴飞行器对飞行姿态数据的测量，但 MPU6050 是集成陀螺仪和加速度计于一体的传感器，对我们设计电路、增加系统稳定性、节约 PCB 面积等方面都有比较好的帮助，且价格也不贵。MPU6050 原理图如图 16.3 所示。

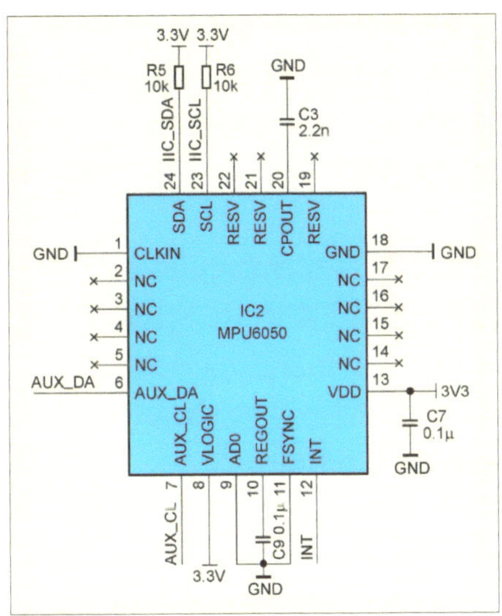

■ 图 16.3　MPU6050 原理图

16.1.3　无线模块——微型 NRF24L01 模块

既然是遥控飞机，当然不能连着线玩，而且微型四轴飞行器对无线模块的大小、重量都有着很高的要求。自己制作无线模块，可能信号处理不好，会造成通信距离很短或数据掉包严重等情况。所以，选择这种微型 NRF24L01 模块（见图 16.4），实测重量不到 0.5g，虽然没有外加增益，通信距离也可以达到 10m，已经满足我们对微型四轴飞行器的制作要求了。

■ 图 16.4　NRF24L01 模块

16.1.4　电机驱动模块——AP2306AGN

电机驱动模块用的是 AP2306AGN 的 N 沟道 MOSFET，可别小看电机驱动 MOSFET,笔者之前制作了好几个小飞行器，都是因为 MOSFET 的漏极电流不够，不能驱动空心杯电机，导致根本飞不起来。最后使用这种 MOSFET 后，问题才得以解决。

再仔细看 P1 电机接口旁边的二极管（见图 16.5），那里也暗藏玄机。在更换 MOSFET 后，四轴飞行器就可以飞起来了，但是 MOSFET 总是烧毁。总结后得出，在电机高速旋转时，会产生很大的反电动势，这个反电动势加在 MOSFET 上，瞬间击穿 MOSFET,所以加上一个二极管,进行续流,就可以保护其他电路。

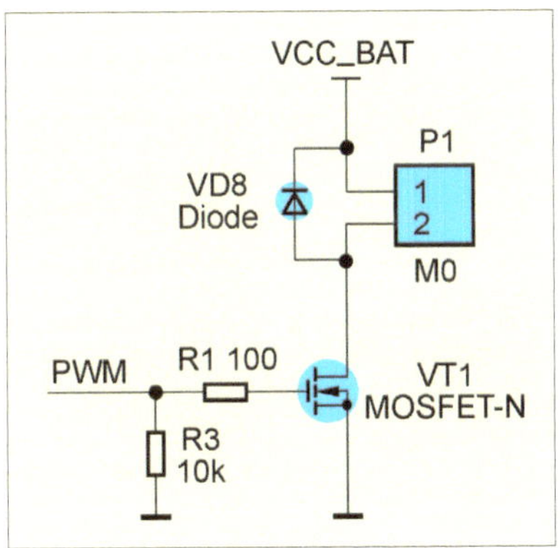

■ 图 16.5　电机驱动电路

16.1.5　电机和螺旋桨

微型四轴飞行器的电机选择非常重要，既要选择扭力大的电机，又要有很轻的重量，一般选择空心杯电机驱动，而这类电机分为直接驱动和使用减速齿轮组（见图 16.6）驱动两种。减速齿轮组一般应用于载重量较大的100g左右的四轴飞行器中，其飞行器的体积也会较大，约25cm×25cm。而我要制作的飞行器的大小是10cm×10cm，使用减速齿轮组当然不合适，只能使用直接驱动电机。

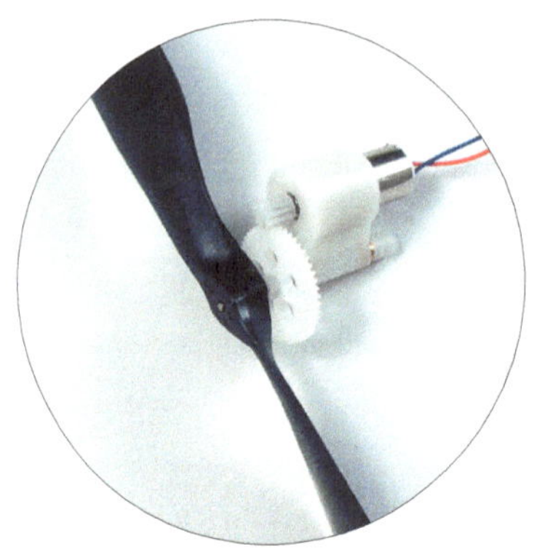

▪ 图16.6　减速齿轮组

直接驱动电机有两种型号：7×16和7×20，7指直径，16和20指电机长度，单位为mm。电机越长，提供的扭力越大，但重量和耗电也越大，电机参数见表16.2。

除了电机，螺旋桨大小也值得注意，笔者在初次制作微型四轴飞行器时，选用图16.7中右边的直径75mm的螺旋桨，由于桨的直径过大，旋转时阻力过大，电机扭力不足，飞行时电机电流很大，虽可以勉强起飞，但也只能停留数十秒，就因电压降低而飞不起来了。所以一定要选择合适的螺旋桨，如图16.7所示的左边的螺旋桨，直径46mm，飞行就很稳定，可以稳定飞行6min左右。

表16.2　电机主要参数

型　号	额　定			空　载			启　动	
	电压（V）	转矩（g.cm）	转速（r/min）	电流（mA）	转速（r/min）	电流（mA）	转矩（g.cm）	电流（mA）
ZXD7PK16-Y	3.5	3.0	39000	≤100	24000	≤500	8.8	≤1200

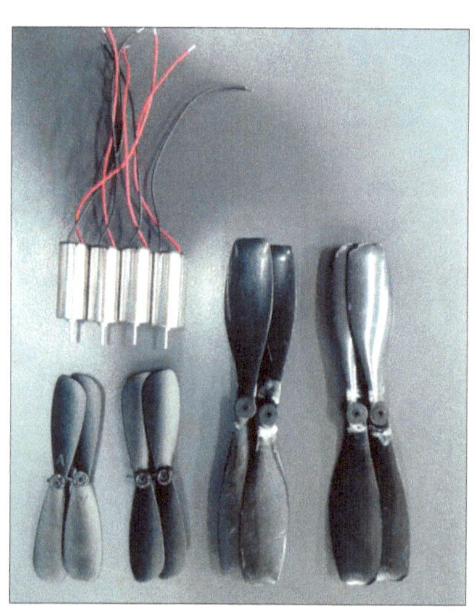

▪ 图16.7　电机和螺旋桨

16.1.6　电池

好马配好鞍，这么多高速的电机，普通的电池可是带不起来的哦，得使用之前提到的1S/3.7V/25C航模锂电池。

16.1.7　PCB设计

最后就是PCB，我们的微型四轴飞行器是用PCB材料承重，将PCB作为整个飞机的支架，PCB设计既要轻便，也要抗摔，毕竟飞行器飞来撞去是常有的事，可不能随便就坏掉。笔者设计的PCB图如图16.8所示，采用的板材为FR-4，板厚1.6mm。4个电机支架设计成三角形，既增加了稳定性、抗摔性，又不会增加机身重量，而且外形美观。这种结构相对于单轴电机架，电机方向不易偏离，可以保证各个电机升力方向竖直，对飞行器的稳定飞行有重要的帮助。

■ 图 16.8 飞行器 PCB 图

PCB 布线采用 10mil 走线，在设计时是纯手工布局布线的，将发热量较大的 MOS 管远离芯片，加速度计陀螺仪芯片置于 PCB 中心，更利于准确测量飞行器的飞行姿态。无线控制模块接口在飞行器前端，最大程度地增加了信号接收强度。电源模块接口位于飞行器后端，远离重要芯片，降低电磁干扰对其他传感器的影响。所有芯片、元器件均采用贴片封装，既节省 PCB 面积，又较为美观。我预留了串口等接口，方便后期调试。

TIPS：航模锂电池参数里的“25C”可不是摄氏度哦。C 是指放电倍率。25C 就是指该电池最大放电电流是其容量的 25 倍。例如，标有 25C 的 350mAh 的电池，最大放电电流就是 25×350mA=8.75A。有了高的瞬间放电电流，才能为电机提供足够的动力，并且这种锂电池质量只有不到 10g 哦！是不是很轻？

16.1.8 电机保护底座

在飞行器飞行中，尤其是调试的时候，坠机最常见了，4 个电机作为整个飞机的动力系统，没有冗余，损坏任何一个便会导致飞行器飞行不稳定，电机保护底座（见图 16.9）能最大限度地保护电机不受损害，在我实际试飞的时候有很好的效果。

■ 图 16.9 电机及保护底座

16.2 完成效果

焊接好所有元器件，并安装电机和桨，就完成了微型四轴飞行器的硬件制作，如图 16.10 所示。怎么样，挺漂亮吧？如果是夜晚，几个 LED 灯闪烁，十分耀眼。再测一下整机的重量，32g，还不错，根据以往的经验，50g 以内都可以轻松起飞哦。

■ 图 16.10 制作完成的飞行器

至此，硬件装配全部完成，大家也对微型四轴飞行器有了一个初步的了解。接下来，我们一起来看看四轴飞行器的飞控程序吧，进一步了解四轴飞行器的控制过程。

思想是生命的灵魂，四轴飞行器的飞行控制系统有着与硬件同等重要的地位。飞行控制系统用于将姿态传感器的数据进行处理，运用惯性导航中的算法，计算出飞行器的飞行姿态，再结合遥控器操控数据，给飞行器动力系统发送控制命令。四轴飞行器的姿态和位置存在耦合关系（俯仰和横滚直接引起机体向前、后、左、右移动），如果精确控制飞行的姿态，则采用一般控制规律就足以实现对其位置与速度的控制。

16.3 知识储备

飞行器姿态计算涉及惯性导航，算法的目的是用陀螺仪和加速度计的数据进行方位角的计算。一般常用的方法有卡尔曼滤波的惯性导航、捷联惯性导航等，如图 16.11 所示。不要觉得这些很难懂，通俗来说，捷联惯性导航的基本原理就是利用飞行器上三轴陀螺仪（角速度数据）进行积分，得到三轴角度，但由于陀螺仪积分存在累积误差，会使得出的角度值产生偏差，所以再使用加速度计的数据（三轴重力）对陀螺仪积分进行校准就可以得到较为可靠的三轴角度值了，也就是飞行器的姿态。

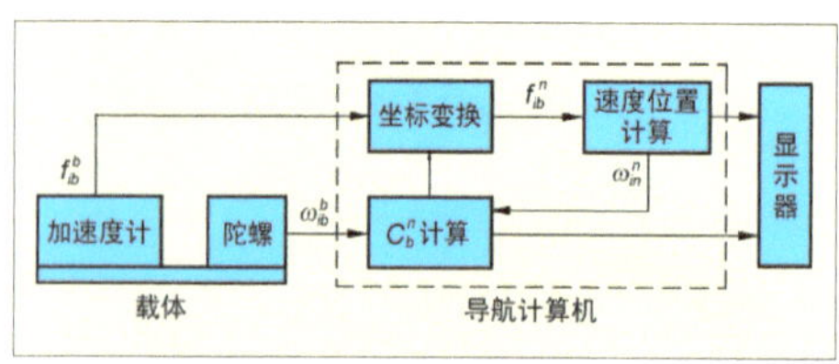

图 16.11 方位角的计算方法

16.4 控制原理

如图 16.12 所示，飞行器陀螺仪和加速度计数据经过捷联惯性导航融合，得到姿态角，再根据遥控器传来的数据与飞行器实时姿态进行比较，得出各个控制量，然后对控制量分别进行 PID 处理输出数据，最后将输出数据转化为对应的 PWM 信号，控制电机转速，达到控制飞行器姿态和位置的目的。

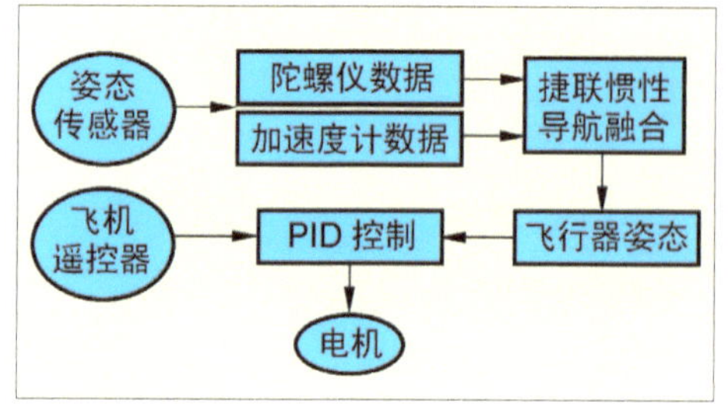

图 16.12 飞控原理示意图

16.5 自制遥控器

制作完飞行器硬件之后，得有一款方便顺手的遥控器，鉴于市场上专业遥控器成百上千的价格，且这些遥控器并不适合于我们自制的飞行器，所以我们特意为这个自制的飞行器打造了一款超低成本的遥控器。这正是电子爱好者和航模发烧友的区别，只有自己亲手制作的，才是最好的。

16.5.1 元器件准备

1. 遥控器模型

遥控器的制作相对简单，使用自制遥感也可控制，但由于自制遥感工艺差，手感不好，会大大影响使用效率。图 16.13 所示是一款遥控玩具所配遥控器，这款遥控器具有液晶显示屏，方便了解各遥感通道的情况，而且遥控有很多微调按钮和自定义按钮，这对我们改造遥控器、增加自定义功能有很大帮助。我们就在此款遥控器基础上进行改造。

2. 控制芯片

控制芯片使用 Easy ARM1138 开发板。此芯片具有 8 路 12 位高速 AD 和硬件 SPI 接口，既方便采集遥感位置，又容易驱动同样具有 SPI 接口的 NRF24L01 芯片，并且此开发板调试工具齐全，不需要外置调试器。

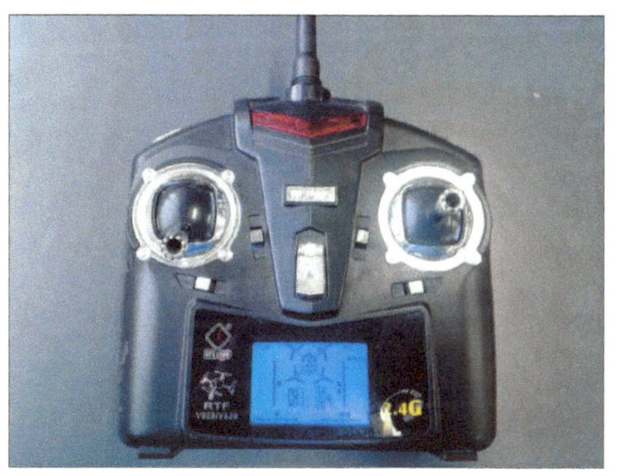

图 16.13　一款遥控玩具所配遥控器

3. 无线芯片

无线发送模块由于不用考虑体积问题，所以与飞行器所用的迷你无线模块不同，采用增益大、价格便宜的通用型 NRF24L01 模块。增益越大，飞行器的可控距离就越远。实测此模块，遥控距离大约 10m。基本满足微型四轴飞行器的室内飞行需求。

16.5.2　改造方法

1. 摇杆方案验证

图 16.14 所示为市场上常见的游戏机手柄遥杆，遥控器有两个摇杆，分别是油门摇杆和方向摇杆。每个摇杆有两组电位器，摇杆的位置可以由电位器的电位来确定。此摇杆适合我们即将改造的遥控器，故以此验证我们的遥控器设计。首先，将其电位器输出端连接 MCU 的 AD 采样通道。两个摇杆共 4 路数据，分别对应升降、旋转、俯仰和横滚。然后拨动摇杆，读取 MCU 的 AD 值，根据读数反应灵敏度，调整 AD 采样间隔。直到摇杆变化能被及时检测，此时摇杆方案验证成功。

图 16.14　市场上常见的游戏机手柄遥杆

2. 无线模块驱动

无线模块采用 SPI 接口，将其与 MCU 的 SPI 接口连接，并编写驱动程序。与飞行器简单通信调试，工作正常。

3. 供电模块

遥控器中液晶显示屏、摇杆、无线模块、主控板等都需要 5V 供电，如果使用 5V 电池，使用过程中电压衰减，将影响遥控器信号的稳定性。故采用 9V 电池供电，使用电源芯片 9V 转 5V 后，为各模块提供电源。

4. 电路改装

具体改装方法不详述，如图 16.15 所示。

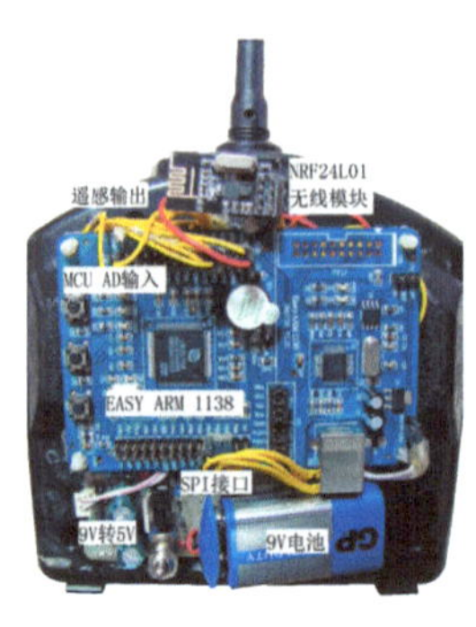

图 16.15　玩具遥控器电路改造示意

16.6　软件编程思路

由于每次上电时遥控器电源电压有少许不同，即使摇杆在同一个位置，也会读出不同电压值，所以每次上电时，都要将摇杆归位，测量此时 AD 数据多次，取平均值，记为中立点，然后将摇杆数据同中立点相减，即可得到摇杆实际偏移值。对此时的偏移值进行简单平均后，就可以通过无线模块发送了。另外，为避免无线发送误码，故自定义一定的通信协议、起止码、校验码，降低出错概率。编程思路如图 16.16 所示。

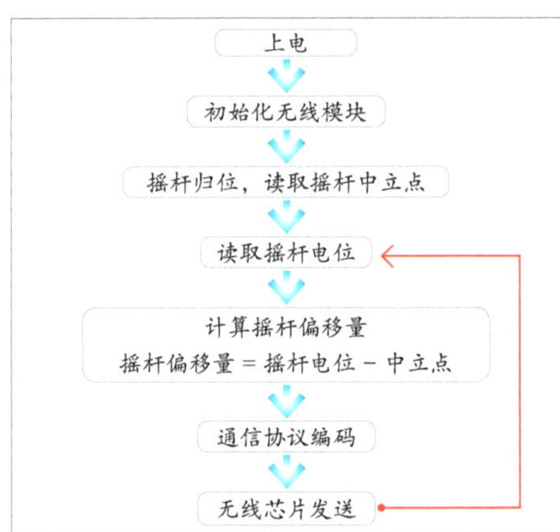

图 16.16　编程思路

16.7　调试及试飞

经过硬件制作、软件编程、遥控器改造等步骤，微型四轴飞行器终于做好了！但在起飞之前，还有一些注意事项非常重要：一个是起飞时要轻推油门，另一个是要注意 4 个电机正、反桨安装是否正确。别以为这些注意事项不重要，我第一次就迫不及待地装好电池，打开电源，解锁，推满油门，只见电机飞转，飞行器径直朝我飞来，在我面前坠机在地，吓了我一身冷汗，所以一定要轻推油门。

16.7.1　调试

1. PID 调试

四轴飞行器制作好后，首先应该对其 PID 进行调节，不合适的 PID 参数轻则导致飞行不稳，重则直接导致坠机，我第一次的坠机就是因为没有调整 PID 参数。有关 PID，本刊之前有文章介绍得很好，本文不再赘述。在调试时，先将 I 和 D 改为 0，调整比例系数 P。如果飞行器能起飞但有一定振荡，则增加微分项 D，调整飞行器的稳定性，再试着增加 I，提供一个积分因子，降低漂移。经过一定调试后，飞行器就能稳定飞行了。

2. 遥控比例系数调试

在飞行器稳定飞行后，拨动飞行器摇杆，确定遥控器灵敏度，在遥控器的偏移量上增加一个放大系数，来控制遥控器灵敏度，使遥控器适合操控。

16.7.2　试飞

经过历时半年的制作，微型四轴飞行器终于迎来它真正的试飞。微型四轴飞行器在经过多次调整 PID 参数、优化代码的基础上，飞行效果也逐步提升。我还录制了室外飞行视频供读者学习交流，见 http://v.youku.com/v_show/id_XNjYyNzAzMTc2.html。

用树莓派 DIY 平板电脑

◇贺斌

树莓派（Raspberry Pi）主板可以说是个“微型”的奇迹，它和一张信用卡的大小差不多，却是一台非常小巧的通用计算机（或许会比你习惯的某些桌面系统要慢一些，但在一些其他方面却比一台 PC 要好很多）。你能用它来做任何你在一台普通计算机上能做的事情，而功耗只有几瓦。除此之外，树莓派具有强大的多媒体和 3D 图像处理能力。

笔者从事软件设计工作，在开发一套多媒体展示系统时，初次结识了树莓派（Raspberry Pi），并立刻被它强大而灵活的应用方式所吸引，激发了笔者学习树莓派软硬件开发的热情。用过树莓派的朋友都知道，树莓派是一张信用卡大小的主板，开始使用之前，我们需要准备一些周边设备：一台显示器、一套键盘鼠标、一块 SD 卡。如果能把这些周边设备集成起来，变成当下流行的平板电脑，既方便了学习也方便了娱乐，岂不是两全其美！这台树莓派平板电脑不仅集所有实用功能于一身，还要足够便携，并且基于 Linux。

17.1 准备

笔者有一块 B 型树莓派主板，本次 DIY 平板电脑，它就是核心了。依托万能的淘宝，所有的组件几乎都是网购的，组件清单见表 17.1。

表 17.1 组件清单

组件名称	数量	备注
原装英国产 B 型树莓派主板	1	
7 英寸 LCD 电阻触摸屏	1	触摸芯片需为 eGalax 的芯片
USB 无线网卡	1	树莓派免驱动
纯铜散热片	3	
三星 32GB TF 卡	1	TF 卡需 SD 卡转接卡套
HDMI 超软排线	1	
10400mAh 的充电宝	1	
带螺丝孔 RJ-45 延长线	1	
川宇 H202 USB HUB	1	
GPIO 扩展延长线	1	
开关	1	
Micro USB 公口	1	
Micro USB 母口	1	
USB A 型公口	1	
导线	若干	
ABS 板	若干	
铜柱、螺丝、螺母	若干	
双面胶、胶布、胶水	若干	

表 17.2 B 型树莓派硬件配置

项目	B 型
Soc	BroadcomBCM2835 （CPU、GPU、DSP 和 SDRAM、USB）
CPU	ARM1176JZF-S 核心（ARM11 系列）700MHz
GPU	Broadcom VideoCore IV、OpenGL ES 2.0、1080p 30 h.264/MPEG-4 AVC 高清解码器
内存	512 MB
USB 2.0 接口个数	2（支持 USB HUB 扩展）
影像输出	Composite RCA（PAL & NTSC）、 HDMI（rev 1.3 & 1.4）
音频输出	3.5mm 插孔、HDMI
板载存储	SD / MMC / SDIO 卡插槽
网络接口	10/100M 以太网接口（RJ45 接口）
外设	8 × GPIO、UART、I²C、带两个选择的 SPI 总线、+3.3V、+5V、ground（负极）
额定功率	700mA（3.5W）
电源输入	5V / 通过 MicroUSB 或 GPIO 头
总体尺寸	85.60mm × 53.98mm （3.370in × 2.125in）
操作系统	Debian GNU/Linux、Fedora、Arch Linux ARM、RISC OS

17.1.1 树莓派主板

笔者使用的是 B 型树莓派主板，硬件配置见表 17.2。

17.1.2 触摸液晶屏

带触摸功能的液晶显示屏，在购买之前一定要确认触摸芯片是否是eGalax的芯片，否则无法被 Rasbian 系统支持（树莓派如何支持触摸屏，请参考：http://www.eeboard.com/bbs/thread-10394-1-1.html）。液晶屏一定要支持 HDMI 输入，笔者购买的屏幕支持 5V 电源，可以直接从树莓派 5V I/O 口直接取电，不用额外供电，也可以由充电宝供电。

17.1.3 USB 无线网卡

平板电脑怎么能不支持 Wi-Fi 网络呢？基于成本的考虑，树莓派不配备任何形式的板载无线网络连接，但是可以通过 USB 无线网卡（见图 17.1）实现。购买 USB 无线网卡之前，请确保该设备支持 Linux 系统。树莓派可以使用的 Wi-Fi 适配器列表可以在下面的网站上找到：http://elinux.org/RPi_VerifiedPeripherals#USB_Wi-Fi_Adapters。

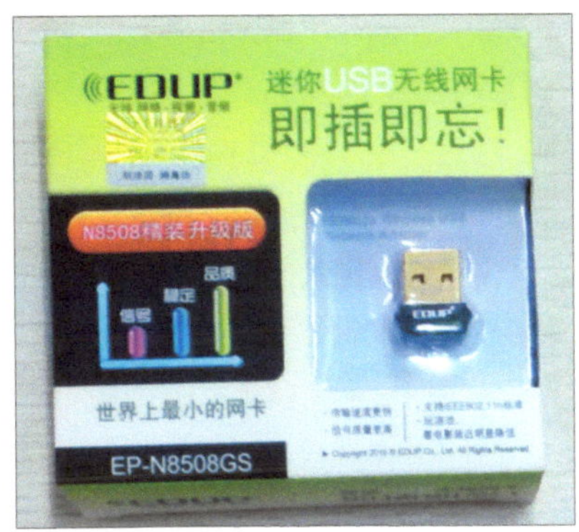

图 17.1 迷你 USB 无线网卡

17.1.4 纯铜散热片

虽然树莓派的 SoC 采用了 BCM2835，它的功耗很低，但是考虑到系统的稳定性、多媒体应用、超频的需要，最好还是加装散热片。

17.1.5 TF/SD 卡

树莓派的操作系统要安装到 SD 卡上，因此需要准备一块 SD 卡或 TF 卡（如果是 TF 卡的话，需配 TF 转 SD 的卡套）。树莓派支持 Raspbian、PIDORA、OPENELEC、Raspbmc、RISC OS 等多个操作系统，使用者可以通过更换 SD 卡的方式，在多个操作系统间切换。

17.1.6 HDMI 超软排线

普通的 HDMI 线太硬，接头也太大，很难安装，自己焊接难度也不小。所以最好使用 HDMI 超软排线（见图 17.2）连接树莓派主板的 HDMI 输出和液晶屏的显示驱动板的 HDMI 输入，软排线的好处在于它方便在电路板之间位置的调节。

图 17.2 HDMI 超软排线

17.1.7 充电宝

制作的平板电脑安装一块 10400 mAh 的电池，续航时间能够达到 6h，并且可以通过手机充电器进行充电。

17.1.8 RJ45 延长线

B 型树莓派板载了一个 RJ-45 接口，可以通过 RJ-45 延长线将接口引出到外壳。

17.1.9 USB 集线器

触摸屏、无线网卡、无线键盘都需要通过 USB 接口与树莓派连接，而 B 型树莓派只有 2 个 USB 接口，因此需要一个 USB 集线器。为了便于平板电脑的安装，我选择了川宇 H202 USB 集线器。该 USB 集线器为正方形，可扩展 4 个 USB 接口，分别位于两侧，一侧可通过外壳引出 USB 接口，另一侧可分别连接无线网卡和无线键盘的接收器。

17.1.10 GPIO 扩展延长线

树莓派主板上有 26 个通用输入 / 输出

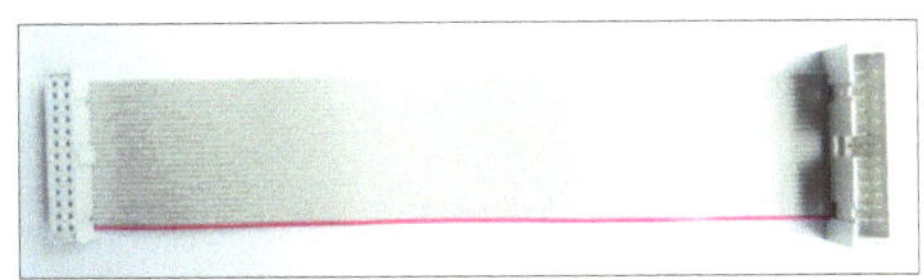
图 17.3 GPIO 扩展延长线

引脚，它可使树莓派与其他组件和电路通信。通过 GPIO 扩展延长线（见图 17.3）把 26 个引脚引出到外壳。

17.1.11 开关

虽然平板电脑内部安装有电池，但是考虑在有些情况下也能使用手机充电器直接供电，因此选用了一个 6 脚的 2 挡开关，分别表示外部供电和电池供电。

17.1.12 ABS 板

制作平板电脑的外壳选择什么材料，这是一个见仁见智的事情。笔者曾经考虑过使用铝合金板、亚克力板、木板等。最后，从手工打造加工的难易程度考虑，选用了白色 ABS 板。ABS 板可以用工具刀、雕刻刀、手锯轻松切割，并可以用胶水粘合。选择白色是从美观的角度考虑。

17.1.13 铜柱、螺丝、螺母

铜柱用于外壳上下板的连接固定、树莓派主板与外壳的固定、屏幕驱动板与外壳的固定。螺丝、螺母用于液晶屏幕的固定。

17.1.14 双面胶、胶布、胶水

双面胶用于充电宝、USB 集线器、屏幕触控板与外壳的固定。胶布用于一些线缆的固定，以及粘合外壳前对外壳的临时固定。胶水用于 ABS 板外壳的粘合。

17.2 设计

看着面前的一堆零件，如何把它们组装起来，一下子还不太好理清思路。还是实践出真知，把一堆板子放屏幕背后，看看怎么摆放合适，接口在什么位置方便，线怎么样才能够长，用尺子测量出每个组件的尺寸，在草稿纸上大体画出草图。

然后，用 Visio 软件按照比例绘制出每个组件。最后，根据草图将这些组件排列组合好，最终确定并绘制出平板电脑的内部布局图（见图 17.4）。

为了尽量将树莓派主板的接口从外壳引出，同时考虑到耳机、AV、SD 卡不便进行转接，而 USB 和 HDMI 需要在内部使用，LAN 比较好转接，所以把树莓派主板布置到左下部。

考虑到屏幕驱动板、触摸控制板与液晶屏属于一个系统，所以把它们固定在液晶屏幕的下方。

根据图 17.4 所示的设计图，就可以确定每个外壳面板接口的开孔位置，并绘制出图纸（见图 17.5）。

17.3 制作外壳

俗话说：“工欲善其事，必先利其器”。DIY 平板电脑的关键一步是制作一个外壳，把元器件都安装到里面，制作外壳过程中会用到一些工具（见图 17.6）。

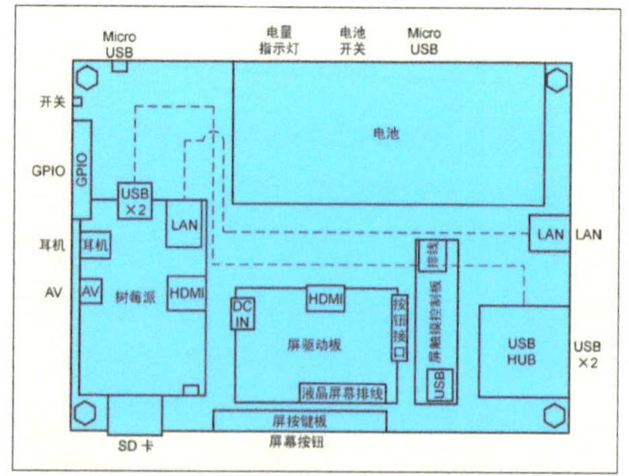

■ 图 17.4 树莓派平板电脑内部布局图

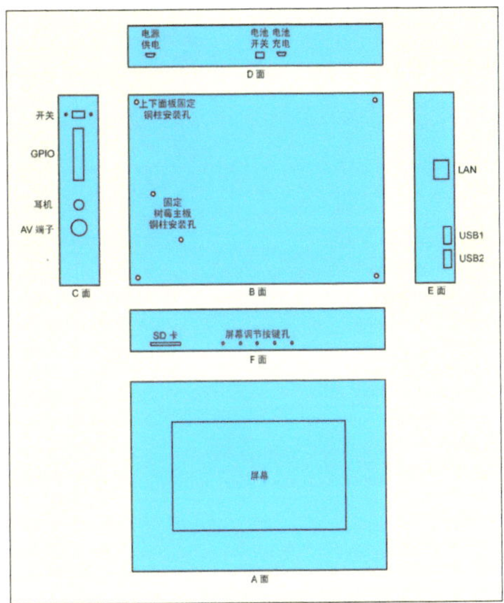

■ 图 17.5　树莓派平板电脑外壳设计图

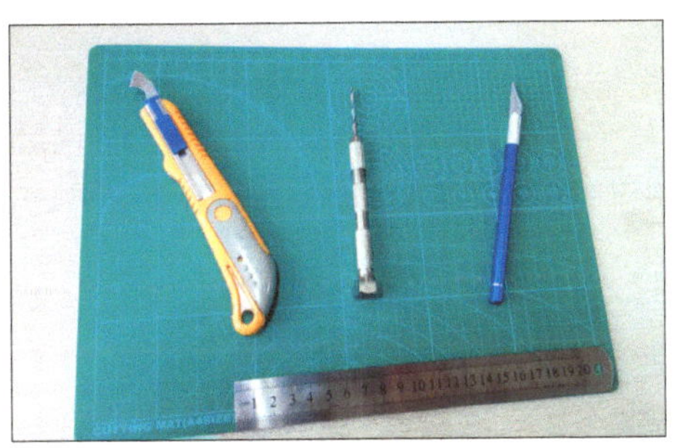
■ 图 17.6　制作外壳所用的工具

17.3.1　切割垫板

配合钢尺在 ABS 板上画出要切割的尺寸，切割时垫在 ABS 板下防止划伤桌面。

17.3.2　钢尺

用于在 ABS 板上画出要切割的部分，在切割时配合雕刻刀使用，将所需部分切下。

17.3.3　雕刻刀、工具刀

用于 ABS 板的切割。

17.3.4　手钻

在 ABS 板上打孔，用于铜柱的安装以固定电路板。

准备好工具后，就可以按照图纸正式开始加工外壳了。用雕刻刀分割 ABS 板，确实需要化费一些气力。2mm 以下的板子切割起来还是比较容易的，4mm 的板子就比较费劲了。B 面采用了 3mm 的 ABS 板，以保证平板电脑的结构强度。为了美观和便于加工，A、C、D、E、F 面采用不同厚度面板组合的形式。C、D、E、F 面采用了 2mm 和 1mm 两种 ABS 板，2mm 板在内侧，1mm 板在外侧，1mm 板裁切得比 2mm 板每边略大 2mm，最后将这两种板用双面胶粘合（见图 17.7）。A 面采用了 4mm、2mm、1mm 三种 ABS 板，4mm 板在中间用以嵌入液晶屏幕，2mm 板在外侧作为外壳，1mm 板在内测用作背板固定屏幕和驱动板，最后把 4mm 板和 1mm 板用螺丝固定，2mm 板用双面胶与 4mm 板粘合（见图 17.8）。

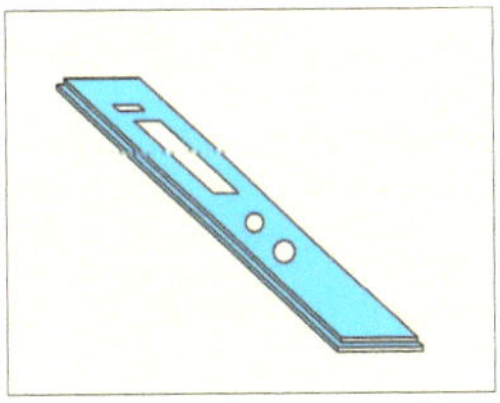

■ 图 17.7　C 面结构图

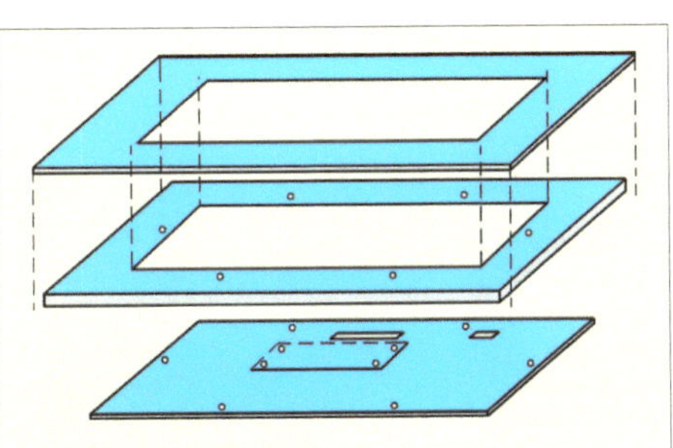
■ 图 17.8　A 面结构图

17.4 安装

万事俱备，只欠东风，现在就开始组装树莓派平板电脑。

17.5 液晶显示屏部分的安装

（1）组装好外壳的A面板如图17.9所示，安装好铜柱（M3×30mm，4只）和螺丝（M3×10mm，6只），见图17.10。

图17.9 组装好外壳的A面板

图17.10 安装好铜柱和螺丝

（2）准备好液晶屏，并将液晶屏嵌入A面板。然后准备好固定液晶屏的背板，并安装好固定驱动板的铜柱（M3×8mm+6mm，4只）。这个过程如图17.11～图17.15所示。

图17.11 液晶屏正面

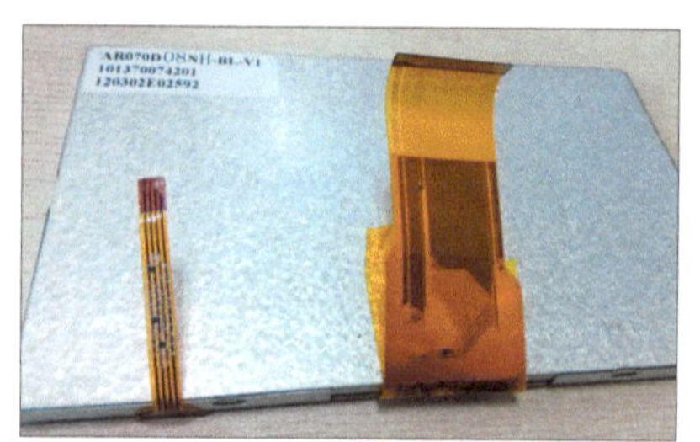

图17.12 液晶屏背面

图17.13 将液晶屏嵌入A面板

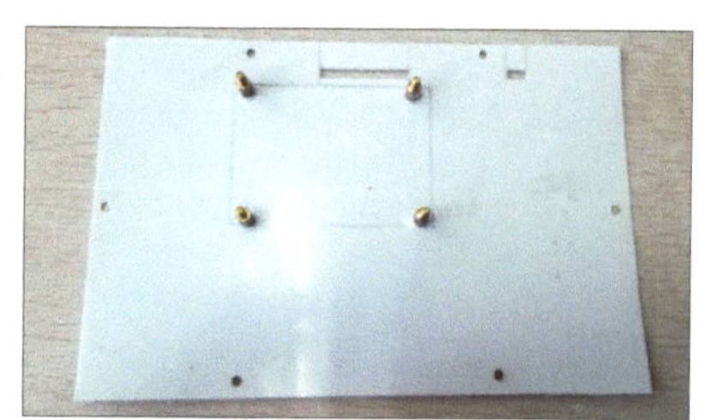

图17.14 在固定液晶屏的背板上安装铜柱

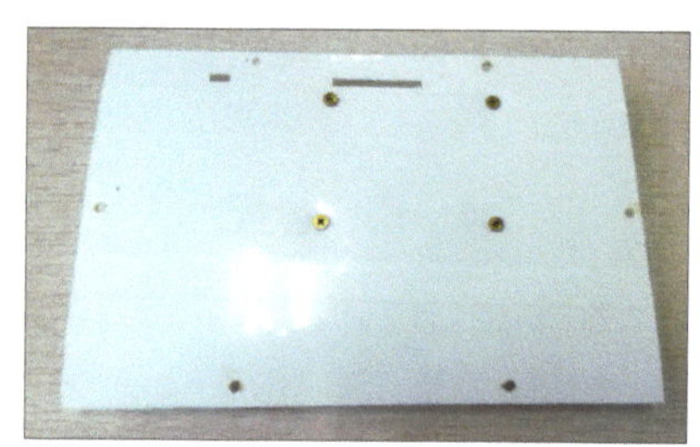

图17.15 用螺丝固定铜柱

将背板与A面板安装到一起，并把液晶屏排线和触摸排线从对应的孔中穿出。然后把驱动板、触摸板与排线连接。之后固定驱动板和触摸板，将触摸板用双面胶固定到背板上。整个安装过程如图17.16～图17.18

■ 图 17.16　将背板与 A 面板安装到一起

■ 图 17.17　把驱动板和触摸板与排线连接

■ 图 17.18　固定驱动板和触摸板

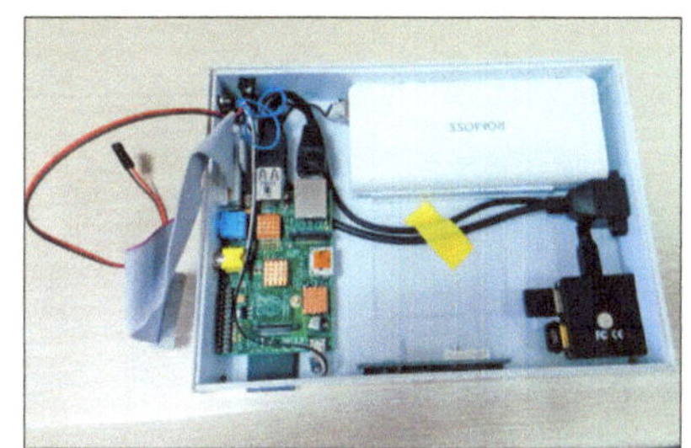

■ 图 17.19　树莓派平板电脑内部布局

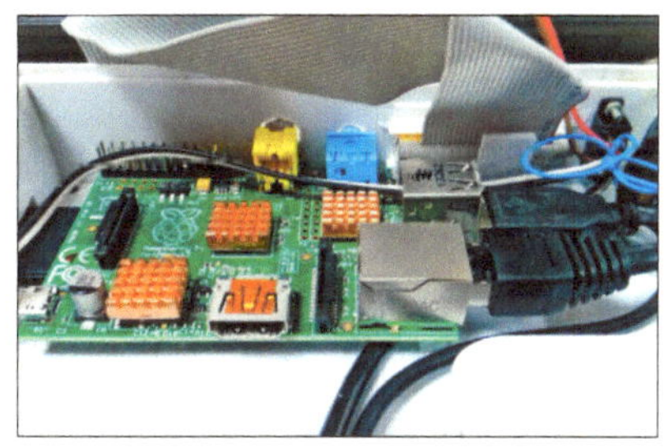

■ 图 17.20　树莓派主板

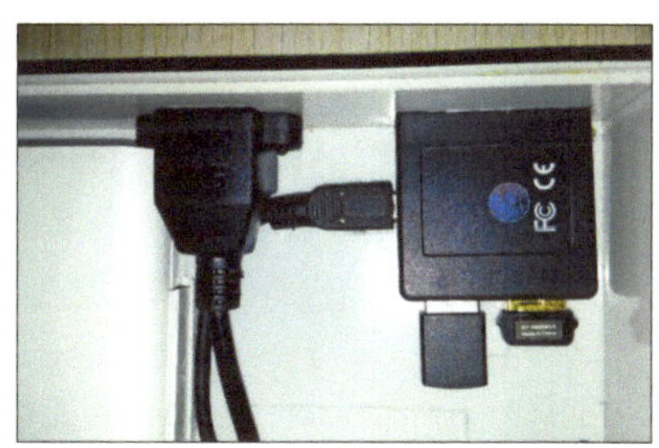

■ 图 17.21　RJ-45 延长线和 USB 集线器

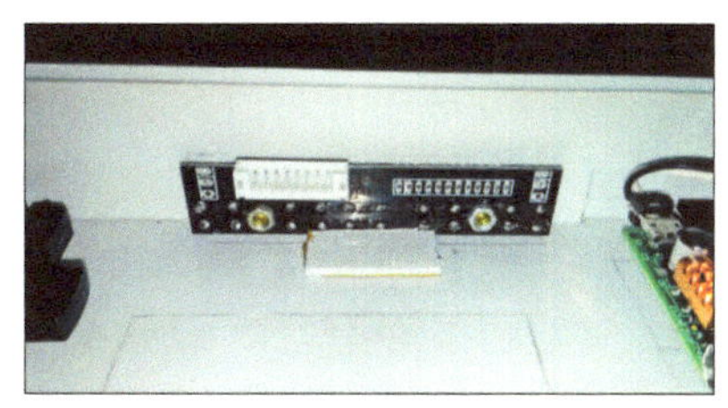

■ 图 17.22　屏幕调节面板

所示。

至此，液晶屏部分安装完毕，等待与电源、树莓派 USB 接口、屏幕调节面板连接。

17.5.1　树莓派主板部分的安装

按照上面的布局图，依次安装相应的组件。树莓派主板使用铜柱（M3 × 5mm，2 只）固定于 B 面板。充电宝和 USB 集线器使用双面胶粘合在 B 面板。带螺丝孔的 RJ-45 延长线使用螺丝（M3 × 6mm，2 只）固定于 E 面板。屏幕调节面板使用螺丝（M3 × 10mm，2 只）固定于 F 面板。安装过程如图 17.19 ～图 17.22 所示。

最后，将屏幕部分与主板部分连接，如

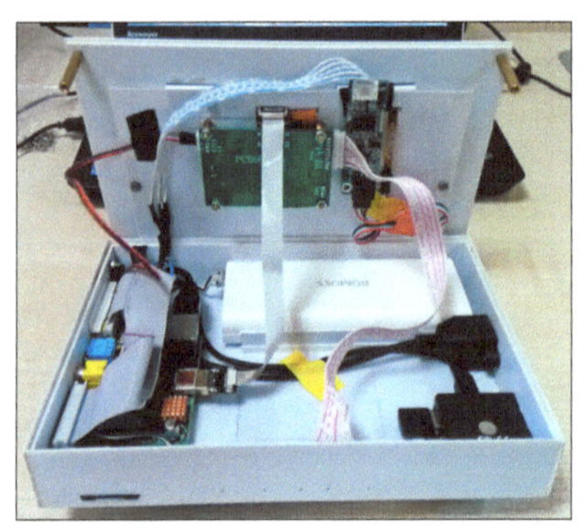

■ 图 17.23 基本组装完毕的树莓派平板电脑

图 17.23 所示。树莓派平板电脑就基本组装完毕。

17.5.2 供电部分的焊接

因为树莓派主板和液晶屏两个主要的用电部件都是 5V 供电，所以可以采用并联的方式供电。考虑到二者的耗电量都比较大，因此需要采用 5V/2A 的手机充电器或充电宝供电，否则会出现平板电脑工作异常的情况。为了适应多种应用场合，采用了如图 17.24 所示的供电电路连接方式，以支持两种供电方式。

在具体焊接电路时，需要注意接口触点的正负，以免烧毁设备。树莓派主板供电口采用的是 Micro USB 母口，液晶屏供电口是 4Pin 公口，充电宝电池的输出口是 USB A 型母口，手机充电器是 Micro USB 公口。因此需要制作 4 根导线：（1）Micro USB 公口（接树莓派供电口）到 L2L2’；（2）杜邦母头（接液晶屏供电口）到 L2L2’；（3）USB A 型公口（接电池输出口）到 L3L3’；（4）Micro USB 母口（固定到外壳）到 L1L1’。供电部分的焊接如图 17.25 和图 17.26 所示。

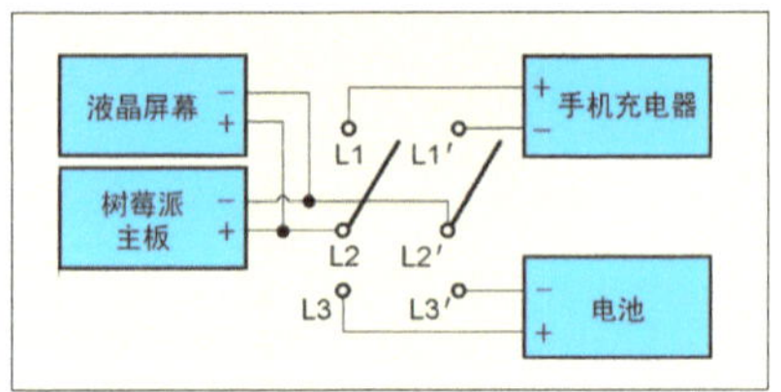

■ 图 17.24 树莓派平板电脑供电部分焊接图

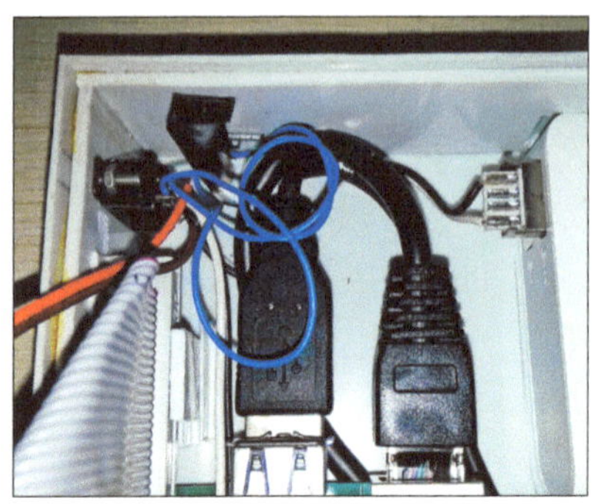

■ 图 17.25 供电部分焊接

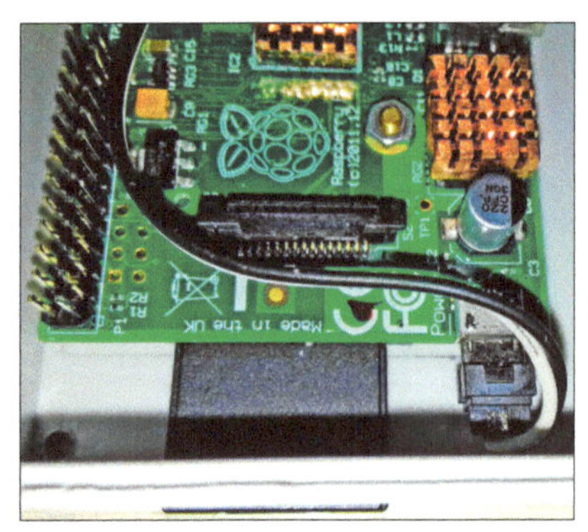

■ 图 17.26 树莓派主板供电

至此，树莓派平板电脑就制作完成了，来欣赏一下它吧（见图 17.27 ~ 图 17.31）。

■ 图 17.27　树莓派平板电脑配 2.4GHz 无线键盘

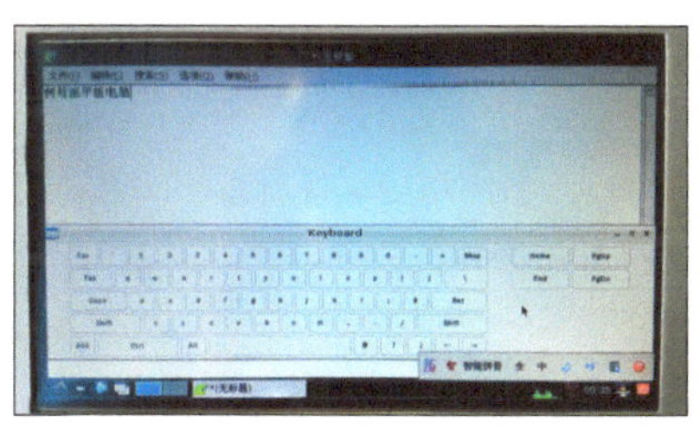

■ 图 17.28　树莓派平板电脑支持软键盘

■ 图 17.29　C 面（开关、GPIO 接口、耳机插孔、AV 端子）、F 面（SD 卡、屏幕调节按键孔）

■ 图 17.30　D 面(电池充电口、电池开关、电源供电口）、E 面（RJ-45 接口、USB 接口）

■ 图 17.31　树莓派平板电脑通过 GPIO 接口连接面包板

17.6　感受

（1）目前树莓派平板电脑可以在 Raspbian、Raspbmc、Xbian 下实现触摸操作，看电影、听音乐、调试网络、做软硬件开发等毫无压力。

（2）10400mAh 电池的续航能力可达到 6h，还是很给力的。

（3）将 GPIO 接口引出，非常方便学习硬件编程。

（4）整体有些偏厚，主要是初次制作考虑得不太周全，如果采用软体电池，手工焊接线路，还可以有效降低厚度。

（5）7 英寸的屏幕有些偏小，如果采用 10 英寸屏体验更佳。

从决定用树莓派 DIY 平板电脑到基本完工，大概用了半个月的时间，过程挺辛苦。制作完成的平板电脑外观看起来有些笨拙，但却相当实用，作为一个从来没有焊接过电子元件的硬件门外汉，做到这个程度已经相当不容易，不过我相信还有很大的提升空间，有机会的话，我一定再做一个 2.0 的版本。

18 设计一个基于 STM32 的可编程图形计算器

◇张文挺

笔者要给大家介绍一款基于 STM32 的可编程图形计算器的设计与制作，这是一个综合应用 STM32 基础知识来做的完整项目。这个设计的目的在于参考已有的产品，在模仿中学习。我们先了解一下目前图形计算器的市场。

图形计算器和我们一般日常使用那种简易的四则运算计算器一样，被称为计算器，但是功能相对比较强大，可以完成方程求解、函数绘图之类的任务。虽然难以企及 Matlab、Mathematica 之类的专业软件，但是对于应付初高中的初等数学乃至一些简单的高等数学内容的教学任务以及工程、测绘上的简单任务还是没有问题的。实际上，在几十年前这类计算器刚刚发明出来的时候就是应用于工程的，后来因为它的特性很符合美国探索式教育的理念，使得它被广泛应用于初高中课堂，更是衍生出了各类学生用图形计算器，这类定位教育的产品通常功能稍弱，但是操作相对方便了许多。

目前市场上主流的图形计算器一般来自 TI、CASIO 和 HP 这 3 个公司，它们的产品各自有各自的特点，我不一一介绍，只拿两个典型产品来看看它们的功能及特点，并且提炼出一些我们要模仿的功能。

首先第一款产品是来自 CASIO 的 fx-9860GII SD（见图 18.1），目前被应用于工程测绘领域。

这款计算器造型比较接近一般的科学计算器，拥有一个四向导航键，在交互上主要是通过菜单以及 F1 ~ F6 功能键来完成了，F1 ~ F6 分别对应屏幕下方 6 个不同的功能，和许多示波器以及早期的按键手机类似。该机具有一个 MiniUSB 接口，可以用于连接电脑传输数据；一个 3pin 接口（实际上就是一个 UART 接口），用于和别的计算器通信；一个 SD 插槽，可以用于插入 SD 卡扩展。软件方面，操作系统可以升级，可以自己安装第三方应用程序（比如说测绘应用，

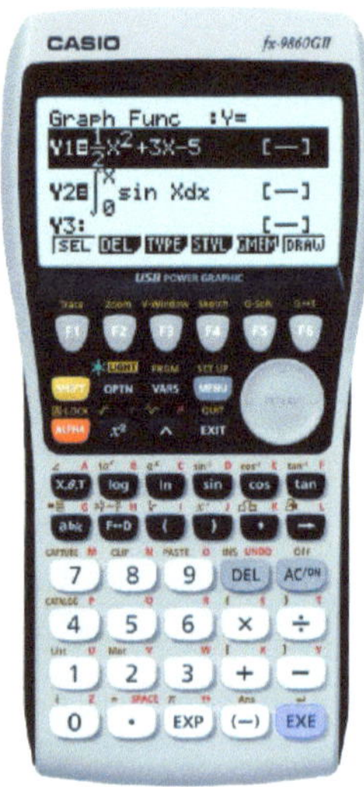

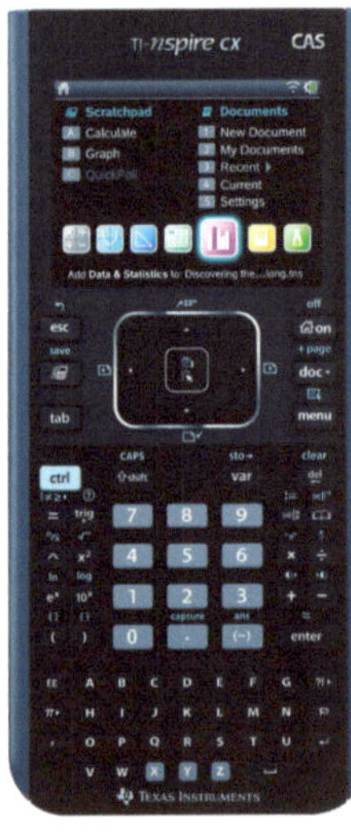

图 18.1　CASIO 的 fx-9860GII 和 TI-Nspire CX

也是这个机型目前在国内的主要用途）。系统内置了一些简易的求解和绘图应用，通过图形化的菜单来选择应用。用户可以自行在机器上使用 BASIC 语言编程或者在计算机上安装 SDK 使用 C 语言编程。

第二款比较有代表性的产品则是 TI-Nspire CX，目前被广泛应用于教育领域。

这款计算器按键数量相比起来就多了很多，屏幕也变成了彩色的 TFT 屏幕，不过实际上整体体积和上面介绍的 CASIO 相仿，只是比一般的科学计算器大了一圈，当然，比现在的智能手机大出不少，毕竟那么多按键。操作上使用五向的导航键，而且这个导航键的表面可以当成类似笔记本电脑的触摸板来使用，在屏幕上使用光标来操作。整体系统操作逻辑也和一般的计算机十分接近，主要面向的用户就是学生群体和比较年轻的熟悉计算机操作的用户。机身同样配有 MiniUSB 接口，可以连接电脑传输文件，具有单独的无线模块接口，可以用于连接 Wi-Fi，不过不是用来上网的，而是用于连接到一个类似于数字课堂的网络。用户可以在机器上使用 BASIC 语言编程或者在电脑上安装教师版软件，使用 Lua 语言编程。之所以不开放 C 语言是为了防止其像前作 TI-84 Plus 一样变成了游戏机。然而，该机型破解后也是可以运行 C 语言编写的程序。

简单了解了上面两款计算器的大概特点，我们就可以来规划我们要自制的计算器的硬件要求了。

首先，肯定需要有一个按键比较多的键盘，因为除了数字和运算符号外，还需要输入函数、表达式等，这些需要有专门的功能按键。

其次，作为图形计算器，屏幕一定要有能力显示图形，一个点阵屏幕是必不可少的，至于是彩色点阵还是黑白点阵，可以再议。

作为驱动计算器的核心，单片机的选择也十分重要。实际上，作为个人 DIY 项目，一个人很难有足够的精力去开发一套完整的计算器软件，因此最合理的方案就是移植现有的开源程序。那么在处理器选型的时候就一定要注意自己选择的处理器是否能运行起即将移植的软件。这个其实就可以在开发板上测试一下是否可以运行，再进一步确定是否真的要选用。

接口方面，一般留下常用的 USB 和 SD 卡就可以了，没有也没关系。当然，JTAG 接口一定要有，方便调试。

再讲讲软件的需求。首先计算器软件肯定是移植现成的，然后操作系统之类的可以不用（因为没有多任务处理的需求），当然安装一个 RTOS 也没有大问题。关于软件的选择，既然是要移植，那肯定得是开源软件，可以去 SourceForge 或者 GitHub 上面以 calculator 之类的关键词搜索或者直接去百度、Google 搜索一下现有的关于开源计算器软件的介绍。因为我们是基于 STM32 进行设计的，所以肯定不可以选择 Mathematica 之类的非常大型的计算软件（这类的还是至少需要树莓派才能运行），记得选择轻量级、交互简易、看起来像是可以在单片机上运行的软件。比如我选择的软件是 Eigenmath，它支持基本的数值运算（函数计算）、符号运算（即计算机代数系统，CAS，可用于进行微积分、线代、方程组、复数的运算）以及图像的绘制（普通函数绘图、参数绘图以及极坐标绘图）。从功能上讲，可以具备一个一般入门级图形计算器应有的各项功能。

那么到这里，我们的各项需求已经大致明确了，硬件上其实主要的就是键盘和屏幕，通过单片机连接起来，而单片机则要足够运行Eigenmath或者其他的开源计算器软件。下一步则是进行具体的硬件选型以及外壳设计。

18.1 硬件选型 & 外壳设计

我们首先从处理器开始硬件选型。如同项目最初的目的，一个是个人DIY，为了一种愉快和成就感，另一个是为了学习STM32的使用，那么使用STM32肯定是没跑的了。我们先来了解一下STM32的产品线（见图18.2）。

ST官方把其产品线分成了3类，分别是High-performance、Mainstream和Ultra-low-power，也就是高性能、主流和超低功耗。一般的制作都是首选F1系列，因为成熟便宜，资料也多。如果是对性能有特别需求的，则可以考虑F4系列，具有硬件浮点，主频也高。F7目前售价还太高，

图18.2 STM32产品示意图

但是相信几年内价格还是会逐渐下降到合理范围的。低功耗系列则具有其他两个系列不具备的一个特殊功能，就是LCD段码液晶屏的驱动，笔者设计过另外一种按键编程RPN计算器，用的就是STM32L1+段码液晶屏。

在进行选型的时候，主要考察两方面：性能和外设。性能就是指CPU性能和RAM、ROM容量，这些性能要能够满足程序的运行。外设就是指它所具有的接口，比如要连接段码液晶屏就必须选择带有段码液晶接口的L系列，如果是要连接以太网，则应该选择各个系列中的互联型产品。这些具体的参数都可以在官方的选型表里面找到。

根据我们之前的需求，先考虑外设。单片机需要连接屏幕和键盘，屏幕优先考虑具有FSMC接口的型号，但是对于计算器这种应用，使用SPI或者I/O模拟也没有关系。其次是键盘，对于这种键位多的情况，一般采用矩阵扫描。如8×8的矩阵需要16个GPIO，但是使用595一类的IC进行复用也没有任何问题。所以，对于这个应用，外设并没有什么特别的需求。

下一个问题是性能，也就是要了解对于Eigenmath这个应用需要多大内存。一般来说，都是用一块普通的开发板或者最小系统板，先把软件移植上去，观察资源占用和内存占用情况。我也确实是这么做的，不过关于移植过程我还是愿意放到后面和软件一起讲。根据结果，这个应用需要占用大约200KB的Flash和至少128KB的RAM，如果对速度要求不高，16MHz下也可以迅速完成一般计算。我们看选型表来筛选可用的型号。

Cortex®-M3 - 120 MHz

- ART Accelerator™
- 2 x USB 2.0 OTG FS/HS
- SDIO
- USART, SPI, I²C
- 2 x CAN
- I²S + audio PLL
- 16- and 32-bit timers
- 3 x 12-bit ADC (0.5 μs)
- Low voltage 1.7 to 3.6 V

STM32 F2 Product line	FLASH (bytes)	RAM (KB)	Harware Crypto/hash	2 x 12-bit DAC	Ethernet I/F IEEE1588	Camera I/F	FSMC
SM32F215 SM32F205	128 K to 1 M	Up to 128	•	•			•
SM32F217 SM32F207	512 K to 1 M	Up to 128	•	•	•	•	•

图 18.3　STM32F2 的资源表

打开 ST 官网上 STM32 的页面：http://www.st.com/web/en/catalog/mmc/FM141/SC1169/SS1575，单击一个系列就会出现对应系列的资源说明和选型工具，比如图 18.3 所示为 STM32F2 的资源表。左侧是其具有的特性，右侧则是根据子系列不同的一些特性。比如 Flash 最高都是到 1MB，RAM 最高都是到 128KB。

考虑STM32产品线中具有128KB及以上RAM的产品，基本就剩下F2、F4和F7了。这里选择比较常见的STM32F407VGT6作为主控，一方面是它的性能可以满足需求，另一方面是它也是官方STM32F4-DISCOVERY使用的主控，资料比较丰富。

有人可能会奇怪为何要把外壳设计放在这里。其实是这样的，虽然说 3D 打印和三维雕刻技术已经开始普及，但是很多像我一样的爱好者在制作的时候还是倾向于选用现有的外壳而不是自己制作，一个是方便，另一个也是为了美观。因为按键和屏幕的选择也是要在 PCB 设计前确定下来的，而按键和屏幕又和外壳息息相关，所以就把外壳提前考虑。

对于个人 DIY，使用现有的外壳有两种办法，一种是直接买现成的外壳（公模），比如那种手持机的，另一种就是买成品直接拆外壳。这次设计就采用第二种方法，直接使用现有的一些比较便宜的国产计算器的外壳。另外，我在这个制作里也直接采用该计算器原有的屏幕，为 96 × 31 点阵的，以保证和原有外壳完全匹配。

总结一下，硬件选型结果如下。

主控：STM32F407VGT6 单片机。

屏幕：FPC14591A（用于拆改计算器自带）。

键盘：7 × 7 矩阵，橡胶按键（拆改计算器自带）。

18.2　电路设计

建议在开始之前下载一份 STM32F4-DISCOVERY 的原理图作为参考。我们先从主控开始，一般来说主控部分的设计都大同小异。第一步当然是把主控电路画出来，见图 18.4。

如同 51 单片机最小系统一样，STM32 的最小系统也需要晶体振荡器和复位电路，

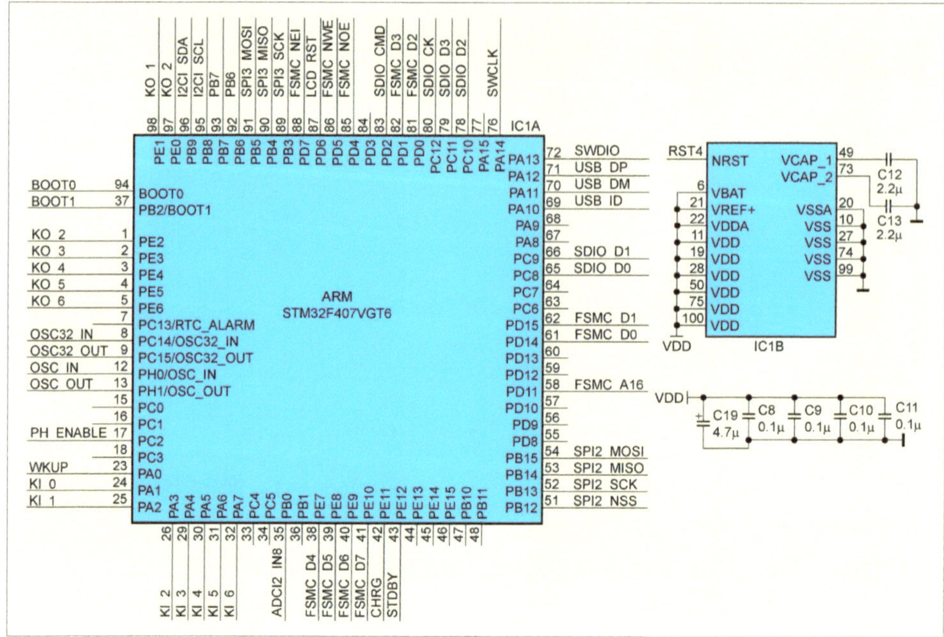

■ 图 18.4　主控电路原理图

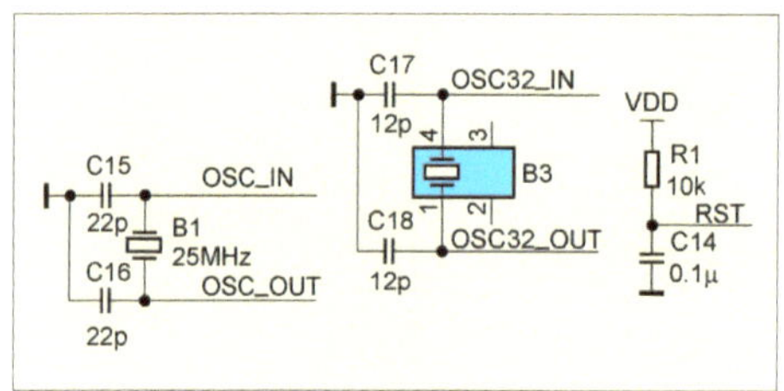

■ 图 18.5　时钟与复位电路

这些直接照搬官方版的原理图即可，如图 18.5 所示。值得注意的是，STM32 一般需要两个晶体振荡器，一个用于产生主频，一个用于产生 RTC 时钟需要的频率。在 STM32F4-DISCOVERY 板上，主晶体振荡器的频率为 8MHz，而 STM32F4-EVAL 板上的主晶体振荡器却为 25MHz。我们这里使用 25MHz 的晶体振荡器，当然这个可以在软件中修改，使用 8MHz 也没有问题。

图 18.4 所示的主控电路上其实已经把各个引脚的功能都分配好了。读者可以选择一开始就分配好，也可以等别的外设都画完后再来分配引脚。这里分享一个 ST 官方出品的工具 STM32CubeMX，它的功能很强大，读者可以自行研究一下，这里就展示用它来规划引脚。

首先打开软件，看见如图 18.6 所示界面。单击 New Project，会出来芯片选型界

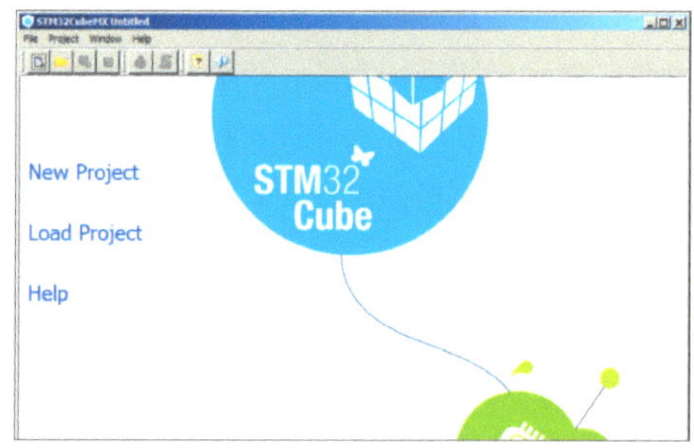

■ 图 18.6　STM32CubeMX

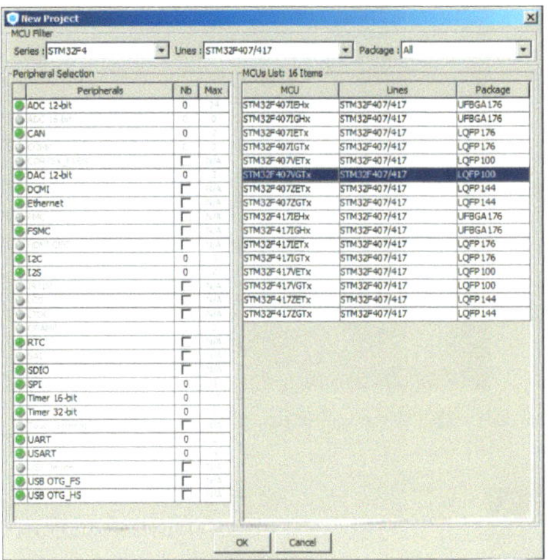

■ 图 18.7　芯片选型界面

面（见图 18.7），其实前面进行芯片选型的时候就可以使用这个工具。这里直接选择 STM32F407VGTx。

之后，直接在左边的 IPs 里选择需要的功能，会造成冲突的内容会根据选择自动以感叹号或者错误显示，见图 18.8。

分配完成后，直接按照结果画到原理图设计软件里面即可。这个工具可以省去很多人工分配带来的冲突麻烦。

下面来解决屏幕问题。因为是从原有的函数计算器中直接拆得的屏幕（见图 18.9），所以没有引脚资料，不过这个可以根据观察主板走线和使用逻辑分析仪（见图 18.10）得出。

根据图 18.10 所示时序，不难看出，0 脚和 2 脚，其中一个为 CS，一个为 WR，4 脚、5 脚、6 脚、7 脚为数据引脚。因为使用的是 8 通道的逻辑分析仪，所以没法一次性全部接上，不过分开来测也可以摸清楚定义了。

搞清楚定义之后，还是建议接上最小系统板（见图 18.11），测试一下是否正确。对了，这种液晶屏很大概率都是 ST7565 驱动的，可以直接尝试用 ST7565 的程序去点屏。

配合程序测试，最终的驱动电路如图

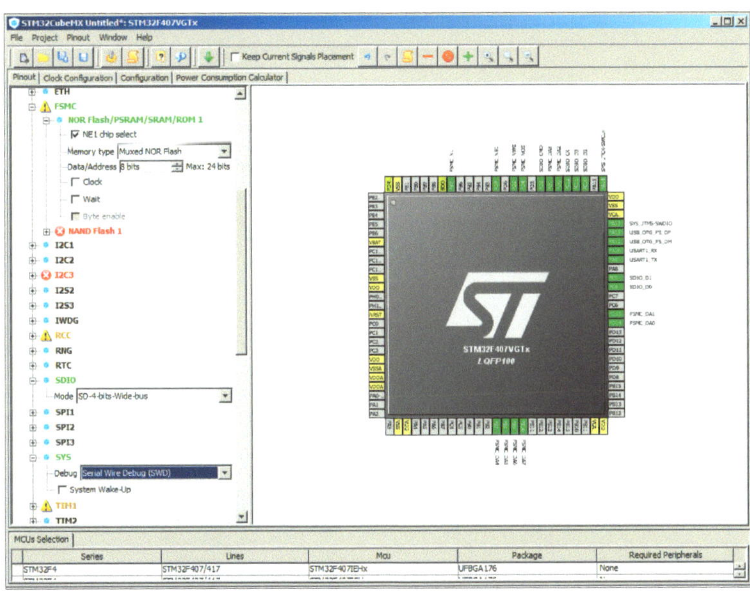

■ 图 18.8　分配引脚需要的功能

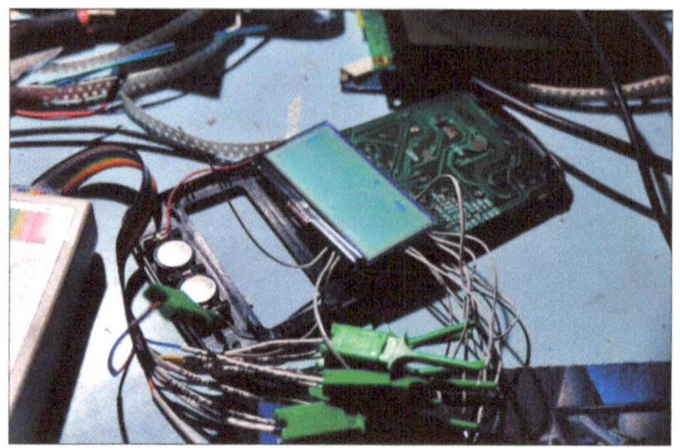

■ 图 18.9　从原有的函数计算器中直接拆得的屏幕

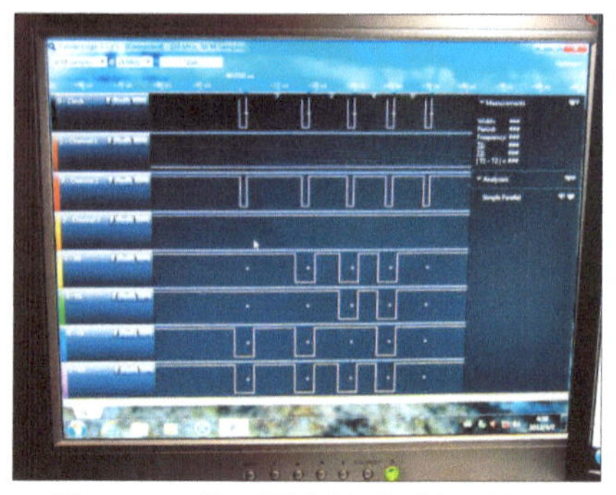

■ 图 18.10　使用逻辑分析仪分析引脚

■ 图 18.11　连接最小的系统板进行测试

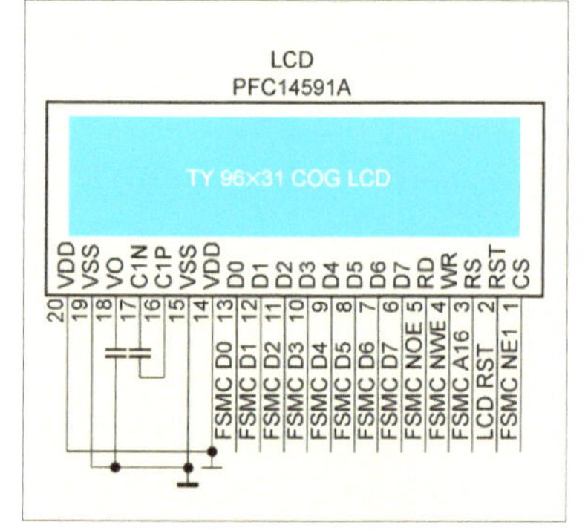

■ 图 18.12　显示屏驱动电路

18.12 所示。

键盘的驱动部分主体就是普通的 7×7 矩阵，再加一个开机按键，连接到 STM32 的 PA0（上升沿唤醒），见图 18.13。

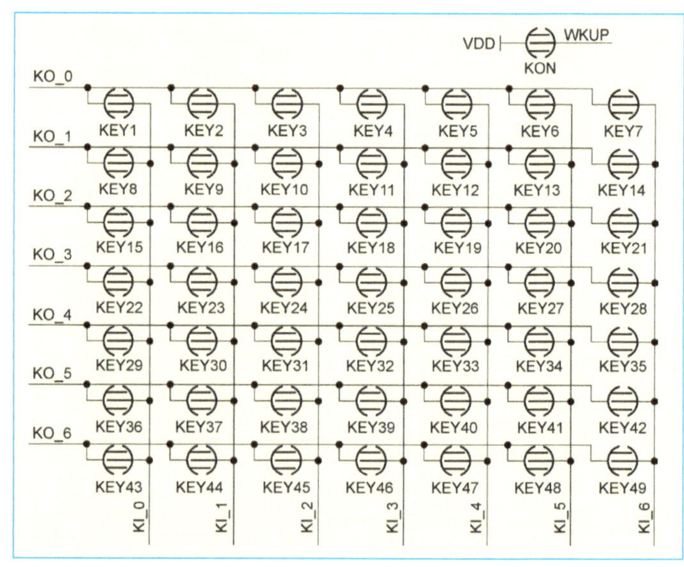

■ 图 18.13　键盘驱动电路

另外，再加上必要的电源电路，硬件部分就基本完工了。此外，我还增加了 USB 接口，用于充电和升级固件，见图

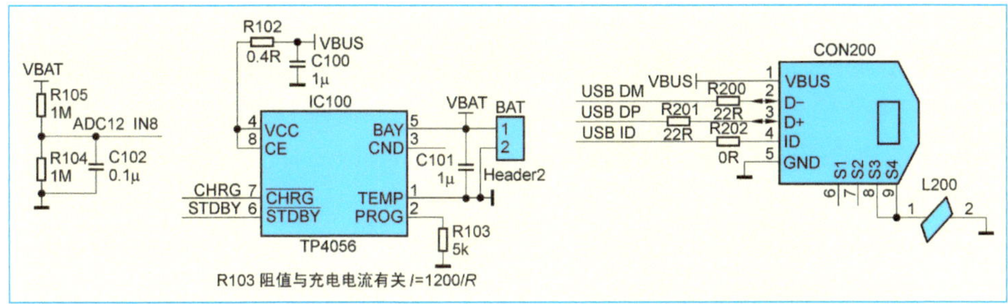

■ 图 18.14 电源电路与 USB 接口电路

18.14。

以上是关于硬件电路的设计，PCB 布局应该注意孔位、液晶屏连接器位置和原有板型匹配。其次，就是遵循布线原则进行布线了，这里就不多讲了。

18.3 焊接 PCB

等打样的 PCB 和元器件到手后就可以开始焊接 PCB 了。我一般从主控电路开始焊接。关于 LQFP 芯片焊接的方法网上有不少的说法，我这里也简单分享一下我自己使用的方法。

首先让芯片与焊盘对准，然后随意加焊锡，先把芯片固定住。接下来，用焊锡把引脚全部焊接起来，不怕短路，要确保浸润。把 BGA 助焊膏涂抹在引脚上（我一般直接涂一圈），接着用烙铁加热，可以把多余的锡吸走。图 18.15 所示是焊接了一半的 PCB。

焊接好后，应该先接上 JTAG，测试 STM32 是否可以被识别到，随后对各个部分的硬件单独进行调试。

18.4 驱动编写

驱动主要是两部分，屏幕驱动和键盘

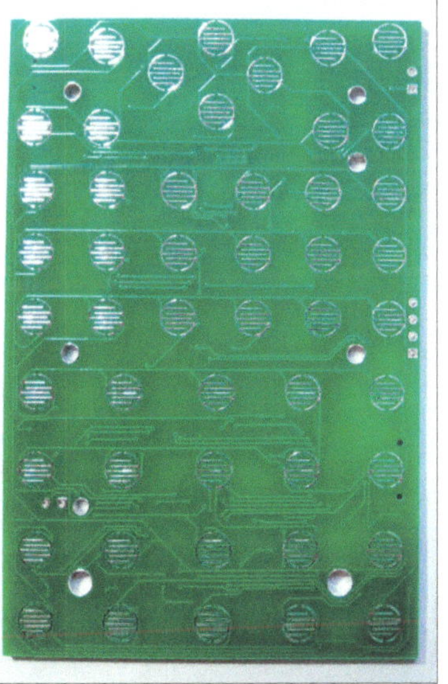

■ 图 18.15 焊接了一半的主控电路

驱动。

屏幕使用FSMC驱动，也就是类似于51单片机上的直接驱动方式（相对于间接驱动，直接驱动就是把屏幕当成外部RAM，直接挂载在总线上），因此只要向内存中特定的地址（屏幕所在的地址）写入数据，即可自动完成向屏幕传输数据的工作，也类似于向SPI的发送寄存器写入值就会自动产生时序传输一样。之前在做SPI液晶屏驱动的时候，除了自动完成的SPI传输，还需要手动设定RS来区分数据和指令，而现在FSMC上，我把RS接到了A16地址线上，这样只要在驱动的时候把数据和指令写入不同的地址就可以了。FSMC的初始化有些费事，具体代码可到《无线电》杂志官网www.radio.com.cn下载。不过要注意，STM32无论是什么外设，初始化的流程都是一样的：（1）启用外设和对应GPIO的时钟，（2）配置外设所需要的GPIO为对应模式，（3）把引脚和外设连接起来，（4）配置外设的功能。其中，第3步是STM32系列除了F1系列都需要的一个步骤，从F1过来的朋友别忘了。

在完成对于FSMC的初始化之后，就可以通过直接访问内存的方式来进行读写了，比如以下是向LCD写入数据的代码。

```
void inline LCD_WriteDat(uint16_
t val)
{
  LCD_D = val;
}
```

怎么样，是不是非常简洁？相比原来模拟时序操作，这个只要一句话就能完成了。为了节省函数调用的开支（把数据压入栈、跳转、执行、返回、数据出栈），这个函数进行了inline修饰，为了理解方便，就把它当成define好了，编译器在编译的时候就不会把这个当成一个完整的函数，而是直接把内容代入到调用的地方。接下来的操作就和在51单片机上一样了，就不再赘述。

键盘这部分其实可以利用一下STM32的EXTI中断。做这么一个设计：默认情况下7条驱动线均为低电平，7条输入线均为上拉输入，并且配置为下降沿触发中断。这样，一旦有按键按下，就会进入中断，在中断内进行按键扫描，并且把结果进行防抖处理后存入一个FIFO（先入先出缓冲）当中。主循环在有空的时候直接从FIFO中调用按键，这样即使主循环在处理数据暂时没空扫描键盘，也不会出现丢键的情况。

初始化按键中断也如之前所说，分为4步，不过内容可能稍微有点不同 .

（1）启用外设和对应GPIO的时钟。

```
RCC_AHB1PeriphClockCmd(RCC_
AHB1Periph_GPIOA,ENABLE);
RCC_APB2PeriphClockCmd(RCC_
APB2Periph_SYSCFG,ENABLE);
```

（2）配置外设所需要的GPIO为对应模式。

```
GPIO_InitStructure.GPIO_Mode =
GPIO_Mode_IN;
GPIO_InitStructure.GPIO_PuPd =
GPIO_PuPd_UP;
GPIO_InitStructure.GPIO_Speed =
GPIO_Speed_50MHz;
GPIO_InitStructure.GPIO_PuPd =
GPIO_PuPd_NOPULL;
GPIO_InitStructure.GPIO_Pin =
0xFE;// 选择 PA1 ~ PA7
GPIO_Init(GPIOA, &GPIO_
InitStructure);
```

（3）把引脚和外设连接起来。

```
SYSCFG_EXTILineConfig(EXTI_
PortSourceGPIOA,EXTI_PinSource1);
SYSCFG_EXTILineConfig(EXTI_
PortSourceGPIOA,EXTI_PinSource2);
```

```
SYSCFG_EXTILineConfig(EXTI_
PortSourceGPIOA,EXTI_PinSource3);
SYSCFG_EXTILineConfig(EXTI_
PortSourceGPIOA,EXTI_PinSource4);
SYSCFG_EXTILineConfig(EXTI_
PortSourceGPIOA,EXTI_PinSource5);
SYSCFG_EXTILineConfig(EXTI_
PortSourceGPIOA,EXTI_PinSource6);
SYSCFG_EXTILineConfig(EXTI_
PortSourceGPIOA,EXTI_PinSource7);
```

（4）配置外设的功能。

```
EXTI_InitStructure.EXTI_Line =
0xFE;
EXTI_InitStructure.EXTI_LineCmd
= ENABLE;
EXTI_InitStructure.EXTI_Mode =
EXTI_Mode_Interrupt;
EXTI_InitStructure.EXTI_Trigger =
EXTI_Trigger_Falling;
EXTI_Init(&EXTI_InitStructure);
```

值得注意的是，STM32 中对于 EXTI 的中断分为 EXTI0、EXTI1、EXTI2、EXTI3、EXTI4、EXTI9_5 和 EXTI15_10 这 4 个，但是基本所有 I/O 都可以设置中断，也就是中断存在共享的情况。对于比如 PA0 和 PB0，如果发生了中断，都会进入 EXTI0 这个中断，也就是无论是哪个端口，只要是 Bit0 发生中断都会进入 EXTI0。而对于 EXTI9_5 和 EXTI15_10，则是更多的 I/O 共享了同一个中断。Px5 一直到 Px9 都是共享了 EXTI9_5，EXTI15_10 同理。本次示例中，因为无论是哪个触发都要重新扫描，所以不必介意是哪个触发了，只要在中断后清除请求，关闭引脚中断，然后进行扫描即可。这部分过程和 51 单片机上的做法也是一样的，就不做演示了。

18.5 软件移植

软件移植大体来说没有什么值得多讲的，讲一下重点吧。首先，Eigenmath 这个软件分为控制台版本和 GUI 版本，我们降低难度，就研究控制台的版本。其实可以在 Makefile 里面看见不同版本的编译选项，我们就参考 Linux 控制台的情况，首先删除不需要的文件。

```
cmddisplay.cpp
draw.cpp
history.cpp
html-tool.c
MainXP.cpp
MainOSX.cpp
msqrt.cpp
prototype-tool.c
window.cpp
```

接下来，在 main 当中先暂时把输入输出重定向到串口，方便移植测试。Eigenmath 这个软件非常占内存，然而在默认情况下，编译器却只能利用 STM32F4 的 128KB 内存而不是 192KB，我们先要让编译器能够充分利用它。

首先要了解为什么编译器不能完全使用内存。STM32F4 的 192KB 内存其实是两部分，容量分别为 128KB 和 64KB，它们在地址上是互相独立的，而且也不是连续的。更重要的是，它们和 CPU 的连接方式也不同。128KB 通过 AHB 总线和 CPU 连接，而 64KB 直连 CPU。直连 CPU 有一个好处，就是速度快，ST 也为此把这块内存叫作 CCM。但是也有劣势，那就是这块内存无法被其他外设访问。比如，想要让 DMA 直接把数据传入或者传出这块 64KB 的内存就无法做到。因此在使用的时候需要谨慎操作。但是因为这次不用 DMA，所以大可放心使用。

打开工程文件目录下的 stm32f40x_flash.icf，先增加对 CCM 内存的支持。

```
define symbol __ICFEDIT_region_
CCM_start__ = 0x10000000;
```

```
define symbol __ICFEDIT_region_
CCM_end__    = 0x10010000;
define region CCM_region   =
mem:[from __ICFEDIT_region_CCM_
start__   to __ICFEDIT_region_
CCM_end__];
```

随后，把 HEAP（堆）空间放到 CCM 当中，这样在程序中调用 malloc 都是从 CCM 分配。

```
place in RAM_region {readwrite};
place in CCM_region {section.
ccm, block HEAP, block CSTACK};
```

最后，把 __size_heap__ 调大（比如 0x8000）即可。

编译后基本上就可以通过串口助手进行一些简单的计算了，见图 18.16。

完成这个以后，把输入输出重定向到 LCD 和键盘即可。

18.6 成果

图 18.17 所示就是制作好的计算器。左边是一个国外的自制计算器项目的成品，右边则是这次用 STM32 打造的图形计算器，可使用 USB 接口充电，见图 18.18。

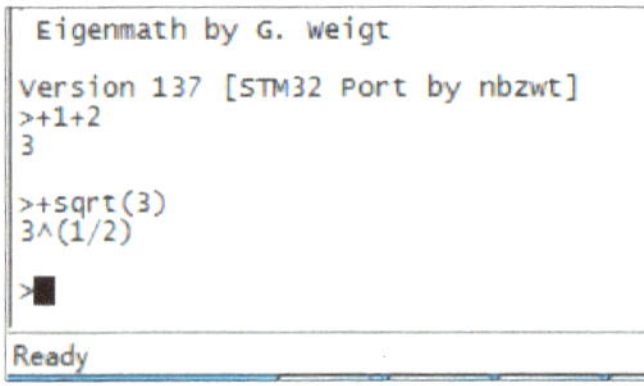

图 18.16　编译程序

图 18.18　用 USB 接口充电

图 18.17　制作好的计算器

高空漫步计划——给地球拍张大头照

◇姜梦成

19.1　项目的缘起

对于一般的无人机，无论是多旋翼还是固定翼，其飞行的高度都是有限的，常用航拍无人机的工作高度通常不会超过 100m，极限状态下也只能达到几千米高。而我们开启的这个计划希望突破重力的限制，利用气象气球将航拍器升至 20~30km 的高空进行录像，以及其他的科学实验。通过该项目，体验类似于航天工程一样的系统工程，就像发射一颗返回式卫星，从制作、发射、回收都由我们独立进行。

19.2　方案的设计与器材的选择

为了做一个可回收的高空探测器，必须从多方面进行设计。由于缺乏具体的经验，我们决定尽量简化。在探测器方面，要具有摄像功能和实时图像与信息传输功能。通过摄像获得高空的宝贵图像，实时的图像传输可以获得低清晰度的视频和设备的高度、速度等信息。但是由于无线传输的局限性，高清晰度、高质量的视频必须通过回收设备后，才能从探测器上的存储卡中获得。因此，即使能够在地面接收站获得低清晰度视频，也必须尽可能回收设备。我们知道，气球在上升过程中，由于气压降低，会导致球体膨胀，当球体半径达到其爆炸极限时，气球爆裂，气球与设备之间的降落伞自然打开，就可以开始下降。当设备降落在地面时，我们可利用其搭载的 GPS 追踪仪来获得精确位置，进行回收。

大致方案确定之后，便开始制作，但是制作过程中存在着一些问题，例如设备型号的选择与匹配、工作性能的测试等。下面将详细介绍方案定型、设备选择、制作与测试的过程。

19.2.1　气球的填充气体的选择

氢和氦都可作为气球的填充气体，氢气是最轻的气体，可以通过电解水的方法获得，成本很低。但是氢气有一个致命的缺点：危险性极高，极其易燃易爆，20 世纪中期的“兴登堡号”飞艇填充了氢气，在一次事故中发生燃烧，机毁人亡。若使用氢气，充气过程中产生一点火星，或者电火花，其后果将不堪设想。氦是惰性气体，安全性非常高。为了保证安全，我们选择了氦气作为填充气体。

19.2.2　回收方式的选择

在讨论中，我们对回收环节提出了多种方案。比如：可以安装一个放气阀门，到达一定高度后缓慢放出气体，使其下落；可设计自动割断绳索并弹出降落伞的装置，到达预定高度后切断气球与设备间的绳索，随后弹射出降落伞，使其降落。但是这两种方法都需要利用电子设备进行控制，并且要求控制好放气速度、弹出高度等参数，不确定性因素较多。看上去越高端、越复杂的方案并非越好，解决问题化繁为简才是王道。

通过参考前人的经验，我们选择了一种简单、方便且不依赖电子设备的开伞方法。用线绳将气球的球柄与降落伞的顶端相连，降落伞的下端与设备舱相连。当气球升到一定高度自然爆破后，由于失去升力，设备舱下落，降落伞便会自然打开，减缓下降速度。若采用此种方案，既省略了复杂的电子控制器件，减轻了重量，又提高了降落伞打开的可靠性，并且能够最大限度地利用气球，使设备到达气球所能达到的最大高度。

19.2.3 搭载系统的设计

经过项目组的讨论，我们希望能够利用气球将设备带到高空摄录视频，获得从高空看地球的影像，同时监测探测器的高度、速度、位置等信息，将视频与信息实时传输至地面接收站并存储。相机的首选是运动相机，这种专为极限运动而设计的相机具有体积小、重量轻、可录制 1080p 高清视频、反应速度快、对严酷环境的耐受力强等特点。

目前较好的运动相机当属 Gopro。在 2012 年 10 月，奥地利冒险家菲利克斯 · 鲍姆加特纳从接近 39km 的太空边缘跳伞，最终历时 4min22s 平安降落到美国新墨西哥州的指定地点。他创造了载人气球最高飞行、最高自由落体、无助力超音速飞行等多项世界纪录，成功挑战了人类极限，完成了史无前例的壮举。他的头顶上安装的正是 Gopro 运动相机。但 Gopro 价格昂贵，为了降低成本，我们选择了与 Gopro 功能类似的“小蚁运动相机”（见图 19.1）。对于图像实时传输系统，1.2GHz、2.4GHz、5.8GHz 的系统都可购买到，最终我们选择了 5.8GHz 模块，因为该频段为完全开放的业余频段，不存在干扰通信的风险，同时由于 5.8GHz 是最主流的频率，相关的设备易于购买，比如高增益的接收天线等。为了显示探测器的信息，我们使用了 OSD（on-screen display）模块，在摄像头的输出与图像发射机之间串联该模块，可以将高度、速度、航程、GPS 坐标等信息叠加显示在屏幕上，无需再增加额外的数据传输系统。

19.2.4 图像传输模块的选择

为了获得较远的传输距离，无线电的发射功率应尽可能大，地面接收天线的增益也应该尽量大。但是发射端需要考虑重量和能耗的限制，地面接收天线需要考虑成本和便携性能的限制。经过对可购买到的产品的比较，我们选择了创兴科 2200mW 功率的 5.8GHz 图传发射模块作为发射端，30dBi 的栅格天线作为地面接收天线。在控制成本的同时获得了较好的效果，是性价比很高的一种方案。

图 19.1 小蚁运动相机

19.2.5 回收设备（GPS 追踪器）的选择

当气球带着探测器上升到一定高度，气球爆炸，降落伞打开后自然回落至地面，气球的轨迹、降落点可通过 predict.habhub.org 网站进行大致的预测，但是回收设备需要误差小于 10m 的定位信息。如此精确的落点需利用 GPS 确定并且回传。GPS 的定位不需要互联网，但是位置信息的回传需要网络，因此需要将 GPS 定位器和可利用 SIM 卡通信的模块结合。经调研，市售有成品可用，因此选择了车用 GPS 追踪器作为回收设备。

在城市中，GSM 信号是 100% 覆盖的，但是降落点在野外的概率很大，并不能完全保证信号质量。为了提高可靠性，我们选用了两种不同品牌的追踪器，并且分别使用了中国移动、中国联通两种 SIM 卡，在其中一个设备失灵时，仍然可通过另一设备获取信息。对于两种设备，均在京津城际列车上进行了性能测试，着重测试在野外地区的定位精度与回传信息。实验表明，大部分地区可实现良好的定位效果。

19.2.6 气球的选择

对于此次任务，我们预期载荷为 1kg，因此选择了 1000g 气象气球，其载重能力为 1kg，实用升限 31000m，可以满足要求。

19.2.7 地面接收设备的选择

天线使用 5.8GHz 的抛物面栅格天线，增益 30dBi，接收机使用航模较为常用的 Aomway 5.8GHz 图传接收机（见图 19.2），灵敏度高，并且可插入存储卡进行录像，保存数据。图传的输出端接入通用液晶显示屏即可，这里我们使用了自制的笔记本电脑屏幕改造成的显示器。

19.2.8 机载电池的选择

锂聚合物电池能量密度高，功率密度能够满足要求，价格适中，安全性能好，因此我们选择锂聚电池为探测器搭载的电子设备供电。将探测器的设备连接完成后进行通电测试，15V 电压下工作电流约 0.8A，上升至 30000m 高度，预计飞行时间为 2h，平衡功耗与重量，我们选择了 2200mAh 的电池，4 节串联使用。

19.3 探测器的制作及调试

19.3.1 机载模块的组装与电路连接

探测器搭载的设备有：小蚁运动相机 ×1、GPS 追踪仪 ×2、图像传输系统（摄像头、OSD、图传发射机、发射天线、锂电池）。

图 19.2 Aomway 5.8GHz 图传接收机

其中，图像传输系统由 4 个分立模块组成，根据各模块的说明，正确地进行电路连接，在导线的接头处使用热缩管或绝缘胶带进行绝缘处理，避免短路和干扰。如图 19.3 所示。

19.3.2 地面接收系统的组装

地面接收站的组装较为简单，如图 19.4 所示，栅格天线的输出端为 N 母头，利用转接头转换为 SMA 接口，即可与图传接收器连接。图传接收器用锂电池供电，通过配套的线材将视频信号输送至显示器进行显示。需要注意的是，图传接收器的使用，启动录像与保存录像的操作方法。

19.3.3 远距离图像传输实验

为测试图像传输模块的效果，需要进行实验，检测发射机与接收机在一定距离的传输效果。5.8GHz 的电磁波在地面和空中的传输特性有很大的差别，地面由于建筑物的遮挡、反射，传输距离会大大缩短。而空中传输无遮挡，可以得到更接近理论值的传输距离。因此，测试环境的选择成为关键，需要找到距离较远并且无遮挡的两个测试点进行试验。最终我们找到了满足条件的场地：南开大学学生宿舍（十七）的露天阳台与位于意式风情区君临大厦的顶楼。两者距离达 4km，但是二者间无遮挡。君临大厦高达 230m，非常接近空中的传输环境，是一个理想的信号发射点。将地面接收站安装在露天阳台上，发射机带到君临大厦的顶楼，试验结果表明，图像传输系统在 4km 的距离上能够实现良好的通信效果，图传效果如图 19.5 所示。

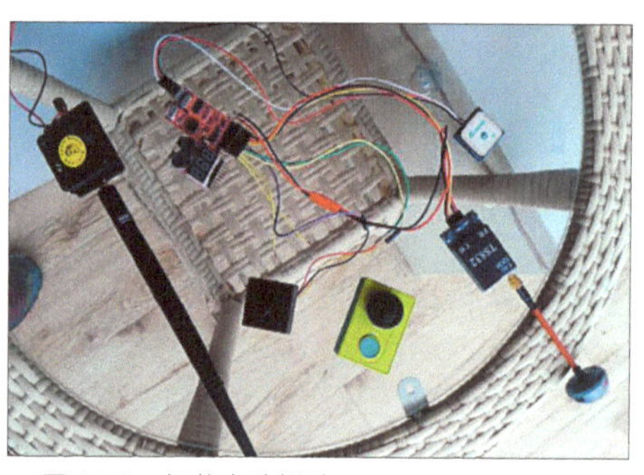

图 19.3 机载电路模块

图 19.4 地面接收系统

19.3.4 测试降落伞

为测试降落伞的性能，用 1L 水作为重物模拟载荷，从高处降落，如图 19.6 所示。从视频中估算，降落 12m 的高度用时 3s，下降速度 4m/s，可保证设备的安全。

静态测试小蚁相机性能。开启相机，设

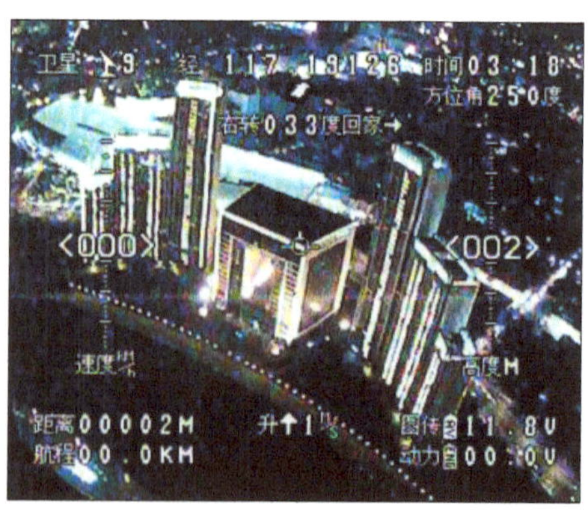

图 19.5 4km 距离的图传效果

图 19.6 配重测试降落伞

置录像模式 1080p@25fps，连续录像 1h，查看录像文件，视频被分成约 22min 的片段保存，每段 1.85GB。若使用 32GB 存储卡，可存储超过 5 小时的高清视频，超过气球的飞行时间，可满足要求。但测试相机性能过程中发现了一个问题：小蚁相机的内置电池只可支持 70min，若使其单独工作，在探测器着陆之前有可能因电量耗尽而停机，因此必须改进相机的电源。

我们选择了简单而可靠的方案：利用供电模块将图传系统电源的 14.8V 电源降至 5V，通过充电口为小蚁相机充电，内置电池事先充满电。如此，在图传电源的锂电池电量耗尽之前，相机利用外部电源供电进行录像。若充电断开，相机开始使用内置电池供电，继续录像。图传系统电源预计可以供电 2h，加上内置电池，运动相机可至少录像 3h，满足要求。

19.3.5 探测器的最终组装与系统验收

在之前所做的各项准备工作的基础上，进行气球释放前夜的最后准备。将探测器的各系统进行整合，安装至泡沫保温盒中。在保温盒上合适的位置开孔，露出摄像头、相机镜头、天线。将图像发射系统、相机、回收定位系统固定在盒内的合适位置。将搭载的生物材料（与北大化学院的学长合作，将种子和苔藓带到高空，研究高空环境对种子的影响和苔藓忍耐高空极端环境的能力）、信息卡（印有联系方式，若被人拾获，可根据联系方式回收）粘贴至保温盒的外侧。至此探测器部分制作完成，如图 19.7 所示。

通电调试（见图 19.8），各系统工作正常，验收通过！

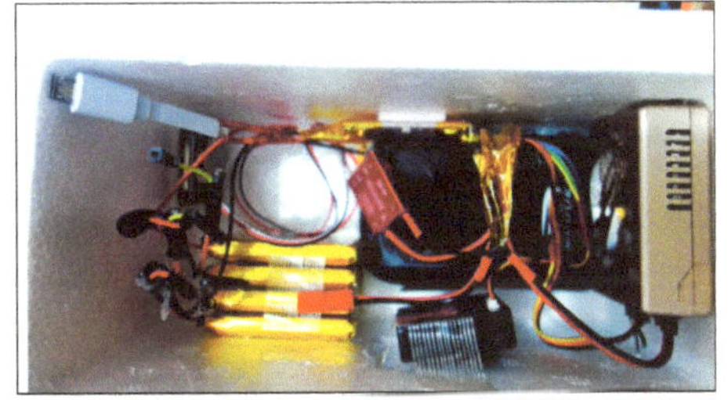
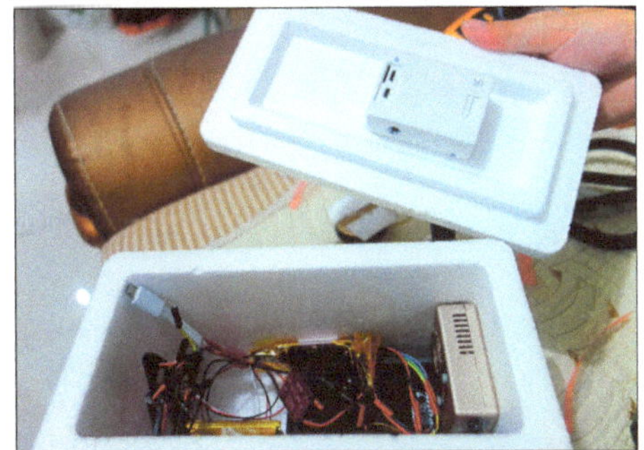

图 19.7 探测器的组装

制作完成的探测器总重600g，与计划中的1000g有较大差距，因此用400g细沙作为配重，使其达到额定质量。气象气球的质量为1000g，探测器不能过轻，否则气球爆炸后，较重的气球下沉可能导致降落伞无法打开。因此，载荷必须达到设计标准。

图19.8 通电调试

TIPS:“高空漫游”项目操作手册

1. 准备

1. 电池充电：供电电池、相机、手机、移动电源。
2. 在保温盒中安放设备。
3. OSD调试。
4. 全系统通电测试。

2. 释放（注意录像、拍照保存）

1. 架设天线及地面接收系统。

2. 气球充气，封口，固定，合影。

3. 地面接收系统通电。
4. 擦拭相机和摄像头镜头。
5. 探测器系统通电，检查接收信号是否正常。
6. OSD：按键确定初始坐标。
7. 启动小蚁相机录像，连接充电口。
8. 探测器封口。
9. 系好绳索，连接气球、降落伞与探测器。
10. 倒计时，释放气球。

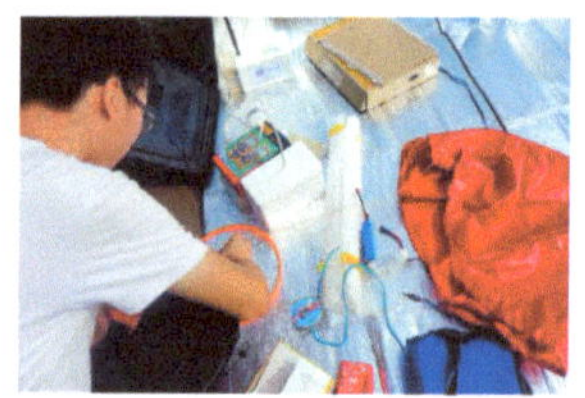

11. 调整天线方向，跟踪信号，使画面清晰。注意：每5min中断一次录像，分段保存视频。

12. 当探测器飞出视距后，利用地面接收天线进行超视距跟踪，约25min后，无法接收到任何信号。

19.4 气球的放飞

放飞气球是最关键的一个过程，步骤较为复杂，每一个操作都要特别注意，一个小小的失误可能导致整个项目的失败。因此需要预先撰写操作手册，经过讨论和预演，确定整个过程的操作步骤、先后顺序及注意事项。正式实验时要严格按照操作手册逐步进行，以确保项目顺利完成。

19.5 设备的回收与分析

当丢失图像传输信号后，放飞任务结束。由于在高空无通信信号，无法利用GPS追踪器进行定位，只能在设备降落至地面后搜寻信号。幸运的是，在起飞两小时后，我们收到了GPS定位器传回的信号，其中一个定位器仅传回了LBS（基站定位）信息，具有很大的误差。而另一台工作完全正常，获得了精确度为10m的GPS定位信息。与起飞点的直线距离仅33km，因此我们立即出发，开车奔袭50多千米（到达回收点需要走公路，因此比直线距离长），到达追踪仪所指示的地点，成功回收到了设备。设备降落在了树上，毫发无伤。随后查询GPS追踪仪记录的信息，得到了下降过程的时间、速度等信息（见图19.9）。

回收到设备后，我们立即开箱检查，内部温度达到了60℃。是由于泡沫保温盒的保温效果较好，降落后电子设备工作所释放的热量难以散出所致。但是电子设备工作正常，从小蚁运动相机中，我们获得了整个过程的高清视频，时长达225min。其中，133min为起飞到降落在地面上的过程，是最宝贵的部分。

在视频的第79.5min处，可听到一声清脆的响声，我们观察到，该时间点之前与之后的运动状态及声音都有明显的不同，认定为气球的爆炸声。从视频的开始可观察出，相机开启后在地面上的准备时间为5min，因此气球上升过程耗时74.5min，即4470s，由此可估算上升的高度。

■ 图19.10　图传系统接收到的最远的稳定图像

图19.10所示为图像传输系统接收到的最远的稳定图像。可知，在计时23：20时，高度为8465m，同样扣除5min的初始准备时间，可知气球将探测器在18min20s (1100s) 的时间内升高至8465m，平均上升速度7.70m/s。因此，估算气球爆破点的高度为34400m。图19.11所示图片为从地面起飞，到达高空过程中的照片，图19.12所示为气球上升至最高点时拍摄的图像，估算高度34400m。

LK208-48143-轨迹明细

开始时间:2015-09-02 10:00　结束时间：2015-09-02 14:30

序号	定位时间	纬度	经度	速度	方向	定位方式
61	2015/9/2 12:50	37.59041	116.55438	29.63	158	GPS
62	2015/9/2 12:50	37.58778	116.55503	27.78	154	GPS
63	2015/9/2 12:52	37.58469	116.55593	9.26	196	GPS
64	2015/9/2 12:53	37.58313	116.55597	29.63	195	GPS
65	2015/9/2 12:54	37.58129	116.55499	1.85	0	GPS
66	2015/9/2 12:56	37.58129	116.55499	0	0	GPS
67	2015/9/2 13:02	37.58138	116.55501	3.7	0	GPS
68	2015/9/2 13:03	37.58138	116.55501	0	0	GPS
69	2015/9/2 13:13	37.58128	116.55494	0	0	GPS
70	2015/9/2 13:14	37.58128	116.55494	0	0	GPS
71	2015/9/2 13:20	37.58128	116.55494	0	0	GPS
72	2015/9/2 13:44	37.58129	116.55503	3.7	0	GPS
73	2015/9/2 13:46	37.58129	116.55503	0	0	GPS
74	2015/9/2 13:50	37.58141	116.55509	1.85	0	GPS
75	2015/9/2 13:52	37.58141	116.55509	0	0	GPS
76	2015/9/2 14:04	37.58131	116.55496	0	0	GPS
77	2015/9/2 14:04	37.58131	116.55496	0	0	GPS
78	2015/9/2 14:14	37.58119	116.55484	0	0	GPS
79	2015/9/2 14:16	37.58119	116.55484	0	0	GPS

■ 图19.9　设备的回收与分析

图 19.11　从地面到高空的拍摄图像

图 19.12　气球升至最高点时拍摄的图像

19.6　项目总结

通过此项目，我们成功制作并放飞了一个高空探测器，其飞行高度达到了 34km，甚至远远高于民航客机的巡航高度（一般不超过 13km）。获得了高质量的高空影像资料。在这个过程中，我们学习到了多方面的实用技术，例如电子电路的设计与制作、远程无线图像传输系统的搭建、GPS 追踪技术及其应用、锂电池的选择与使用等，这些技术在科研中都有很高的实用价值，能够帮助我们将设想转化为现实。此外，该项目为一项系统工程，基础设计、制作、调试、放飞都是需要进行多方面考虑的复杂过程，在实现项目的过程中锻炼了整体思维、系统思维。

19.6.1　成功经验

（1）周密计划。在设计、调试、组装、放飞的过程中，我们都事先做好了具体的计划。尤其是正式放飞，步骤复杂，并且涉及电路的连接，一个错误操作就可能造成电子设备的损坏，导致项目失败。因此，周密方案的确定十分重要。

（2）季节、天气、地点的选择。由于气球会上升到平流层，其起飞与降落点的直线距离受大气环境的影响很大。我们选择夏末秋初的时节放飞，正是大气层较为稳定的时期，着陆点距起飞点仅33km，大大减少了回收的难度。放飞的天气应为晴天或多云，方便在野外的准备工作，同时具有较好的能见度。放飞地点的选择也相当重要，若设备降落在山区，回收将非常艰难。我们选择了远离海岸线的华北平原进行实验，大片的平原，交通方便，并且通信信号覆盖良好，是进行此类实验的最佳地点。

（3）GPS定位的使用。追踪仪具有两种定位模式：基站定位和GPS定位，手机基站定位服务又叫移动位置服务（LBS——Location Based Service），它是通过电信移动运营商的网络（如GSM网）获取移动终端用户的位置信息（经纬度坐标）的，精度为100~1000m，不太准确，而GPS定位精确度可达10m以内。实验中使用的两台追踪仪均为双模定位，但设备着陆后，其中一台的GPS失灵了，仅有基站定位信息，而另一台传回了精确的GPS定位信息，大大缩小了搜寻的半径。若仅依靠粗略的基站定位，搜寻工作将如同大海捞针。因此GPS在回收过程中必不可少。

19.6.2 不足之处

（1）400g有效载荷的浪费。在探测器的制作过程中，由于没有随时测量仪器质量，最后的探测器整体仅600g，为保证设备安全，不得不加400g沙土作为配重。若能够尽早发现这一有效载荷的缺口，可携带更多的仪器设备或者生物材料，可更高效地利用这次实验机会。

（2）高速自转。气球升空后，探测器立即开始了高速旋转，导致视频的观赏价值下降。原因为未考虑到绳索的初始扭矩，释放后绳索解旋的过程带动了设备的高速旋转。解决办法为：使用初始扭矩较小的绳子，或搭载回转陀螺仪。

（3）未搭载传感器。由于准备过程较为仓促，只安装了运动相机和图像传输系统，而未搭载温度、气压、辐射等传感器，从而未获取到相关的信息。

19.6.3 未来设想

本项目的成功完成为高空气球的使用积累了宝贵的经验，若有后续实验的机会，可在以下方面进行改进。

（1）将泡沫保温盒换为固定翼航模，使用有效距离更远的图像传输系统和遥控系统，在气球爆破后进行遥控，使其回到放飞点。

（2）可使用GPS引导的自动驾驶系统，气球爆破后根据GPS坐标自动返回出发点。

（3）搭载更加专业、功能更加多样的传感器，获得更加有价值的信息。

更多idea等待着大家的补充……

编者注：升放探空气球请遵守《通用航空飞行管理条例》，得到气象和飞行管制等相关部门的批准，不得私自或未按照规定升放。

20 空气质量在线检测系统

◇常席正

在北京生活的小伙伴们，想必对空气质量不能再敏感了，一遇到久违的蓝天，朋友圈就被各种炫蓝天的照片刷屏。室外空气是无法操控的，我们就在室内空气上下点功夫吧，毕竟一天中的大多数时间还是在室内度过的。于是乎，小熊决定做一个智能空气盒子，实时检测家里的空气是否达标。

20.1 项目简介

智能空气盒子（Smart AirBox）是空气质量在线检测系统的雏形。该系统可以监测周围的空气质量（VOC、PM2.5、温度、湿度等），并将参数数据通过 BLE（低功耗蓝牙）发送给 BLE 网关，这样，我们就可以通过 PC 来查看周围的空气质量，或者通过手机的蓝牙直接连接到智能空气盒子获取周围的空气质量数据。图 20.1 所示是 PC 通过浏览器获取到的空气质量显示页面。

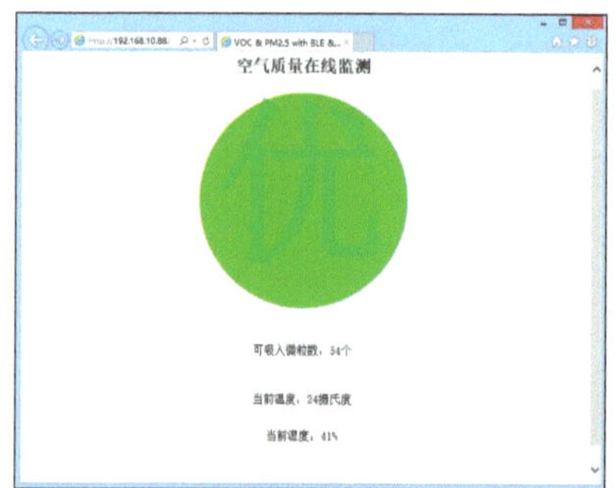

图 20.1 通过网页显示的空气数据

此系统由空气质量检测节点——智能空气盒子（Smart AirBox）和 BLE 转以太网网关——BLE Gateway 组成，如题图所示。

20.2 空气质量检测节点——Smart AirBox

Smart AirBox 集成了 VOC（挥发性有机化合物）气体和 PM2.5（可吸入颗粒物）检测单元、温湿度检测单元、BLE 传输单元以及 LED 显示单元（见图 20.2）。其中 VOC 气体和 PM2.5 检测单元使用的是 ZPH-01，ZPH-01 可以通过串口输出采集到的空气数据，并且每秒更新一次。温湿度检测单元采用的是 Maker 常用的 DHT11 传感器，可通过数字接口输出温湿度信息，价格低，性能可靠。

BLE 传输单元使用的是 TI 的 CC2541 模

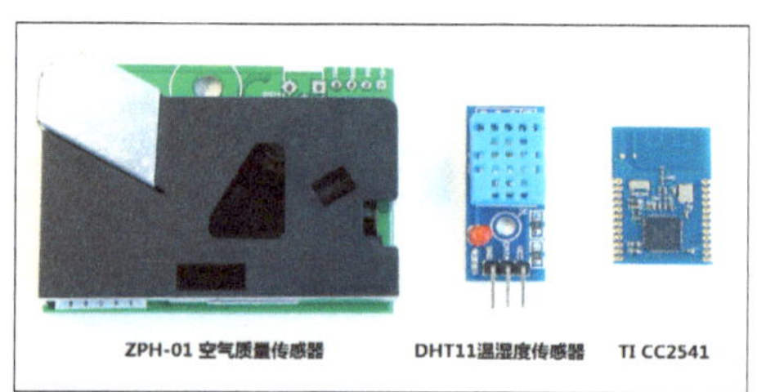

图 20.2 Smart AirBox 的主要部件

块，CC2541 作为 Smart AirBox 的 MCU，从各检测单元取回数据并将这些数据发送到 BLE Gateway 或手机，再按照空气质量等级来驱动发光二极管进行直观显示，如图 20.3 所示，从左到右分别代表空气质量的优、良、中、差 4 种情况。

Smart AirBox 的传感器检测项目和精度见表 20.1。

20.3 设计过程

20.3.1 设计思路

这次的设计思路和以往有很大不同。小熊以往的设计都是将全部电路放在一块 PCB 上，或是将两块 PCB 通过接插件连接在一起，而本次设计从一开始就计划将 PCB 本身用作壳体，6 块 PCB 合体后是一个完整的正方形，但是这又面临一个两难的选择：方案 1，六面分别是单独设计，每块都是单独的 PCB；方案 2，六面采用同样的设计，焊接时不同的面焊接不同的元器件。方案 1 的优点自然是设计难度小，缺点是制版成本高，6 块 PCB 的制版成本是 [样板费 (50 元) + 黑色阻焊层制作费 (100 元)] ×6，6 倍于方案 2 的成本。一番取舍后，最终小熊还是选择了方案 2，事实证明，方案 2 完全就是一个烧脑的设计。

20.3.2 硬件架构

确定设计方案后，小熊开始了电路原理图的勾画。前面已经决定要在同一块 PCB 上实现所有的电路，只是根据需求对某一面 PCB 进行特定元器件的焊接，这种思路决定了不可能采用常规的原理图设计来处理，

图 20.3 Smart AirBox 的实际检测变化情况

表 20.1 Smart AirBox 的传感器检测项目和精度

检测单元名称	检测内容及精度
VOC	甲醛、苯、一氧化碳、氨气、氢气、酒精、香烟、香精等有机挥发气体
可吸入颗粒物	检测大于 1 μm 的颗粒
温度	测温精度 ±2%，测量范围 0~50℃
湿度	测湿精度 ±5%RH，测量范围 20%~90%

整体的硬件结构如图 20.44 所示。

整体布局是 6 块板子，板与板之间不但要有电源供电，还需要进行 I/O 通信，所以小熊引入另外一组通信焊盘，这组焊盘要包含上图中所有需要的通信 I/O，如图 20.5 所示。

整体的电路原理图如图 20.6 所示。

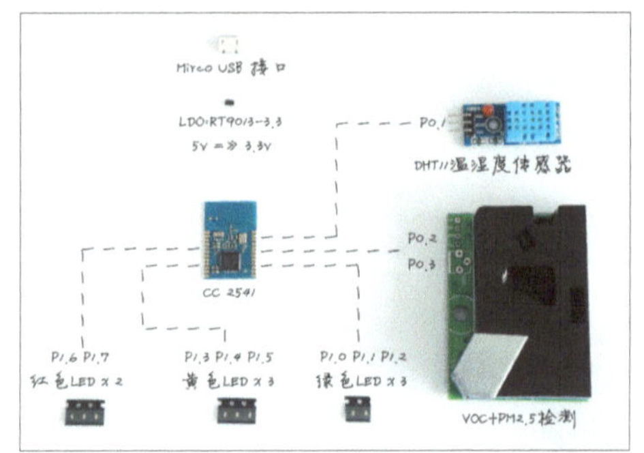

图 20.4 硬件架构及原理

20.3.3 PCB 设计

为了方便说明，我们将 6 块 PCB 分别命名为底板、前面板、后面板、左侧板、右侧板和盖板，大家可以先脑补一下它们的相对位置。然而，要在一块板子上集成 Micro USB 接口、电源 LDO 部分、LED 显示单元、CC2541 贴片模块、VOC&PM2.5 采集模块、DHT11 温湿度模块等，而且为了美观，需要将所有元器件布置在 PCB 盒子的内表面上，PCB 盒子的外表面则保持无

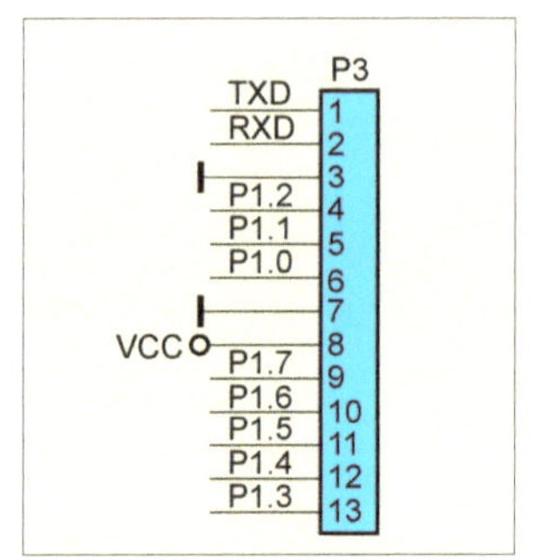

图 20.5 通信焊盘

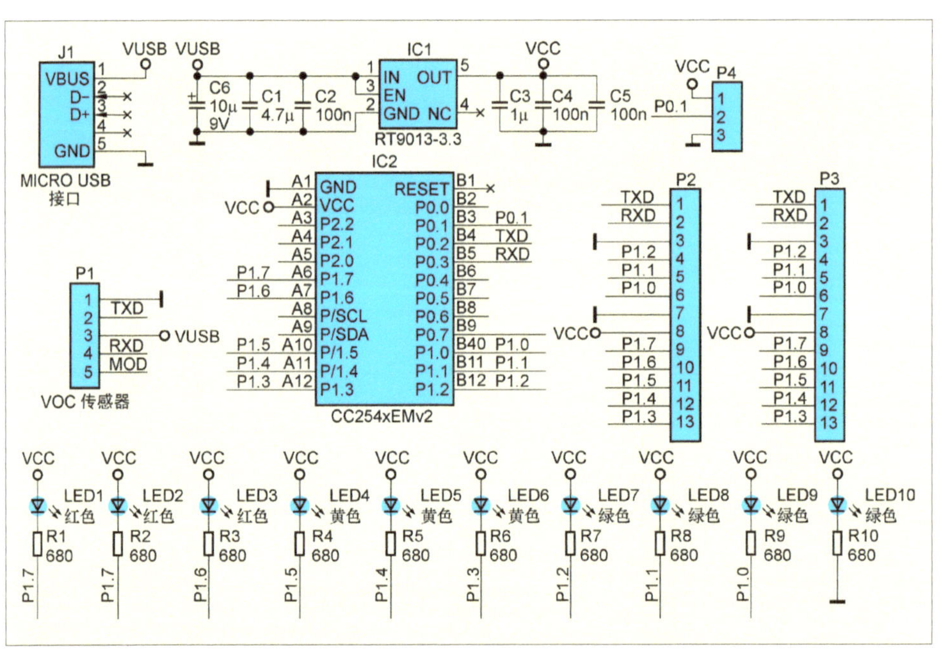

图 20.6 Smart AirBox 电路原理图

器件、无走线、无焊盘、无丝印的“四无”状态，非常不容易。所以在设计 PCB 时，小熊定义了几个设计规则和步骤，对此将逐步说明。

规则和步骤 1: 采用黑色 PCB，正方形设计，面积为 65mm×65mm（见图 20.7），板厚 1.6mm。因为 PCB 就是壳体，有足够的板厚才有足够的结构强度。

规则和步骤 2: 在每个边上加两个凸起位置，用于板与板之间的固定，凸起的宽度要和板厚一样为 1.6mm，长度是 16.25mm，也就是板边的 1/4。为方便插接，在凸起的两边各削除 0.1~0.2mm，并做出固定的焊盘（见图 20.8）。这个焊盘需要大一些，以保证各个面板之间固定的稳固性。

规则和步骤 3: 放置 LED 显示单元和 Micro USB 接口等需要外部开孔的器件，并在适当的位置放置一定数量的通风孔，用来确保空气的流通，以保持采集数据的准确性和实时性。

LED 显示单元: 整个装置有 P1.0~P1.7 共 8 个独立 I/O 控制的 LED，还有一个供电指示灯，共 9 个 LED。为了保持外壳面的“光洁”，小熊在贴片 LED 的两个焊盘间开一个直径为 1.2mm 的小孔来透光（见图 20.9），然后将贴片 LED 反向焊接，也就是倒扣着焊接。

Micro USB 接口: Micro USB 接口的外沿要和步骤 2 中所做的凸起外沿尽量齐平，不然焊接之后会出现 USB 接口内陷在壳体内部，不好插拔的问题。由于壳体的六面都是同一板子，要考虑到 USB 接口的开口问题，为了避免每面上都有开口，并避免开口过大不美观，小熊选择了半开孔的方式，如图 20.10 所示。

通风孔: 小熊选择用不同直径的圆形开孔当作通风孔，通风孔的直径分别为 2.4mm、2.0mm、1.6mm、1.4mm，需要

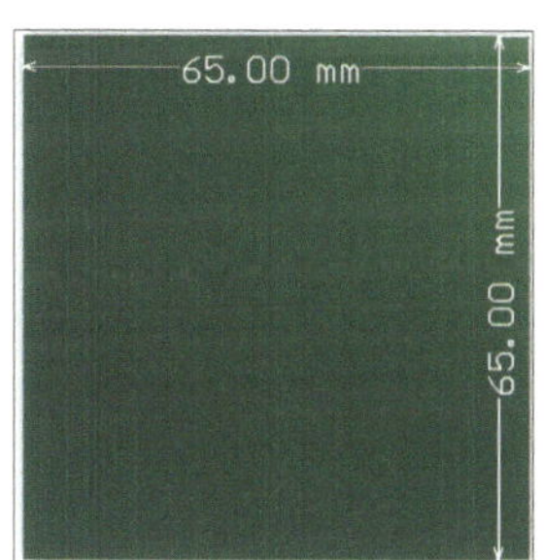

▪ 图 20.7 PCB 65mm x 65mm

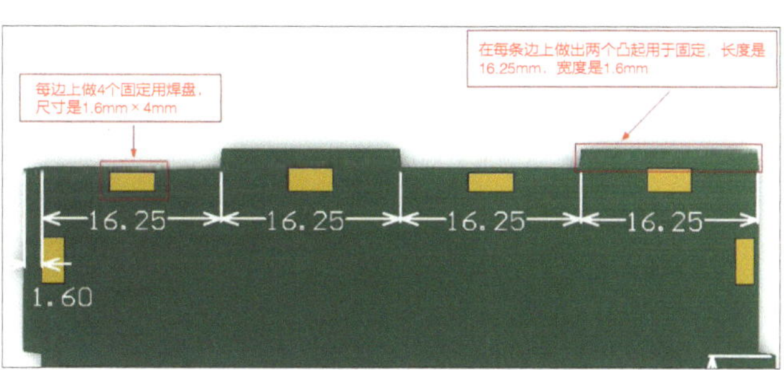

▪ 图 20.8 固定焊盘设计

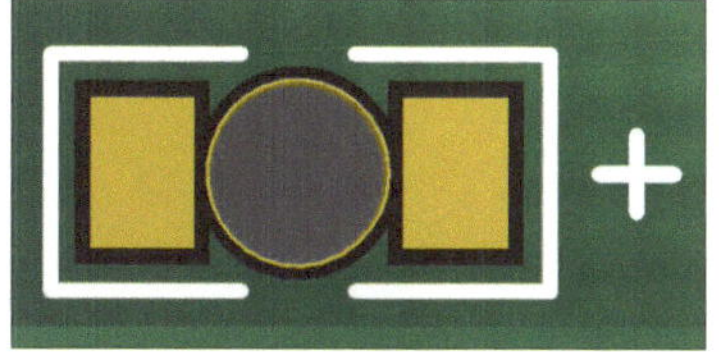

▪ 图 20.9 透光口设计

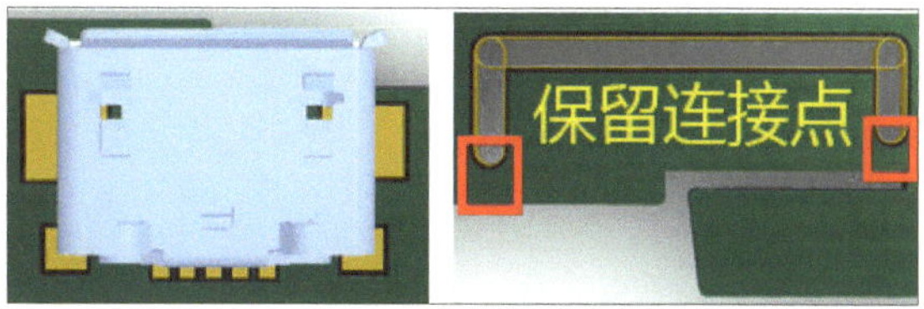

▪ 图20.10 Micro USB接口的半开孔设计：保留红圈处两个连接点不断开，在需要开孔的面板上剪断这两个连接点就可以

保持一定数量的开孔以增强通风效果，如图20.11所示。

规则和步骤4: 根据步骤3放置的接口的位置来确定内部元器件的位置，因为这次是立体布局，可以先在纸上简单勾画，根据元器件的体积和表面面积初步确定CC2541贴片模块、VOC&PM2.5传感器和温湿度传感器的大概位置。电路部分需要放置在3块板子上，具体布局如图20.12所示，而后面板、左侧板以及盖板是不需要布置任何元器件的。然后就是把这3部分电路合成到一块板子上，布线时尽量不要有过孔和背部走线，会影响最后的效果，经过整理，就得到了最后生产用的PCB设计图（见图20.13）。下单一周后，我收到了做好的PCB（见图20.14）。

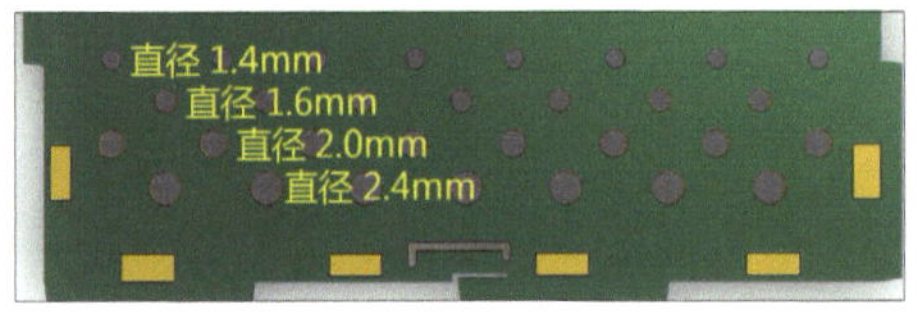

图20.11 通风孔设计

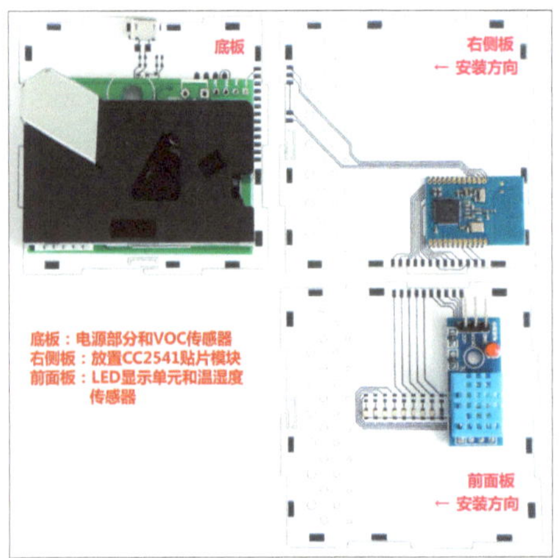

图20.12 确定电路的安装位置

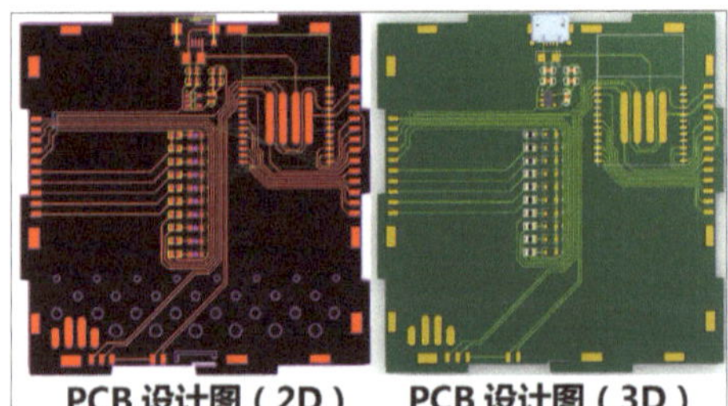

图20.13 PCB设计图

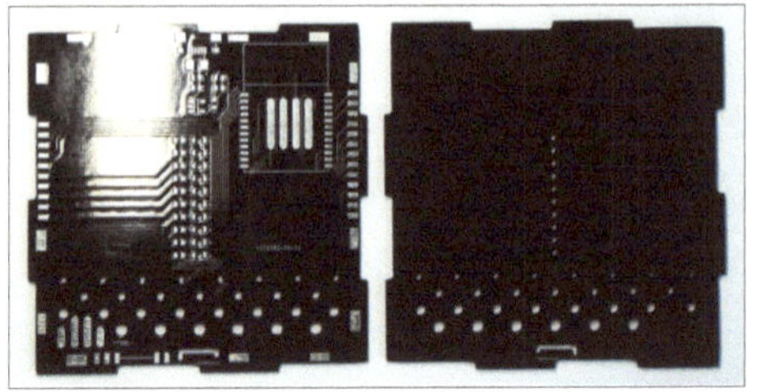

图20.14 PCB成品

20.4 焊接过程

小熊详细记录了焊接的各个步骤，板与板之间焊接的先后顺序比较重要，因为顺序安排不合理的话就会出现无处下手的窘迫，小熊对此深有体会。

前面板： 焊接贴片LED和相应的限流电阻，贴片LED需要反着焊接，以便对外发光，如图20.15所示，作为对比，右边是正面放置的贴片LED。共焊接3个红色的、3个黄色的和4个绿色的LED。

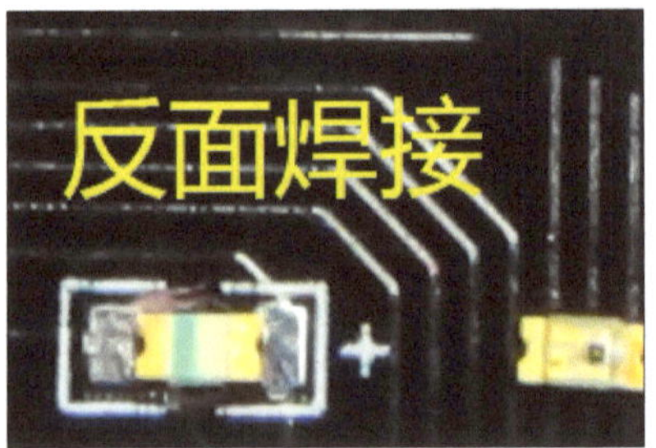

图20.15 LED的焊接方式

右侧面板：焊接 CC2541 贴片模块，焊接前已经通过飞线将程序下载到模块了。

底板：先焊接电源部分，VOC 传感器暂且不焊。

完成后如图 20.16 所示。

终于等到了板与板合体的时刻，形容一下当前的状态："小熊屏气凝神，握着烙铁的手颤抖着……"

焊接这个需要连锡的焊盘有个技巧，就是把烙铁头从下往上滑，容易在两个焊盘间挂锡。先将底板和右侧面板焊接在一起（见图 20.17-A），然后用相同的步骤处理前面板（见图 20.17-B）。焊接好前面板，将 VOC 模块焊接在设计好的位置（见图 20.17-C）。焊接后面板前需要进行一些处理，在 Micro USB 接口的位置，用偏口钳把两个连接点剪断（见图 20.17-D 和图 20.17-E）。采用相同的步骤处理左侧面板及上盖板，最后贴上象征身份的贴纸（见图 20.17-F）。

智能空气盒子合体成功！迫不及待地插上电源，悠悠的绿灯亮起（见图 20.18），

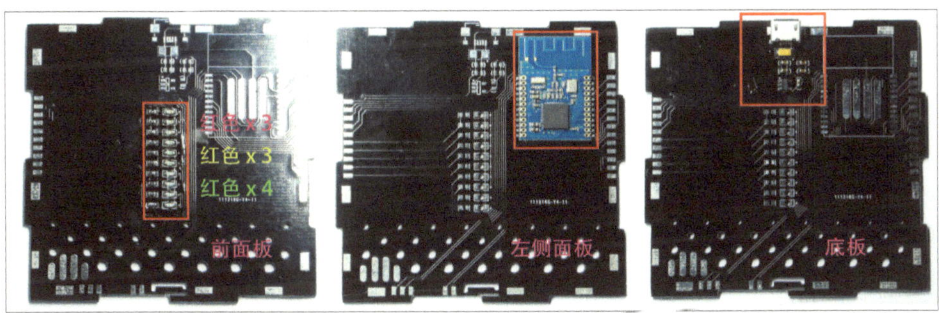

图 20.16 焊接成品图

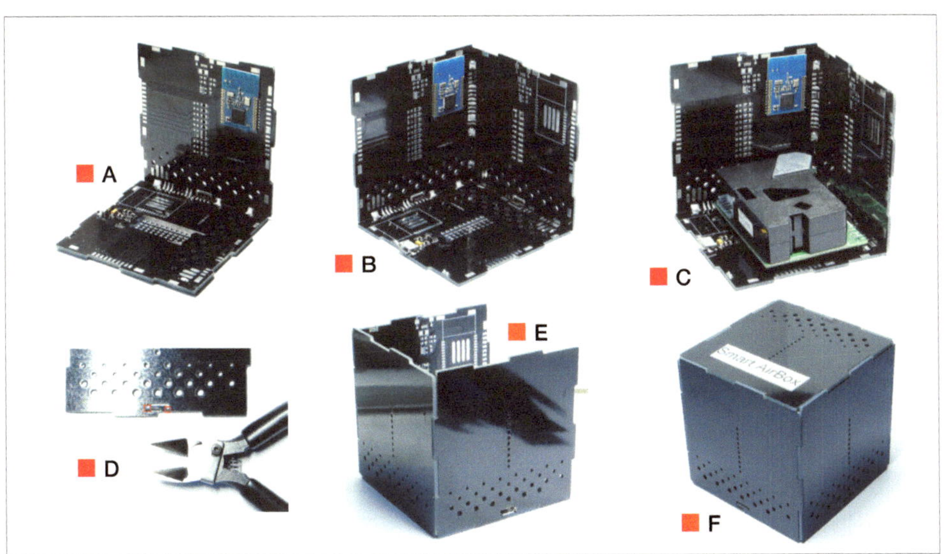

图 20.17 各 PCB 连接过程

代表附近的空气质量为优，小熊终于可以尽情呼吸了。

用熄灭的打火机放气模拟空气质量不好的情况，然后……灯条“蹭”的一下就上去了（见图 20.19），智能空气盒子工作正常，小熊很开心。任性的小熊是不会告诉你们第一次上电没有成功，检查了好久才发现有个焊盘虚焊的。

■ 图 20.18 接通电源测试

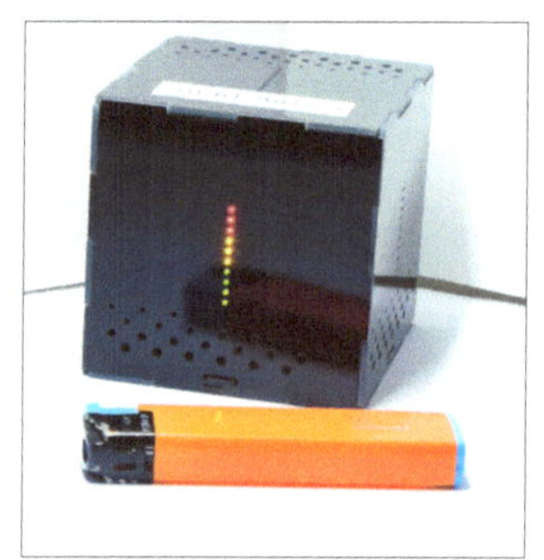

■ 图 20.19 用熄灭的打火机放气模拟空气质量不好的情况

小熊公开智能空气盒子详细制作过程的初衷是启发大家的灵感，任何灵感和想法都有被实现的必要，关键看如何实现。本次的整体系统采用的是“传感器 -BLE- 以太网”架构，也许有些同学觉得没有“传感器 +Wi-Fi”好，但小熊面临的现实是，内置协议栈的开源 Wi-Fi 模块在市场上并不多见，即使有也存在开发成本高、难度大的问题，况且小熊一向以为 Wi-Fi 这种无边界的网络，如果不作加密处理是不适合用作智能家居应用的。而如果是采用成品的“串口转 Wi-Fi”模块，则没有办法实现用网页显示，以及更进一步上传空气数据到类似 Yeelink 的开源平台上的目的，所以一番取舍后，小熊还是采用了当前的方案。

20.5 BLE 以太网网关

BLE 以太网网关（BLE Gateway），顾名思义包含两大部分：BLE 部分和以太网部分。

BLE 部分和 Smart AirBox 一样，采用 TI 的 CC2541 芯片实现和 Smart AirBox 的通信。但由于我们要实现网页显示和比较复杂的网络协议传输，而 CC2541 的 8051 内核处理起来会比较吃力，故 CC2541 将只承担 BLE 传输任务，数据处理则交给了 STM32F103。STM32 系列是 ST 公司专门为高性能、低成本、低功耗的嵌入式应用开发的 MCU 芯片，采用 ARM Cortex-M3 内核，容易掌握，也比较常用。

以太网部分用的是硬件协议栈芯片 W5500。该芯片使用硬件逻辑门电路实现 TCP/IP 协议栈的传输层及网络层（如 TCP、UDP、ICMP、IPv4、ARP、IGMP、PPPoE 等协议），并集成了数据链路层、物理层，拥有 32KB 片上 RAM 作为数据收发缓存。而且，在论坛和官方网站上，可以找到非常多的 W5500 例程和应用，其中也包括了小熊这次开发使用的 HTTP Server 例程。整体方案就这么愉快地决定了。

20.5.1 设计思路

小熊在经历了 Smart AirBox 那样将 PCB 作为壳体的“烧脑”设计之后，BLE 网关的设计又回归了基于壳体设计 PCB 的常规方式。考虑到实用性和美观性等设计要求，小熊选择了手头一个 Zigbee 网关的壳体（见图 20.20），基于这个壳体重新设计内部 PCB。该壳体拥有一个以太网接口和一个 Micro USB 接口，还是比较适合小熊的方案的。

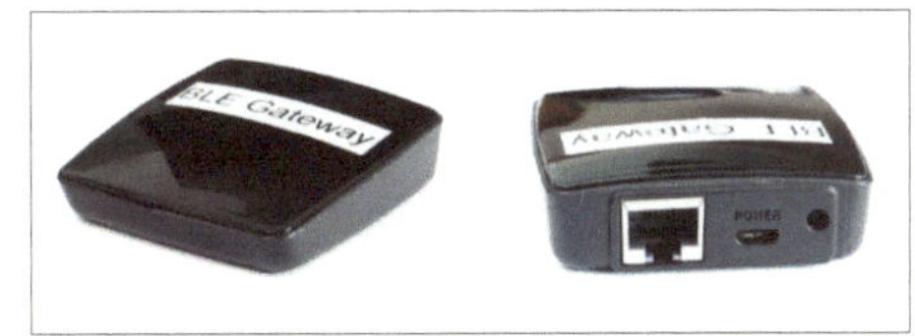

图 20.20 BLE 网关壳体

20.5.2 硬件设计

硬件设计的第一步是原理图设计，小熊已经确定使用 CC2541+STM32+W5500 的设计方案，方案框图如图 20.21 所示。

电路原理图整体分为 4 个部分：电源部分、STM32 部分、W5500 部分和 CC2541 部分（见图 20.22~ 图 20.25）。

供电部分通过 MicroUSB 获取 5V 电源，经 RT9013 降压为 3.3V。STM32 通过串口和 CC2541 通信，通过 SPI 接口和 W5500 通信。由于壳体的限制，采用的是沉板式 RJ-45 以及相应的独立网络滤波器，CC2541 也采用 PCB 天线。

在确定电路原理图之后，我们开始设计硬件 PCB。在采用现成壳体进行设计，而且壳体内部空间并不是很充足的情况下，复杂程度肯定高于设计一个单独的板卡。为了让大家更清晰地了解设计过程，小熊将设计过程整合成了 3 个步骤。

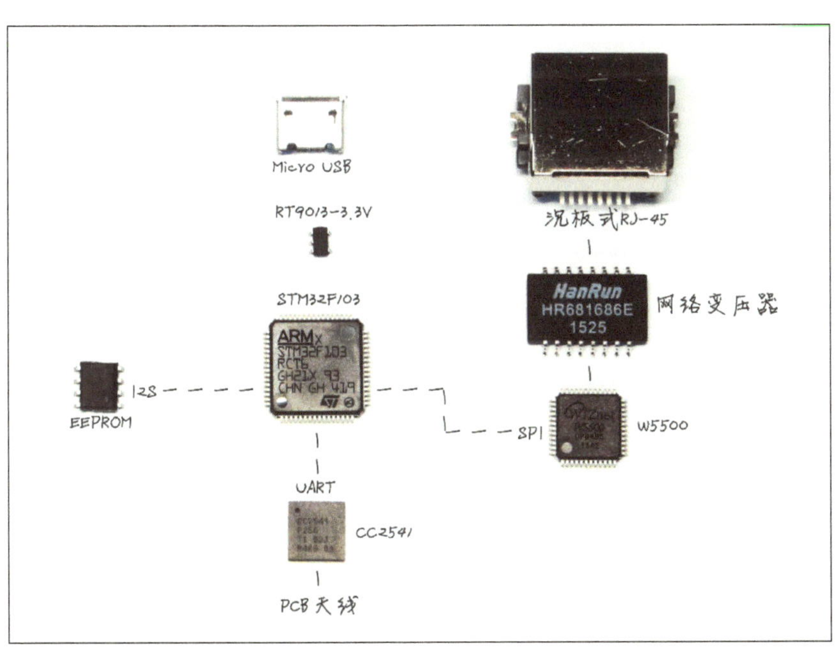

图 20.21 硬件方案框图

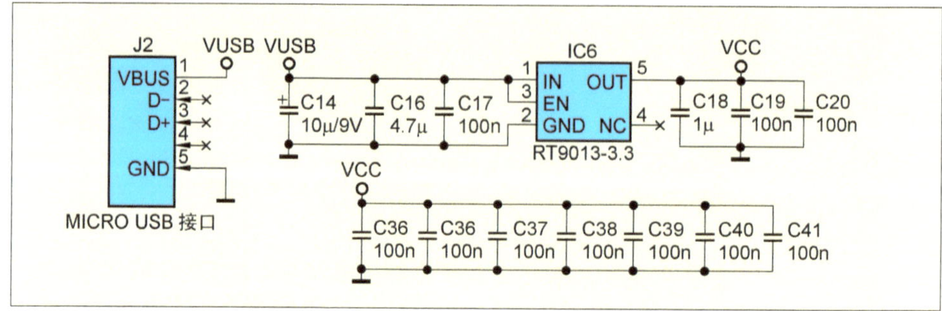

图 20.22　电源部分电路原理图

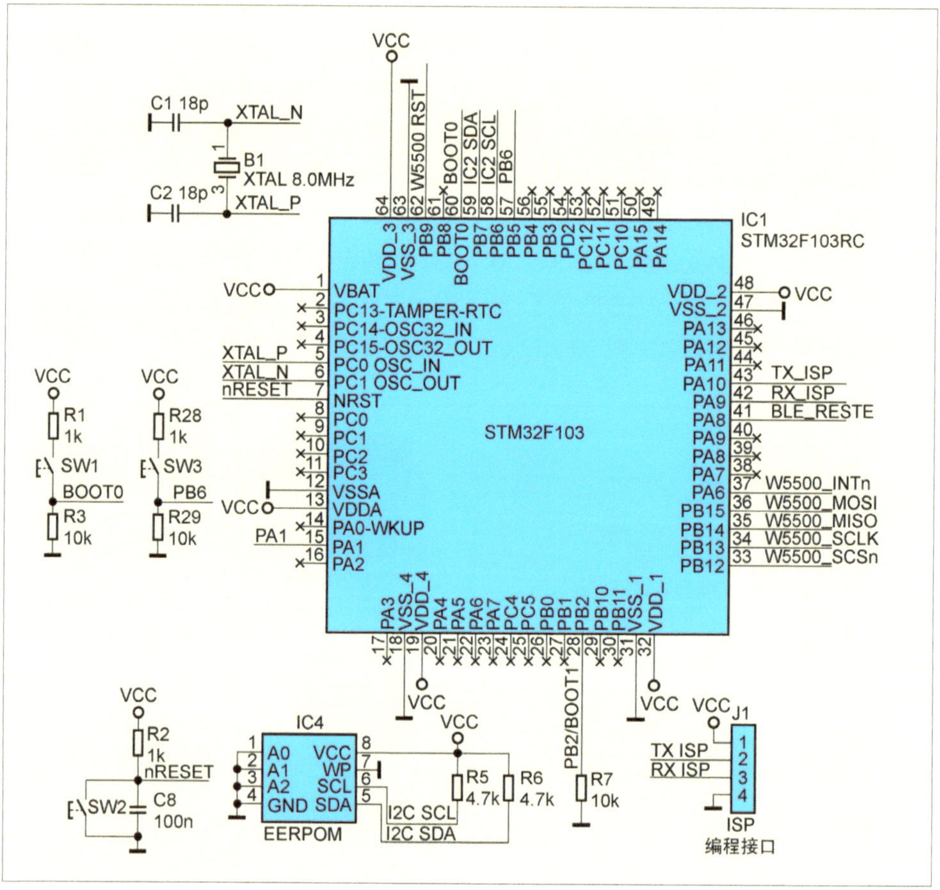

图 20.23　STM32 部分电路原理图

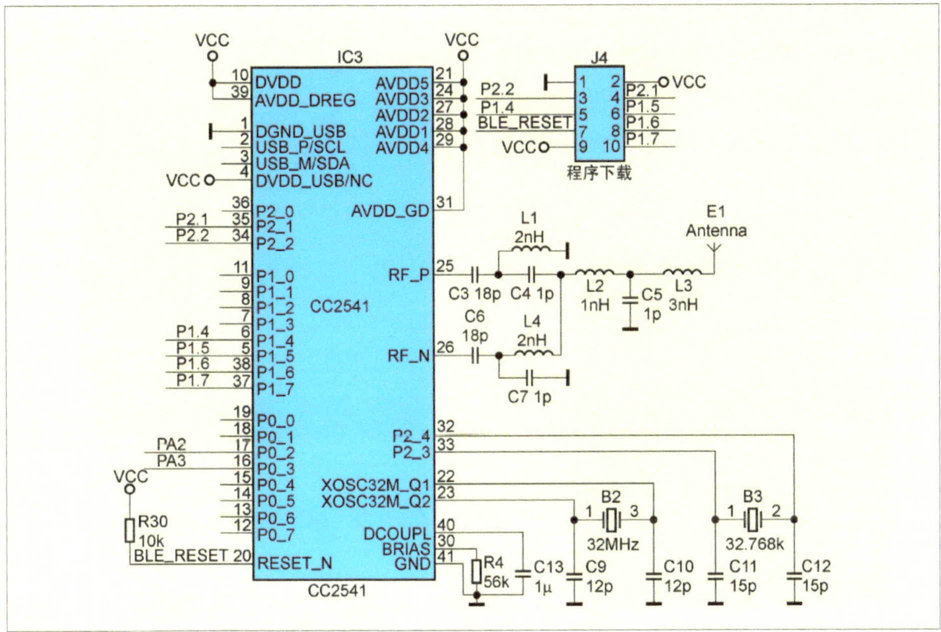

■ 图 20.24　CC2541 部分电路原理图

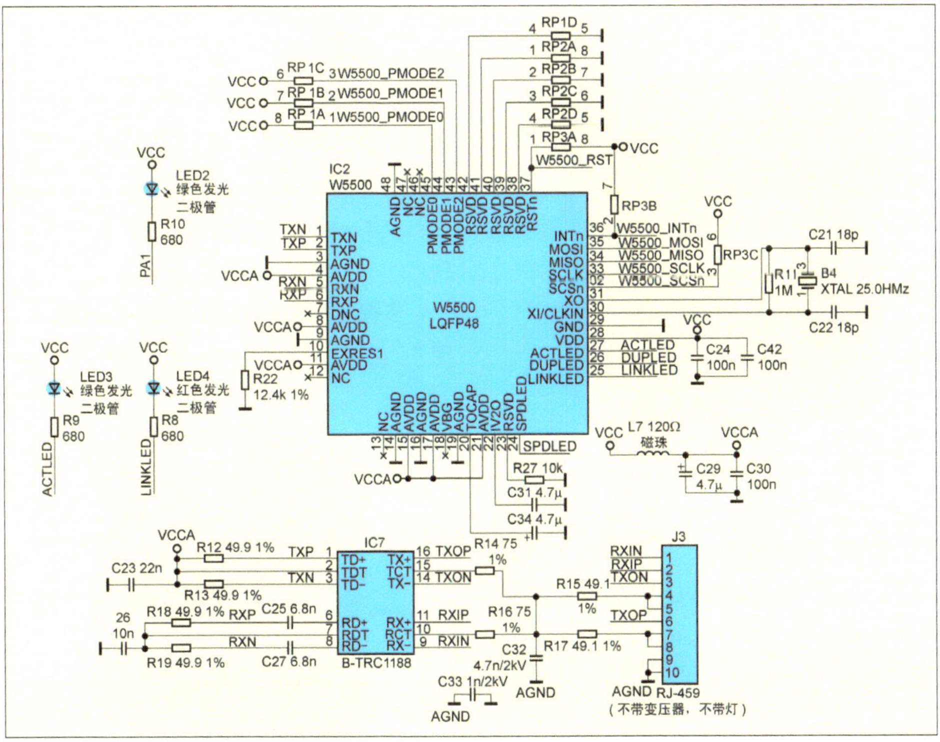

■ 图 20.25　W5500 部分电路原理图

步骤 1：根据已有壳体进行 PCB 的板形勾画，按照壳体尺寸初步画出一个长方体作为基准（见图 20.26）。然后再根据壳体内部的凸起和固定孔修饰 PCB 板形（见图 20.27）。

图 20.26　PCB 板形基准

图 20.27　PCB 板形修正

步骤 2：确定接口（RJ-45、Micro USB）、RESET 按键以及 LED 的尺寸和位置，提高与壳体开孔间的契合度（见图 20.28）。

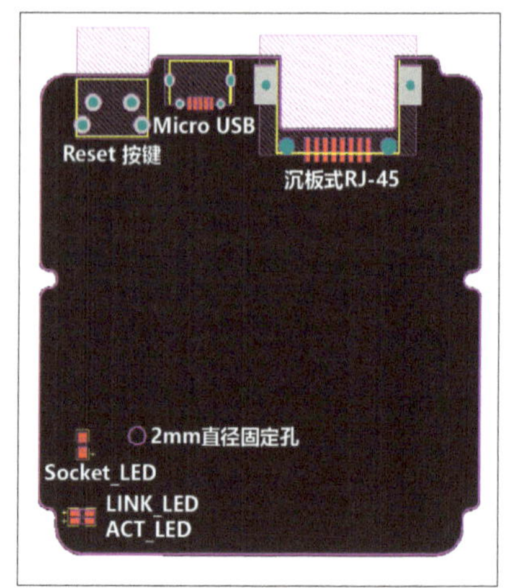

图 20.28　确定接口位置

为了让 LED 能够指示更多的状态，小熊在同一个灯孔位置上放了两个独立的 LED：指示以太网物理连接状态的 LINK_LED 和指示以太网活跃状态的 ACT_LED。

这时可以按照 1:1 的缩放比例将 PCB 打印出来，并和实物进行对比，进行细节修正（Altium Designer 上 1:1 打印的步骤为：文件→页面设置→缩放模式“Scaled Print”，缩放比例“1:1”→打印）。

步骤 3：根据原理图进行内部布线（见图 20.29）。

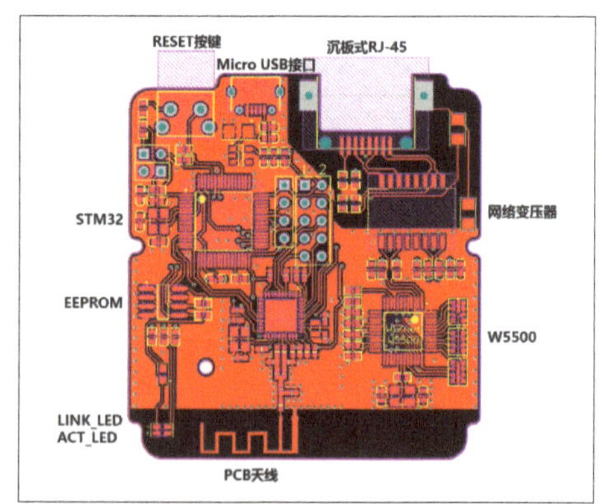

图 20.29　PCB 布局、布线图

有几点需要特别注意：

（1）本着接口位置决定相应功能块位置的思路，元器件布局要充分考虑就近原则；

（2）RJ-45 以及网络滤波器的布局和布线要符合以太网布线规则；

（3）BLE 采用的是 PCB 天线，要充分考虑阻抗匹配的问题，天线位置的左右不要敷铜，以保证良好的信号质量；

（4）上壳体内有一些面向内部的凸起，有一定高度的元器件需避开这些凸起。

图 20.30 所示是根据布局、布线生成的 3D 图像。

20.5.3 焊接过程

小熊很不喜欢绿色板子，但是黑色板子要多加 100 元的工艺费，况且这个 PCB 是放在壳体里面的，所以也就无所谓了。图 20.31 左边所示是制成的 PCB，右边所示是焊接完毕的板子。

“焊接时要一部分一部分地焊，焊完一部分并测试成功后再焊下一部分。”

“……”

“……”

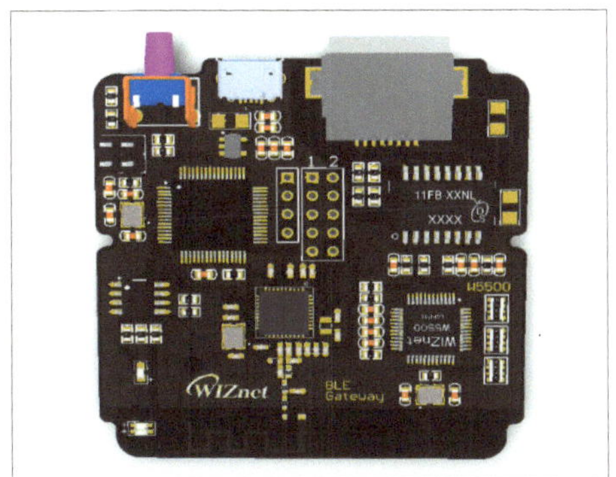

图 20.30 PCB 的 3D 效果图

重要的话说三遍。若全部焊接完再测试，遇到问题将很难确定位置。在这个板子上，小熊的焊接、调试顺序是：

（1）焊接电源部分，检测电源是否有短路，电源输出电压是否为 3.3V；

（2）焊接 STM32 部分，检测是否可以正常下载程序；

（3）焊接 W5500 部分，检测以太网 LINK 灯是否亮起；

（4）焊接 CC2541 部分，检测是否可以连接到 Smart AirBox（见图 20.32）。

20.5.4 测试过程

在上一篇文章中，我们已经测试过 Smart AirBox 了，可以根据空气质量更新 LED 状态。给 Smart AirBox 和 BLE 网关都插上电源，并给 BLE 网关插上网线，

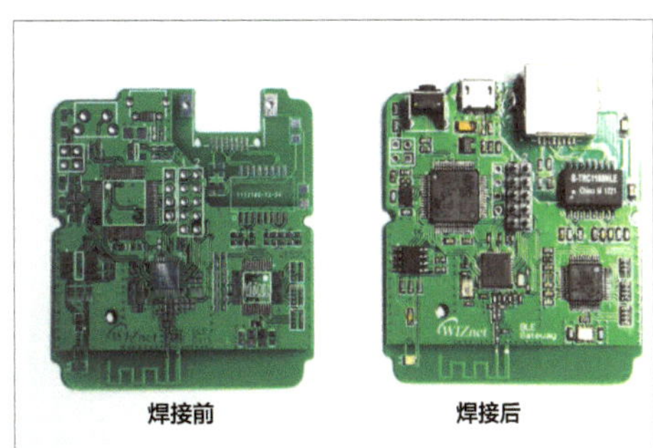

图 20.31 焊接前后的 PCB

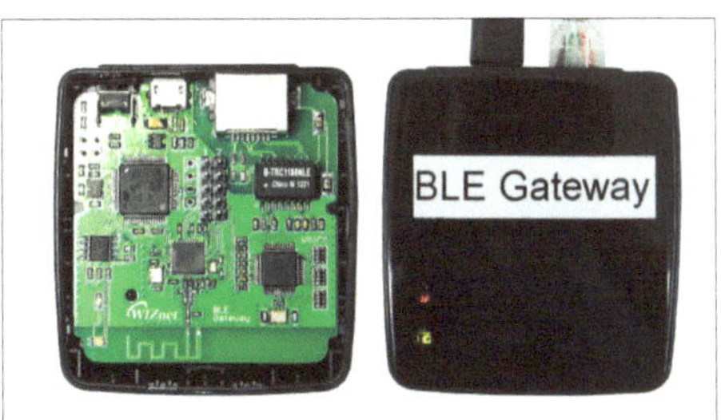

图 20.32 组装和测试 BLE 网关

表 20.2 数据格式

0	1	2	3	4	5	6	7	8
起始位	检测类型	单位	低脉冲率整数部分	低脉冲率小数部分	预留	模式	VOC 等级	校验值
0xFF	0x18	0x00	0x00~0x63	0x00~0x63	0x00	0x01	0x00~0x03	0x00~0xFF

在同一个灯孔内的绿灯（LINK_LED）长亮、黄灯（ACT_LED）闪烁的状态证明网络连接一切正常。在同一个局域网的电脑上通过浏览器打开 BLE 网关的 IP 地址：http://192.168.10.88，然后就可以看到如图 20.33 所示的网页，可以显示当前的空气质量以及温湿度信息。

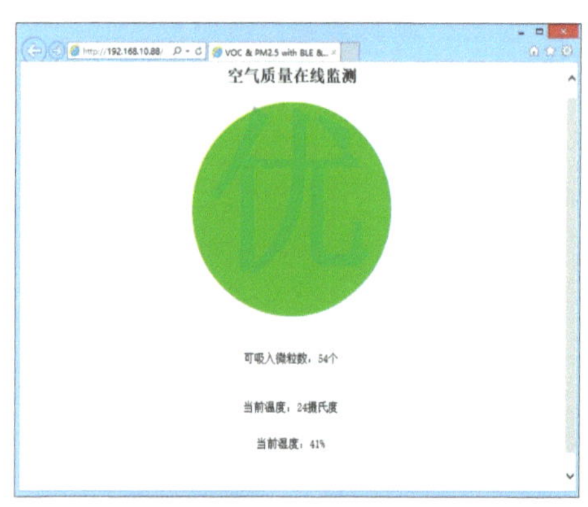

图 20.33 显示数据的网页

20.6 程序设计

20.6.1 Smart AirBox 部分

Smart AirBox 部分工作流程是：CC2541 定时采集各传感器的数据并作为 Peripheral 将数据传输给 BLE 网关。Smart AirBox 有两个主要的传感器：VOC 传感器和温 / 湿度传感器。Smart AirBox 的 VOC 可吸入颗粒物传感器的接口是串口，每秒更新一次空气数据，数据长度是 9 位，数据格式见表 20.2。

小熊参考的是 TI 官方的 BLE 串口透传程序，在串口 Callback 中进行数据的判断和数值传递，读取程序如下。

```
void sbpSerialAppCallback(uint8 port, uint8 event)
{
  uint8 tmp;
  uint8  pktBuffer[SBP_UART_RX_BUF_SIZE];
   (void)event;
  inti=0;
  for (i=20000; i>0; i--)
  {
    asm("nop");
  }
  if ( (numBytes = Hal_UART_RxBufLen(port)) > 0 )
  {
    //读取全部有效的数据，这里可以一个一个读取，以解析特定的命令
    if (numBytes<9)
```

```
      return;
    HalUARTRead (port, pktBuffer, numBytes);
    if (pktBuffer[0]==0xff &&pktBuffer[1]==0x18)
    {
      PM25_Integer=pktBuffer[3];
      // 读取 PM2.5 数值的整数部分
      PM25_raction=pktBuffer[4];
      // 读取 PM2.5 数值的小数部分
      OC=pktBuffer[7];
      // 读取 VOC 级别
    }
    else if (pktBuffer[0]==0x18 &&pktBuffer[1]==0x00)
    {
      PM25_Integer=pktBuffer[2]; // 读取 PM2.5 数值的整数部分
      PM25_fraction=pktBuffer[3];// 读取 PM2.5 数值的小数部分
      VOC=pktBuffer[6]; // 读取 VOC 级别
    }
    else
    {
      return;
    }
  }
}
```

在 Timer3 中断读取 DHT11 温 / 湿度传感器的数据，并通过 sbpSerialAppSendNoti 函数将空气质量数据 sensor_data 通过 BLE 发送到 BLE 网关。

```
#pragma vector = T3_VECTOR__interrupt void Timer3_ISR(void)
{
  IRCON = 0x00;
  if (count++>2000)
  {
    count=0;
    ReadValue(Sensor); // 从 DHT11 读取温湿度信息
    IntToStr(hum,Sensor[0]); // 湿度参数 hum
    IntToStr(temp,Sensor[2]); // 温度参数 temp
    // 将当前的空气质量数据装载进 sensor_data
    sensor_data[0]= 0xfe;
    sensor_data[1]= Sensor[0];
    sensor_data[2]= Sensor[2];
    sensor_data[3]= PM25_Integer;
    sensor_data[4]= PM25_fraction;
    sensor_data[5]= VOC;
    sbpSerialAppSendNoti(sensor_data,6);// 通过 BLE 发送空气数据
  }
}
```

在 Smart AirBox 上有多个不同颜色的 LED 用来指示当前的空气质量情况，而 VOC 就有“优、良、中、差”4 个等级，所以小熊将这几个 LED 进行了分组，最下面的绿灯是电源灯，然后根据 VOC 的等级来驱动 CC2541 的 p1.0~p1.7 来直观显示当前的空气质量。所有这些都作为 SBP_PERIODIC_EVT 事件被循环调用，程序如下。

```
if ( events & SBP_PERIODIC_EVT )
{
  if ( SBP_PERIODIC_EVT_PERIOD )
  {
    if (VOC==0)
    {
      P1 = 0xfe; //空气质量“优”，只有一颗绿灯亮
    }
    if (VOC==1)
    {
      P1 = 0xf8; //空气质量“良”，3 颗绿灯亮
    }
    if (VOC==2)
    {
      P1 = 0xc0; //空气质量“中”，3 颗绿灯和 3 颗黄灯亮
    }
    if (VOC==3)
    {
      P1 = 0x00; //空气质量“差”，绿灯、黄灯和红灯全亮
    }
    osal_start_timerEx( simpleBLEPeri pheral_TaskID,SBP_PERIODIC_ EVT,
SBP_PERIODIC_EVT_PERIOD );
  }
}
```

20.6.2 BLE Gateway 部分

BLE 网关部分的工作流程是：作为 Central 搜索 Peripheral（Smart AirBox）并与其建立连接，接收 Smart AirBox 传输过来的数据并通过网页显示。首先需要搜索并与 Smart AirBox 建立连接，在 TI 的 BLE 库或者例程中已经有了初始化的例子，小熊参考的是透明串口的初始化和建立连接程序，但是原始例程中需要通过串口输入“AT+SCAN”搜索，并通过输入“AT+CONn”与列表中的第 n 个设备建立连接。小熊的想法是初始化完毕之后能够自动搜索周围的 BLEPeripheral 设备并与其中的 Smart AirBox 建立通信，所以在 CC2541 的 START_DEVICE_EVT 事件中增加了 GAPCentralRole_StartDiscovery 事件，从而执行自动搜索。

```
if ( events & START_DEVICE_EVT )
{
  //Start the Device
  VOID GAPCentralRole_StartDevice( (gapCentralRoleCB_t *) &simpleBLERoleCB );
  //Register with bond manager after starting device
  GAPBondMgr_Register( (gapBondCBs_t *) &simpleBLEBondCB );
  SerialPrintString("BLE Stack is running\r\n");
  simpleBLEScanning = TRUE;
  simpleBLEScanRes = 0;
  LCD_WRITE_STRING( "Discovering...", HAL_LCD_LINE_1 );
  SerialPrintString( "Discovering...\r\n" );
  LCD_WRITE_STRING( " ", HAL_LCD_LINE_2 );
  GAPCentralRole_StartDiscovery( DEFAULT_DISCOVERY_MODE, DEFAULT_DISCOVERY_
ACTIVE_SCAN,DEFAULT_DISCOVERY_WHITE_LIST ); //开始执行搜索动作
  return ( events ^ START_DEVICE_EVT );
}
```

执行搜索函数后，CC2541就可以获取到周围的BLE设备，然后在simpleBLECentralEventCB的case GAP_DEVICE_DISCOVERY_EVENT状态中筛选BLE设备，并与Smart AirBox建立连接。小熊是直接与列表中的第一个设备建立连接的，其实也可以有其他的筛选条件。

```
if ( simpleBLEScanRes> 0 )//如果能够搜索到周围的BLE设备
{
  LCD_WRITE_STRING( "<- To Select", HAL_LCD_LINE_2 );
  SerialPrintString( "<- To Select\r\n");
  if ( simpleBLEState == BLE_STATE_IDLE )
  {
    //if there is a scan result
    if ( simpleBLEScanRes> 0 )
    {
      uint8 addrType;
      uint8 *peerAddr;
      //保存搜索到的第一个设备的信息
      peerAddr = simpleBLEDevList[0].addr;
      addrType = simpleBLEDevList[0].addrType;
      //将CC2541从“搜索”状态切换到“连接”状态
      simpleBLEState = BLE_STATE_CONNECTING;
      //与第一个搜索到的设备建立连接
      GAPCentralRole_EstablishLink( DEFAULT_LINK_HIGH_DUTY_CYCLE,
DEFAULT_LINK_WHITE_LIST,addrType, peerAddr);
      LCD_WRITE_STRING( "Connecting", HAL_LCD_LINE_1 );
      SerialPrintString("Connecting:");
      LCD_WRITE_STRING( bdAddr2Str( peerAddr ), HAL_LCD_LINE_2 );
      SerialPrintString((uint8*)bdAddr2Str( peerAddr));
      SerialPrintString("\r\n");
    }
  }
}
```

在建立连接之后，CC2541 就可以收到 Smart AirBox 的信息，并通过串口输出给 STM32，STM32 需要将这些空气数据通过网页显示，以下是 STM32 的 main 函数。

```
void main()
{
  RCC_Configuration();
  GPIO_Configuration();
  NVIC_Configuration();
  Timer_Configuration();
  USART1_Init(); //初始化 UART1
  USART2_Init(); //初始化 UART2 用来接收 BLE 数据
  printf("MCU initialized.\r\n");
  Reset_W5500(); //复位 W5500
  printf( "Ethernet initialized over.\r\n" );
  WIZ_SPI_Init(); //初始化 W5500 所用的 SPI 接口
  set_network(); //设置 MAC 地址和 IP 地址
  while (1)
  {
    if (tx_flag) //如果接收到数据，tx_flag 会被置位
    {
      u8 i;
      for (i=0; i<6; i++)
      {
        printf("%x", voc_data[i]); //UART1 输出当前的空气参数
        GPIO_ResetBits(GPIOA, WIZ_LED); //数据接收时亮起 LED
      }
      GPIO_SetBits(GPIOA, WIZ_LED); //数据接收完毕关闭 LED
      tx_flag=0;
    }
    do_http(); //执行网页显示
  }
}
```

其实 W5500 的初始化还是比较简单的，只需要将 MAC 地址和 IP 地址写入相关的寄存器就可以完成网络的初始化，so easy（双手外翻）。然后在 do_http() 函数中初始化并打开以 80 端口侦听的 TCP Server，等待浏览器访问。一旦浏览器访问 BLE 网关，连接申请就会被接受，并成功建立 Socket，之后就是 WEB 页面的处理。图 20.34 所示为浏览器和网关的交互步骤。

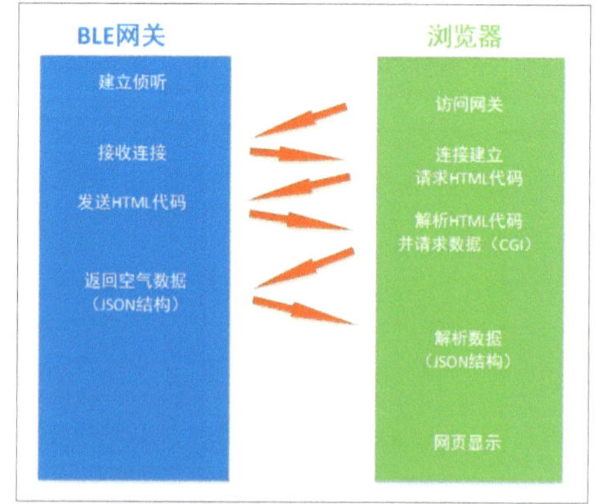

图 20.34　浏览器和 BLE 网关的交互

其中的“发送 HTML 代码”和“返回

空气数据”分别采用了 GET 和 POST 方式，这些都是在 proc_http(SOCKET s, uint8 * buf) 函数中实现的，如下。

```
voidproc_http(SOCKET s, uint8 * buf)
{
  int8* name;
  int8 req_name[32]= {0x00,};
  unsigned longfile_len=0;
  uint16 send_len=0;
  uint8* http_response;
  st_http_request *http_request;
  memset(tx_buf,0x00,MAX_URI_SIZE);
  http_response = (uint8*)rx_buf;
  http_request = (st_http_request*)tx_buf;
  parse_http_request(http_request, buf);
  switch (http_request->METHOD)
  {
    case METHOD_ERR:
    case METHOD_HEAD:
    //GET 方式处理
    case METHOD_GET:
    name = http_request->URI;
    if (strcmp(name,"/index.htm")==0 || strcmp(name,"/") ==0 ||
(strcmp(name,"/index.html")==0))
    {
      file_len = strlen(INDEX_HTML);
    make_http_response_head((uint8*)http_response, PTYPE_HTML,file_len);
    send(s,http_response,strlen((char const*) http_response));// 通过
Socket 返回 HTML 代码
      send_len=0; // 根据 HTML 长度进行分包发送
      while (file_len)
      {
        if (file_len>1024)
        {
          if (getSn_SR(s)!=SOCK_ESTABLISHED) { return; }
          send(s, (uint8 *)INDEX_HTML+send_len, 1024);
          send_len+=1024;
          file_len-=1024;
        }
        else
        {
          send(s, (uint8 *)INDEX_HTML+send_len, file_len);
          send_len+=file_len;
          file_len-=file_len;
        }
      }
    }
    break;
    //POST 方式处理
```

```
        case METHOD_POST:
        //获取请求名称
        mid(http_request->URI, "/", " ", req_name);
        if (strcmp(req_name,"voc.cgi")==0)
        {
          memset(tx_buf,0,MAX_URI_SIZE);
          if (makeUpdateVocCallback(tx_buf)){
          sprintf((char *)http_response, "HTTP/1.1 200 OK\r\nContent-Type:
text/html\r\nContent-Length: %d\r\n\r\n%s",strlen(tx_buf),tx_buf);
            send(s, (u_char *)http_response, strlen((char const*)http_
response));
          }
          else { return; }
        }
        break;
        default :
        break;
      }
    }
```

浏览器和网关间的数值传递使用的是 JSON 结构。如上面代码所示，通过 sprintf(), 把所有的空气质量参数组合成一个数据包，然后通过 send 函数作为 TCP 数据包发送到浏览器，浏览器解析之后，将这些参数的值放到网页相应的位置上，从而完成网页的参数显示。如果需要传递更多的参数，单独更改 JSON 结构以及网页代码就可以了。网页的 HTML 代码在小熊提供的源程序的 webpage.c 文件中。HTML 代码相对简单，相信大家可以看明白，本熊就不絮叨了。

20.7 思路扩展

小熊以 HTTP Server 为基础开发了这个空气质量检测的系统雏形，从根本上说就是实现了空气质量数据的 TCP/IP 传输，所以通过更改应用层协议，可以实现更为灵活多变的应用，比如更改为通过 HTTP Client 的方式访问开源的云平台，网络上已经有多家免费的云服务，如 Yeelink、秉火等。注册云服务之后就可以将数据 POST 到云平台的服务器，从而实现在云端查看家里的空气质量数据。

智能股票盒子 Smart StockBox

◇常席正　魏文龙

小熊本来在股市小有收成，遂跟女友许诺买件皮衣作为生日礼物。谁知，由于年底工作太忙，无暇顾及股市，所持有的股票连续跌停 3 天。准备取钱买生日礼物时，小熊才惊觉股票账户里的钱只够给女友买个皮手套了。捶胸顿足并收获女友白眼若干之后，小熊开始想解决办法：如果能做个简单的智能硬件，直观地显示所关注股票的实时股价，那便是极好的。经过一段时间的酝酿，一个简单的想法逐步变成了可行性方案：小熊做的 Smart AirBox 能采集并通过蓝牙 BLE 网关显示当前的空气质量，是不是可以在这个 BLE 网关的基础上，对其部分程序进行更改，实现查询实时股价的功能，再设计一个“盒子”通过蓝牙和网关传递数据，并用 LED 点阵显示股票信息呢？一个“Smart StockBox”的方案逐步成型，在这里与大家分享一下。

21.1　项目简介

智能股票盒子（Smart StockBox）含两个主要部分：BLE 网关和 Smart StockBox。二者之间通过蓝牙 BLE 连接。BLE 网关是以太网络和蓝牙网络之间的桥梁。用户可以通过浏览器访问 BLE 网关的嵌入式网页，从而配置和修改需要显示的股票代码，并借助网络查询实时价格和涨跌率，然后将数据发送给 Smart StockBox。Smart StockBox 在接收到需要显示的信息之后，通过 LED 点阵屏显示当前的股票价格等信息。

21.2　Smart StockBox

Smart StockBox 主要负责从 BLE 网关接收并显示股票信息。股票信息主要包括股票代码、当前价格、涨跌幅等。如图 21.1 所示，

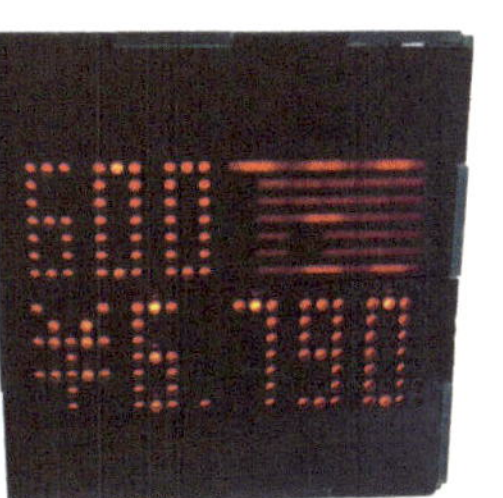

图 21.1　Smart StockBox 的显示效果

屏幕上方显示的是股票代码，下方交替循环显示当前价格和涨跌幅度。

Smart StockBox集成了BLE蓝牙传输单元、LED点阵显示单元、供电单元以及触摸按键单元。BLE蓝牙传输单元使用的是TI的CC2540模块，它是一个含有蓝牙BLE收发功能的单片机，并且支持BLE协议栈。小熊用它作为Smart StockBox的大脑，解析接收到的股票代码、价格以及涨跌率等信息并驱动LED点阵单元进行显示。为了规避CC2540的2.4GHz天线部分比较严格的布局、布线要求，小熊直接买了个现成的CC2540核心的BLE模块。至于LED点阵单元，考虑到股票信息的特殊性——涨红跌绿，使用的是8×8的红绿双色LED模块，一共使用6个，组成一个32×16的双色LED阵列，用来显示信息。供电单元使用的是Micro USB接口的5V输入，通过LDO芯片将5V电压转换成3.3V，来对核心电路供电。触摸按键单元采用TTP223芯片，用来将触摸的电容变化转换为I/O高低电平的变化，以实现切换显示内容的功能。图21.2所示是Smart StockBox的硬件架构。

21.3 设计过程

21.3.1 设计思路

Smart StockBox的设计思路与空气质量在线检测系统Smart Airbox相似，也是以PCB本身作为壳体，外部由6块PCB拼装、焊接后形成一个完整的立方体框架。不同的是，Smart Airbox是用6块完全相同的PCB来构成立方形壳体6个面的，而这次因为需要嵌入一个单独的PCB作为LED点阵的基板，所以侧面板也需要重新设计，加之小熊想单独做个前面板来遮挡LED点阵板电路的不规则部分，所以重新设计了3个不同的PCB。在这次的设计中，后面板只需要一个USB接口的孔，因此，小熊沿用了上次Smart Airbox的PCB。整个壳体结构展开后如图21.3所示。

21.3.2 硬件架构

确定设计方案后，开始构思电路原理图。根据前面的设计思路，小熊的想法是所有的侧面板采用相同的设计，4块侧面板首尾相接焊在一起，组成一个正方体。所以，在侧

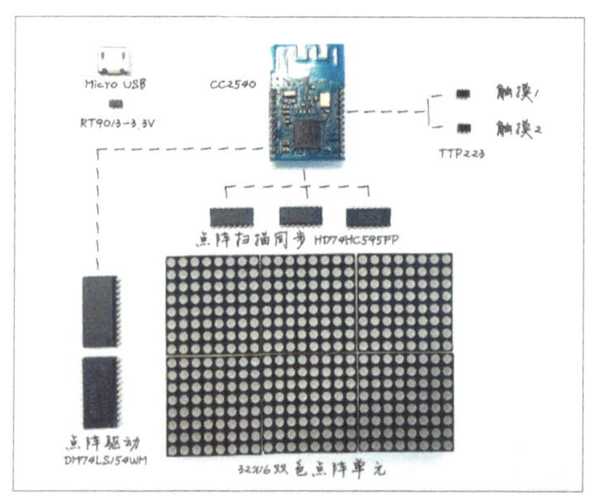

图21.2 Smart StockBox的硬件架构

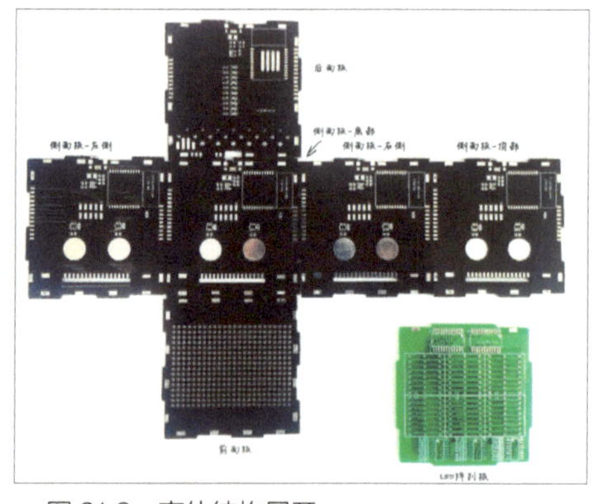

图21.3 壳体结构展开

面板的同一块 PCB 上要放置电源单元、BLE 传输单元和触摸按键单元，并根据放置位置的不同来决定实际需要焊接的元器件，比如“侧面板 - 底部”放置供电单元，“侧面板 - 右侧”放置 CC2540 模块、相关电路和 LED 点阵板的接口，而“侧面板 - 顶部”则放置触摸按键单元。所有侧面板间的通信是通过在 PCB 边缘预留通信接口焊盘（见图 21.4）实现的，焊接好后，就可以在板与板间传递数据。

21.3.3 PCB 设计

LED 点阵板

LED 点阵板选用的是 1.9mm 红绿双色点阵模块，可以通过红色和绿色显示相互切换来显示股票的涨跌。LED 点阵模块的每列 LED 都是共阴极连接，共有 24 个引脚，1~8 引脚控制红色 LED 点阵的亮灭，17~24 引脚控制绿色 LED 点阵的亮灭。为显示股票代码等字符信息，要采用 6 个 8×8 LED 点阵组成一个 16×24 的点阵，通过循环扫描的方式点亮 LED 来显示所接收到的信息。控制原理如图 21.5 所示，采用 2 个 DM74LS154 4 线 -16 线译码器分别控制第一行和第二行的列选，并采用 3 个 74HC595 芯片分别控制 3 列 LED 点阵的

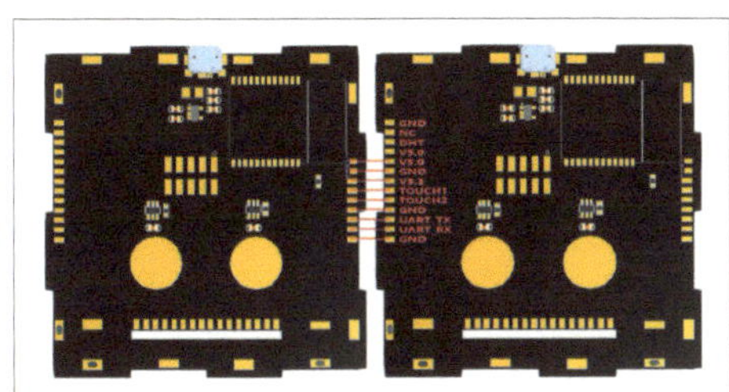

图 21.4 通信接口焊盘

行选。

74LS154 可以将 4 个 I/O 译码扩展为 16 个电平控制点阵模块的显示。小熊使用 16 个电平的高 8 位（Y8~Y15）来控制红色字体的显示，使用低 8 位（Y0~Y7）来控制绿色字体的显示（见图 21.6）。

小熊使用 74HC595 控制点阵的扫描和同步。74HC595 内含 8 位串入、串 / 并出移位寄存器和 8 位三态输出锁存器。寄存器和锁存器分别有各自的时钟输入（SCLK 和 SLCK），上升沿有效。数据从 SER 口送入 74HC595，在每个 SCLK 的上升沿，SER 口上的数据移入寄存器，在 SCLK 的第 9 个上升沿，数据开始从 QS 移出。如果把 74HC595 的 QH’和另一个 74HC595 的 SDA 相接，数据即移入第 2 个 74HC595 中，照此可级联多个 74HC595。另外，还可通过改变 OE 的占空比来改变 LED 的亮度。图 21.7 所示是 LED 点阵板 3D 设计稿，四周的突起用来和侧面板进行插接和固定，通信焊盘接口设计在背部，方便组装、焊接。

侧面板

根据设计思路，侧面板需要板载电源单元、BLE 通信单元以及触摸按键单元。供电单元和 BLE 通信单元在小熊以前的设计中已经验证过，只有触摸按键单元从未接触过。小熊选择的触摸芯片是 TTP223-BA6，原因是这款芯片通用性较好，而且用起来也比较简单。触摸按键单元由两个触摸芯片组成，分别由 I/O 引脚 P0.5 和 P0.6 选择 LED 点阵的显示内容（见图 21.8）。为了保证组装之后“盒子”的完整与美观，触摸焊盘设计在了 PCB 背面，事实证明完全没有影响触摸的效果。

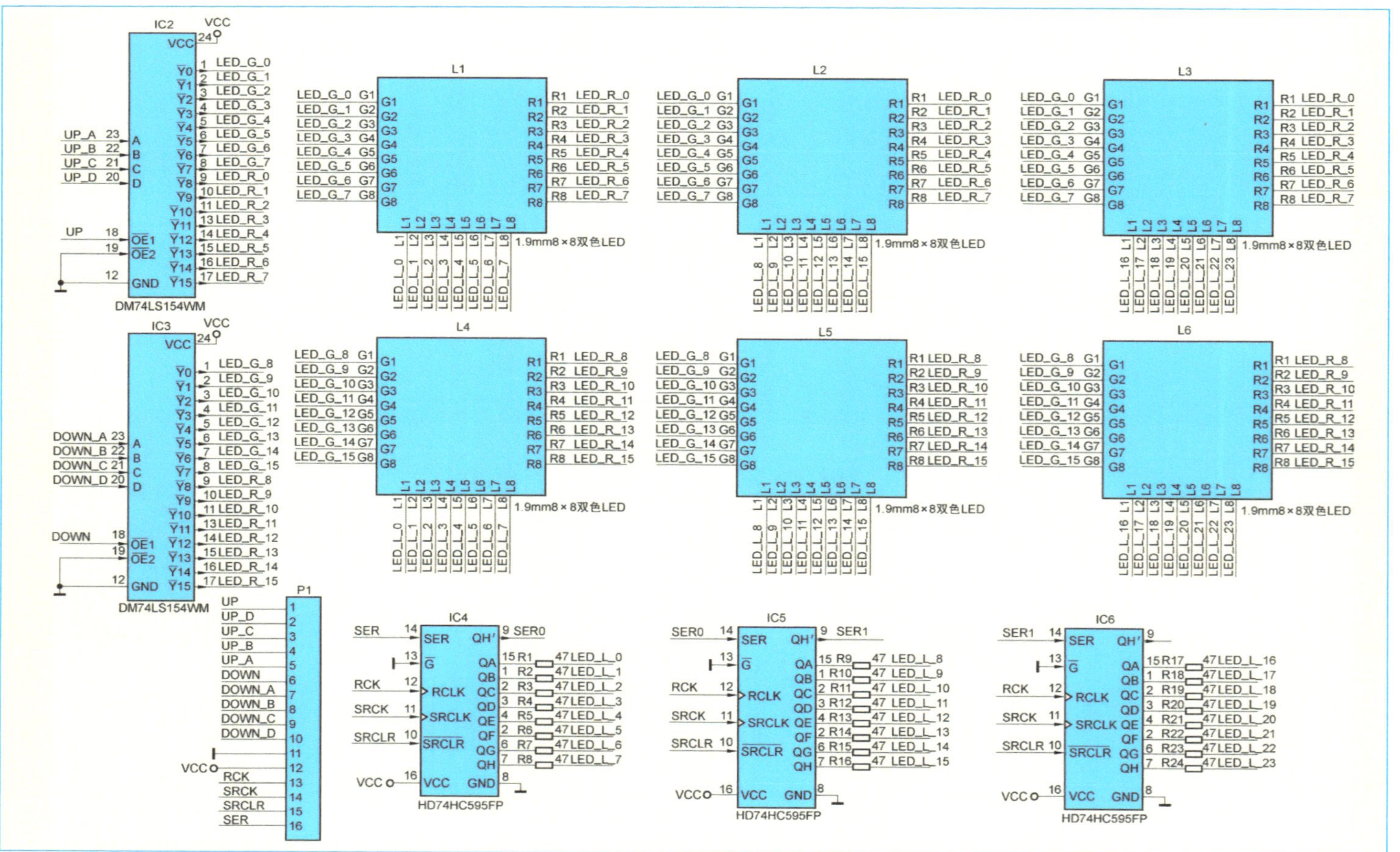

图 21.5 LED 点阵板原理图

Inputs				Low Output
A	B	C	D	
L	L	L	L	0
L	L	L	H	1
L	L	H	L	2
L	L	H	H	3
L	H	L	L	4
L	H	L	H	5
L	H	H	L	6
L	H	H	H	7
H	L	L	L	8
H	L	L	H	9
H	L	H	L	10
H	L	H	H	11
H	H	L	L	12
H	H	L	H	13
H	H	H	L	14
H	H	H	H	15

图 21.6　74LS154 译码

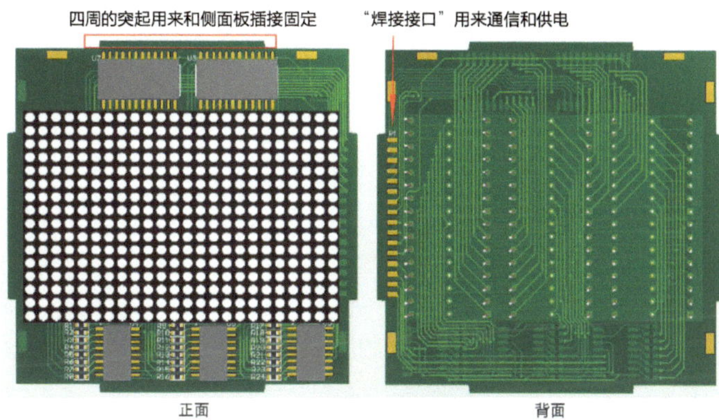

图 21.7　LED 点阵板 3D 设计图

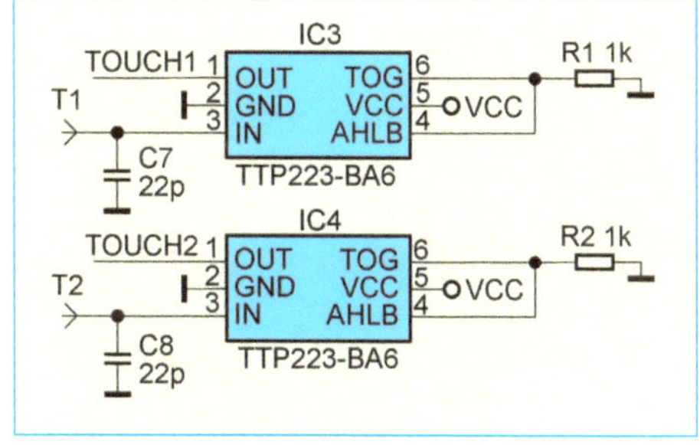

图 21.8　触摸按键原理图

由于LED点阵板需要插接在侧面板上面的沟槽内，而小熊并不想通过接插件的方式连接通信，所以单独设计了通信焊盘，如图21.9 所示。

前面板

前面板没有设计电路，只是为了遮挡LED 点阵板的不规则部分，形成一个完整的“盒子”而设计，所以相对简单，只要 LED 点阵板的光能投射出来并增加焊接、固定的焊盘就满足要求了，如图 21.10 所示。

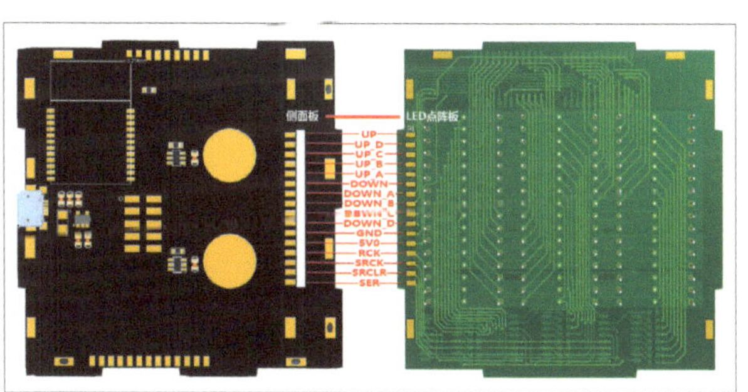

图21.9　侧面板与LED点阵板的通信焊盘设计

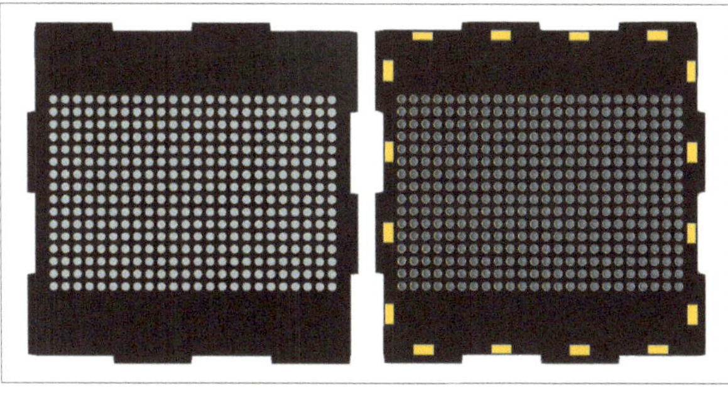
图 21.10　前面板设计图

21.4 焊接组装步骤

❶ 焊接 LED 点阵板。

❷ 在“侧面板 – 右侧部”上焊接 BLE 传输单元电路。

❸ 在“侧面板 – 顶部”上焊接触摸按键单元，并将 LED 点阵板、“侧面板 – 右侧部”和“侧面板 – 顶部”组合在一起。

❹ 在“侧面板 – 底部”上焊接电源单元电路，并把这块板和前面板固定在一起。

❺ 将上两步制作的部件组合到一起。

❻ 安装后面板以及“侧面板 – 左侧部”。

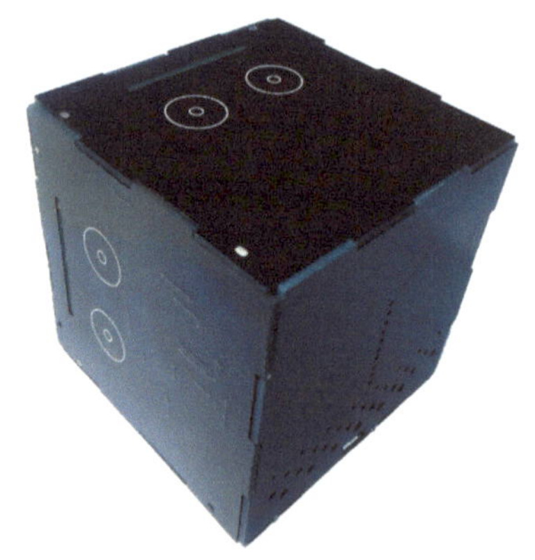

❼ Smart StockBox 制作完成。

21.5　程序下载与测试

使用 CC-Debugger 将写好的程序下载进去，然后将 BLE 网关和 Smart StockBox 分别重新上电，两者之间会自动建立通信连接。使用计算机的浏览器访问网关的嵌入式网页，就可以配置需要在 Smart StockBox 上显示的股票，如图 21.11 所示。

网页中，在“Display Zone”中可以增加或者删除股票代码，在“Network”中可以设置 IP 地址等信息，在“Security”中可以更改登录的用户名和密码。通过盒子顶部的两个触摸按键，你可以手动切换显示不同的股票，也可以设置为自动在所有关注股票间定时切换、刷新。

Smart Stock Box

Display Zone
Network
Security

Dispaly Zone Setting

显示股票

股票代码	当前价格/涨跌幅	编辑
上证指数	3158.20 / 0.20%	
深证指数	10032.46 / 0.54%	
	6.79 / 0.15%	Delete
	25.90 / 0.60%	Add
	/	Add
	/	Add
	/	Add
		Save

Time

■ 图 21.11　网关的嵌入式网页

至此，Smart StockBox 制作完成。

“股市有风险，入市需谨慎”，小熊制作这个智能股票盒子的初衷不仅仅是为了“看股票”，更是看中了这个“盒子”的丰富可能性。在设计板与板之间的通信焊盘时，小熊已经预留了另外一组串口和供电线路。设想一下，如果在这组预留的焊盘上增加一个 PM2.5 传感器，那这个设备本身就可以显示当前的 PM2.5 数据，也可以通过 BLE 网关将数据上传到网络；如果在 BLE 网关上嵌入 NTP 协议，那么，这个盒子就可以实时显示精准时间而无需人工校时；如果把这个盒子加长，就能像股票交易大厅悬挂的带状显示屏一样循环滚动显示信息……

21.6　BLE 智能网关

小熊在 BLE 智能网关上使用了如图 21.12 所示的硬件架构，MCU 使用的是 STM32F103，它通过 SPI 接口与 W5500

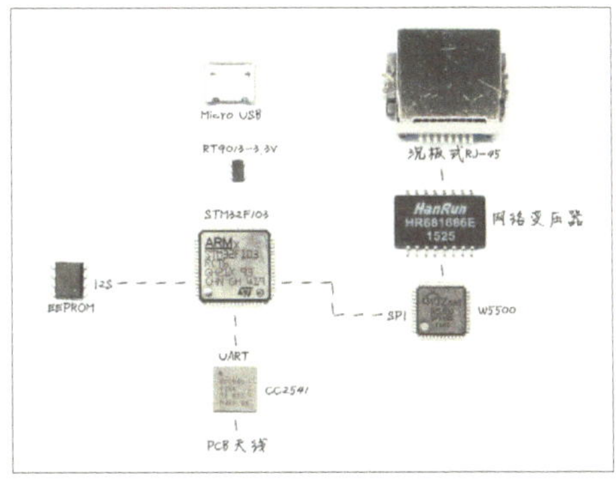

■ 图 21.12　BLE 智能网关的硬件架构

通信，借助 W5500 内置的硬件 TCP/IP 协议栈，可以实现比较复杂的网络应用，如本文使用的 HTTP Server。MCU 使用串口和 BLE 芯片 CC2541 通信，从而形成“BLE-MCU- 网络”的架构，实现 BLE 网络和 TCP/IP 网络间的互联互通。

“智能股票盒子”和“BLE 智能网关”的工作流程如图 21.13 所示：BLE 智能网关上电后，通过网页选择所要连接的 BLE 节点（智能股票盒子）；成功建立 BLE 连接之后，再与股票服务器通信，在服务器上取回所需股票的当前价格、涨跌幅度等数据，而后，通过 BLE 链路将股票数据传递给智能股票盒子；股票盒子则会在接收到 BLE 智能网关传递过来的数据之后，驱动 24×16 的 LED 双色点阵显示股票信息。

考虑到本文所涉及软件部分的通信方式交叉较多，小熊以工作流程为主线，将所有流程梳理为 3 个步骤。

21.7 处理智能网关的嵌入式网页

此部分通过网页设置BLE智能网关的参数（IP 地址、子网掩码、网关、股票代码等），搜索周围的 BLE 节点并建立连接。

以往在 STM32 这种嵌入式方案中增加基本的网络通信都是比较难以驾驭的，更别提增加嵌入式网页了。所以，小熊借助了 WIZNET 的 W5500 芯片，该芯片内置了硬件 TCP/IP 协议栈，我们在它提供的硬件协议栈的基础上开发网页，相对来说就简单多了。只要对HTTP Server的通信有基本的了解，就可以实现一个比较复杂的网页应用。

我们在浏览器中输入 BLE 智能网关的地址“http://IP 地址 /(程序中默认为 192.168.1.88)”后，浏览器会自动与 BLE 智能网关建立连接，并发出一个数据请求。BLE 智能网关会在收到请求后，把 Flash 中的 HTML 代码回复给浏览器。以下是 BLE 智能网关处理 HTML 报文的函数。

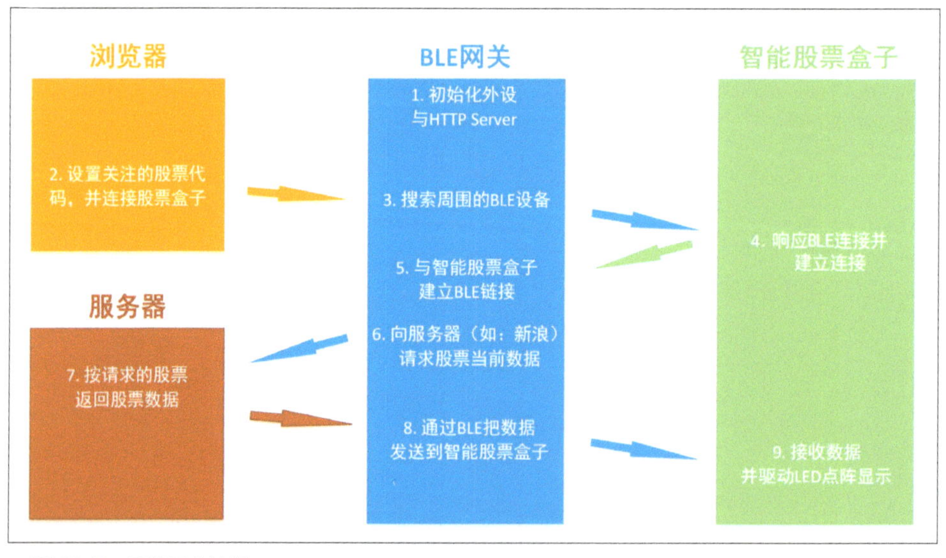

■ 图 21.13 系统工作流程

```
if(strcmp(name,strcmp(name,"/") ==0|| (strcmp(name,"/index.html")==0))
{
  file_len = strlen(INDEX_HTML);
  make_http_response_head((uint8*)http_response, PTYPE_HTML,file_len);
  send(s,http_response,strlen((char const*)http_response));
  send_len=0;
  while (file_len) {
    if (file_len>1024) {
      if (getSn_SR(s)!=SOCK_ESTABLISHED) {
        return;
      }
      send(s, (uint8 *)INDEX_HTML+send_len, 1024);
      send_len+=1024;
      file_len-=1024;
    }
    else {
      send(s, (uint8 *)INDEX_HTML+send_len, file_len);
      send_len+=file_len;
      file_len-=file_len;
    }
  }
}
```

浏览器会解析 HTML 报文，构成网页的基本框架，再解析 Json 结构数据，并填写相关参数到表格。以下是我们在浏览器中收到的 Json 结构数据，其中包含了网页中的所有相关参数。

```
settingsCallback({"mac":"00:08:DC:11:11:11 ",
"dhcp":"0", "ip":"192.168.1.88",
"gw":"192.168.1.1","sub":"255.255.255.0", "dns":"114.114.114.114",
"stock":"1","stock1":"600792","stock2":"601116","stock3":"601118","sto
ck4":"600119", "stock5":"",
"ble_device0_name":"SmartStockBox",
"ble_device0_addr":"0xEC24B8232991",
"ble_device0_rssi":"-43",});
```

图 21.14 所示是浏览器的显示内容，分为 4 个选项卡。

Display Zone：设置和显示需要显示的股票信息。

Network：设置设备的 IP 地址等相关参数。

Security：设置登录页面的用户名和密码（默认均为 admin）。

BLE Device：管理 BLE 节点的连接。

小熊得意地分享一下网页中的 BLE Device 页面（见图 21.14 最下方），其功能是管理 BLE 搜索并建立连接。BLE 智能网关上的 CC2541 烧写的是 TI 参考例程的串口数据传输程序，可以通过简单的串口指令来控制 BLE 搜索和建立连接的过程。载入网页载入时，MCU 会触发 BLE 设备的搜索，并在网页上显示搜索结果，其中包括 BLE 节点的设备名称、MAC 地址及当前

图 21.14 网页页面总览

信号值。当我们选择其中的一个设备并单击“Connect”时，BLE 智能网关便会建立与此 BLE 节点的连接。

我们在网页上设置好所关注股票的代码，并与智能股票盒子建立连接后，就进入到了获取股票详细信息的步骤。

21.8 处理智能网关的服务器通信

此部分访问新浪的开放 API 接口获取股票代码的价格、涨跌率等相关信息，并将数据传递给股票盒子。

借助于 W5500 芯片的网络处理能力，可以非常方便地实现网络通信功能。图 21.15 所示是通过新浪的开放 API 接口获取股票价格的流程。

在和新浪的开放 API 接口通信之前，需要通过 DNS 解析服务将新浪的域名解析为可通信的 IP 地址。简单来说，就是向 DNS 服务器（114.114.114,114）发送域名解析请求，由 DNS 服务器返回域名对应的 IP。

小熊把其中用到的函数分别简单解释一下。

Connect 函数：与新浪的开放 API 接口的 80 端口建立连接。

Send 函数：发送数据请求报文。

Recv 函数：接收新浪的开放 API 接口回复的股票数据。

Disconnect 函数：在收到数据后断开当前 socket。

具体实现流程如下。

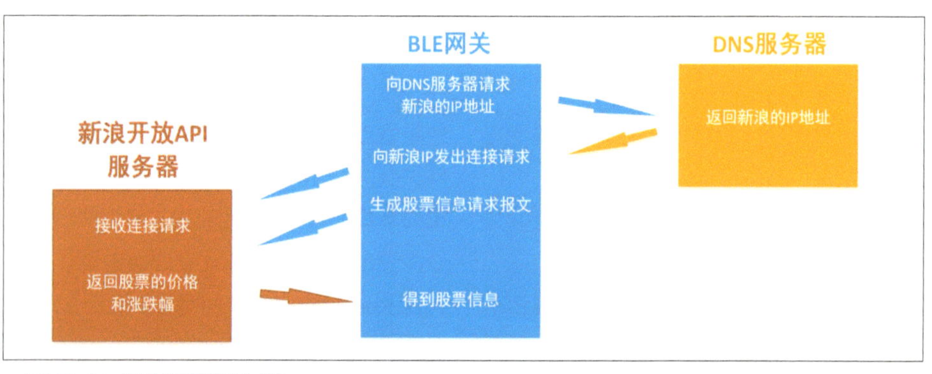

图 21.15 数据处理解析过程

```
/**
*@brief 查询 DNS 报文信息，解析来自 DNS 服务器的回复
*@param s: DNS 服务器 socket; name: 要解析的信息
*@return 成功，返回 1; 失败，返回 -1
*/
uint8 DNS(uint8 s, uint8 * name)
{
  static uint32 dns_wait_time = 0;
  struct dhdr dhp;   /* 定义一个结构体用来包含报文头信息 */
  uint8 ip[4];
  uint16 len, port;
  switch (getSn_SR(s)) {   /* 获取 socket 状态 */
    case SOCK_CLOSED:
    dns_wait_time = 0;
    socket(s, Sn_MR_UDP, 3000, 0);
    /* 打开 W5500 的 socket 的 3000 端口并设置为 UDP 模式 */
    break;
    case SOCK_UDP:   /*socket 已打开 */
    len = dns_makequery(0, name, BUFPUB, MAX_DNS_BUF_SIZE);
    /* 接收 DNS 请求报文并存入 BUFPUB*/
    sendto(s, BUFPUB, len, EXTERN_DNS_SERVERIP, IPPORT_DOMAIN);
    /* 发送 DNS 请求报文给 DNS 服务器 */
    if((len = getSn_RX_RSR(s)) > 0)
    {
      if (len > MAX_DNS_BUF_SIZE) len = MAX_DNS_BUF_SIZE;
      len = recvfrom(s, BUFPUB, len, ip, &port);
      /* 接收 UDP 传输的数据并存入 BUFPUB*/
      if(parseMSG(&dhp, BUFPUB)){
        /* 解析 DNS 响应信息 */
        close(s);   /* 关闭 socket*/
        return DNS_RET_SUCCESS;
        /* 返回 DNS 解析成功域名信息 */
      }
      else  dns_wait_time = DNS_RESPONSE_TIMEOUT;/* 等待响应时间超时 */
    }
    else {
      delay_ms(1000);/* 没有收到 DNS 服务器的 UDP 回复，避免太频繁，延时 1s*/
      dns_wait_time++; /*DNS 响应时间加 1*/
    }
    if (dns_wait_time >= DNS_RESPONSE_TIMEOUT) {/* 如果等待时间超过 3s*/
      close(s);   /* 关闭 socket*/
      return DNS_RET_FAIL;
    }
    break;
  }
  return DNS_RET_PROGRESS;
}
```

获得新浪的 IP 地址后，BLE 智能网关会通过访问新浪的开放 API 接口获取我们需要的信息。新浪的开放 API 接口要求按固定格式拼接报文，报文拼接通过 sprintf 函数生成。

```
/* 拼接股票信息请求报文 */
if (stock_num==1&&(*ConfigMsg.stock1!=0))
{
  memset((char*)Head_Rst,0,sizeof(Head_Rst));
  sprintf((char*)Head_Rst,"GET /list=s_sh%c%c%c%c%c%c HTTP/1.1\r\n"\
  "Host: hq.sinajs.cn\r\n"\
  "Connection: keep-alive\r\n"\
  "Cache-Control: max-age=0\r\n"\
  "Accept:text/html,application/xhtml+html,application/xml;
  q=0.9,image/webp,*/*;q=0.8\r\n"\
  "Upgrade-Insecure-Requests: 1\r\n"\
  "User-Agent: Mozilla/5.0 (Windows NT6.1 WOW64)AppleWebKit/537.36
(KHTML,like Gecko)Chrome/ 45.0.2454.101 Safari/537.36\r\n"\
  "Accept-Language: zh-CN,zh;q=0.8\r\n\r\n",ConfigMsg.tock1[0],ConfigMsg.
stock1[1],ConfigMsg.stock1[2],ConfigMsg.stock1[3],ConfigMsg.stock1[4],
ConfigMsg.stock1[5]);
}
```

生成股票的请求报文之后，借助“do_get_msg”函数将此报文发送出去。这个过程和 DNS 的通信过程很相似，与新浪的开放 API 接口的 80 端口建立 socket 并发送数据请求报文，收到回复后，通过 find_http_response_number 函数可以解析接收到的数据包。详细处理流程如下。

```
void do_get_msg(void)/* 和新浪开放 API 接口通信获得股票信息的流程 */
{
  uint8 len;
  switch (getSn_SR(ch)) {
    case SOCK_CLOSED:
    socket(ch, Sn_MR_TCP,anyport++ , 0x00); /* 初始化和新浪 socket 连接 */
    case SOCK_INIT:
    connect(ch, server_ip ,server_port); /* 连接新浪开放 API 接口 */
    break;
    case SOCK_ESTABLISHED:
    if(getSn_IR(ch) & Sn_IR_CON){
      setSn_IR(ch, Sn_IR_CON);
    }
    if((len = getSn_RX_RSR(ch)) > 0)
    {
      len = recv(ch, (uint8*)Buffer, len);  /* 数据接收处理函数 */
      find_http_response_number(Price, Buffer,&stock_num); /* 解析数据包得到
股票数据 */
      memset(Price,0,sizeof(Price));
    }
    elseif (timer>=2000)  /* 如果超时，重新发送数据请求 */
```

```
    {
      send(ch,(const uint8*)Head_Rst,strlen((const char*)Head_Rst));
      timer = 0;
    }
    break;
    case SOCK_CLOSE_WAIT:
    disconnect(ch);   /* 得到数据之后断开 Socket*/
    break;
    default:
    break;
  }
}
```

得到了股票的价格和涨跌幅等信息之后，就可以在网页显示和传输到 BLE 等过程中调用这些信息了。

网页显示股票数据如图 21.16 所示。

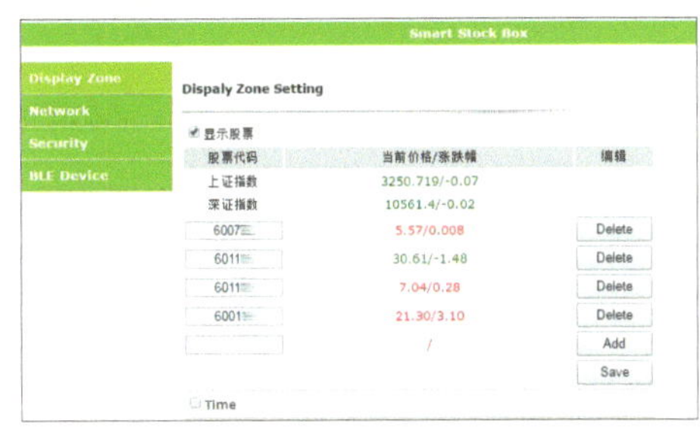

图 21.16　网页页面总览

BLE 智能网关上的 CC2541 烧写的是串口通信例程，可以把串口数据传递到 BLE 的对端，从而传递股票信息到智能股票盒子。

21.9　处理股票盒子的显示

股票盒子接收数据，驱动 LED 点阵显示。

在股票信息显示部分，小熊选用 6 个（两行三列）8×8 的共阳极双色 LED 点阵来显示股票数据，总共形成一个 24×16 的点阵。考虑到股票信息显示常用的“涨红跌绿”的显示习惯，需要根据每只股票的实时涨跌幅分别以相应的颜色显示。采用的 DM74LS154 是常用的 4 线 -16 线译码器，只需控制 4 路输入的电平即可控制 16 路输出，其中，我们用低 8 位 Y0~Y7 来控制双色二极管的绿色部分，用高 8 位 Y8~Y15 来控制红色部分。具体的译码情况请参看图 21.6。

由于发光二极管是共阳极的，当 Y0~Y15 中的一个或多个输出为低时，本列相应行数的 LED 就可以亮起。74HC595 具有一个 8 位串入并出的移位寄存器和一个 8 位输出寄存器，通过 74HC595 对于共阳端的频率控制实现列选，结合 74LS154 对于行的控制，就可以显示复杂的内容。QH 为 74HC595 级联输出，通过将 QH 接到另外一片 74HC595 的 SER 输入，就可以将多片芯片串接在一起，实现多个点阵模组的扩展。

下面我们就可以设计显示程序了：首先显示第一行。调用 set_up 函数选择第一行 8×8 点阵，通过 in_put_74LS154 函数控制行显示输出。第一行有 3 个 LED 点阵，我们就要用到 74HC595 的级联输出功能。只要连续调用 Ser_IN() 函数 3 次，再调用 Par_OUT() 函数输出，即可为 3 个 LED 点阵输入列选数据。其中变量 Color 设置为 0 时，数据显示为红色；Color 设置为 8 时，数据显示为绿色。第二行的控制原理与前者相同。由此，可以使用如下显示函数。

```
void Display(uint8* stock,uint8* stock_rate,uint8* stock_price,uint8 Color)
{
  uint8 j;
  clear();
  set_up(); /* 选择第一行 8×8 点阵 */
  for (j=0; j<8; j++) {
    /* 在第一行 8×8 点阵显示股票代码 */
    in_put_74LS154(data[(j% 8)+ Color]);/* 输入行显示内容及颜色 */
    Ser_IN(stock[j+16]);/* 列选及移位 */
    Ser_IN(stock[j+8]);
    Ser_IN(stock[j]);
    Par_OUT();
    Onboard_wait(450);
    clear();
    Par_OUT();
  }
  clear();
  set_down();/* 选择第二行 8×8 点阵 */
  for (j=0; j<8; j++) {
    in_put_74LS154(data[(j% 8)+ Color]);/* 输入显示内容及颜色 */
    if (line) {
      /* 在第二行 8×8 点阵显示股票价格 */
      Ser_IN(stock_price[j+16]);/* 列选及移位 */
      Ser_IN(stock_price[j+8]);
      Ser_IN(stock_price[j]);
    }
    else {/* 在第二行 8×8 点阵显示股票涨跌幅 */
      Ser_IN(stock_rate[j+16]);/* 列选及移位 */
      Ser_IN(stock_rate[j+8]);
      Ser_IN(stock_rate[j]);
    }
    Par_OUT();
    Onboard_wait(150);
    clear();
    Par_OUT();
  }
}
```

通过以上函数，我们可以实现点阵的内容显示控制，如“Display（* 我是马赛克 1*，0.15,6.790,0）”；表示股票代码为“* 我是马赛克 1*”，当前价格是 6.790，涨了 0.15%；“Display（* 我是马赛克 2*，0.53,5.580,8）;”表示股票代码为“* 我是马赛克 2*”，当前价格是 5.580，跌了 0.53%。

至此，股票盒子的硬件和软件都制作完成了。这个盒子的核心功能是“显示”，显示这个功能本身可以有非常多的可能性，可以显示股票涨跌，可以显示时间，可以显示天气预报，也可以显示空气质量参数……小熊的 Smart AirBox 和 Smart StockBox 是分别以空气和股票为主题的盒子，下个新主题的盒子也已经在路上了，大家也可以发挥创意，设计出独特的智能盒子。

www.ingramcontent.com/pod-product-compliance
Ingram Content Group UK Ltd.
Pitfield, Milton Keynes, MK11 3LW, UK
UKHW060406300726
14090UKWH00006B/468

* 9 7 8 7 1 1 5 4 6 1 3 9 1 *